# 可编程控制器编程与实践

主　编　李文军　赵金山
副主编　李　俊　宋　慧
参　编　刘瑞瑞　原　鹏
主　审　李彩玲

北京理工大学出版社
BEIJING INSTITUTE OF TECHNOLOGY PRESS

## 内 容 简 介

本书紧跟智能制造发展前沿，融入工业互联网、RFID 等新技术，对接山西华翔智能制造生产线等 PLC 自动控制系统的设计、装调、维保等岗位所需的职业核心能力需求，校企双元开发的活页式教材，以培养学生的程序的设计能力、PLC 在工业上的应用能力、解决问题的能力和学生的专业素养养成为主线，应对智能制造产业发展对新一代产业技术人才需求，强化学生的社会担当意识，提高教学的针对性。

本书既可满足高等院校、高职院校学生学习的需要，亦可作为社会专业技术人员参考用书。

### 图书在版编目（CIP）数据

可编程控制器编程与实践 / 李文军，赵金山主编
. -- 北京 ：北京理工大学出版社，2023.10
ISBN 978-7-5763-3083-0

Ⅰ．①可… Ⅱ．①李… ②赵… Ⅲ．①可编程序控制器-高等学校-教材 Ⅳ．①TP332.3

中国国家版本馆 CIP 数据核字（2023）第 213953 号

---

| | | | |
|---|---|---|---|
| **责任编辑**：钟 博 | | **文案编辑**：钟 博 | |
| **责任校对**：周瑞红 | | **责任印制**：李志强 | |

**出版发行** / 北京理工大学出版社有限责任公司
**社　　址** / 北京市丰台区四合庄路 6 号
**邮　　编** / 100070
**电　　话** / （010）68914026（教材售后服务热线）
　　　　　　（010）68944437（课件资源服务热线）
**网　　址** / http://www.bitpress.com.cn

**版 印 次** / 2023 年 10 月第 1 版第 1 次印刷
**印　　刷** / 三河市天利华印刷装订有限公司
**开　　本** / 787 mm×1092 mm　1/16
**印　　张** / 19.25
**彩　　插** / 1
**字　　数** / 407 千字
**定　　价** / 89.00 元

# 前　言

　　本书编者为临汾职业技术学院有多年授课经验的教师，以及与该院有深入合作的企业的工程师和技术人员。为深入贯彻落实党的二十大精神编者结合高职高专机电一体化技术和电气自动化技术专业的人才培养方案，按照任务驱动、实践指导、融入思政、能力拓展、教学做一体的思路编写本书。

　　本书适合高职高专电气类、机电类、智能制造类专业作为教材使用，也可以供机电行业的工程技术人员参考。

　　本书由李文军、赵金山主编，李彩玲担任主审，赵金山负责全书的统稿。宋慧编写任务一~任务三、任务九和任务十，李俊编写任务四~任务八；赵金山编写任务十一~任务十四，刘瑞瑞编写任务十五，李文军编写任务十六、任务十七。在本书的编写过程中，临汾职业技术学院机电系教师原鹏提供了大量的帮助。

　　为了使读者理解每个任务的组成和逻辑关系，特做以下说明。

　　每个任务由4部分组成：任务目标、任务讲解、任务评价和任务拓展。任务目标分为3个：知识目标、技能目标和素养目标。任务讲解比较分散，主要包括任务引入、任务要求、知识链接、任务实施等部分。由于完成任务需要相应的知识，所以在任务讲解中间穿插了知识点，有的任务知识点比较多，有的任务知识点比较少，所有知识点根据任务的难度和要求编写。任务拓展部分是由学生自行完成的，是在本任务的基础上，稍微增加难度，以作业的形式留给学生完成，主要是针对本任务的知识点的实际应用，加深学生对知识点的理解，提升学生实际解决问题的能力。任务评价部分，结合课程特点及行业赛、国赛标准制定。由于各单位和学校使用的设备可能不同，所以使用人员可结合自身设备的特点，稍加改动或直接作为学生操作评判的依据。

　　在编写本书的过程中，编者参阅了大量同行专家的论著文献、相关厂家的资料和设计手册，山西华翔集团股份有限公司的工程师牛飞鹏给予大力支持，在此表示由衷的感谢。

　　由于编者水平有限，书中难免有疏漏和不足之处，敬请各位读者批评指正。

编　者

# 目 录

# 绪　论

　　"可编程控制器编程与实践"课程是高职机电一体化技术专业的一门专业核心课程，是在学生学习了"电工电子技术""电机与电气控制"课程，具备了一定的电路分析及电气控制电路的连接、故障排查及设计能力的基础上开设的一门理实一体化课程，其功能在于对接专业人才培养目标，面向自动化生产流水线、智能制造、机电一体化设备的维护、调试、维修等岗位，培养学生 PLC 外围设备的维护、维修能力以及 PLC 程序设计能力，培养学生的专业思想和电工工艺操作的基本技能，培养学生的逻辑思维能力，为后续专业课奠定基础。

　　可编程控制器的不断发展和强大功能使它已成为实现工业自动化的主要手段之一。PLC 是在继电器–接触器控制的基础上发展起来的。传统的继电器–接触器控制具有使用的单一性，即一台控制设备只能针对某一种固定程序的设备。当生产线需要改进工艺时，必须对设备的控制电路进行重新布线和改造，导致生产成本上升，企业产品的竞争力下降。在此基础上，美国通用汽车公司（GM）为适应产品的更新，提出以一种更先进的设备代替继电器–接触器控制，于是可编程控制器应运而生。美国数字公司（DEC）于 1969 年研制出第一台可编程控制器，简称 PLC，美国通用汽车公司在自己的自动装配线上使用并获得成功。目前，西门子 PLC 市场占有率最高，三菱、欧姆龙、罗克韦尔等品牌也获得了较多应用。国内 PLC 市场仍然以外资品牌为主。我国政府也出台了一系列扶持 PLC 的相关政策，现阶段国内 PLC 行业的发展十分迅速，国产品牌主要有合信 PLC、亿维自动化 PLC、伟创 PLC、禾川 PLC 等。总体来说，目前国产 PLC 与国外先进的 PLC 有一定的差距，但国产 PLC 与国外 PLC 相比，具有运输周期短，维修、售后更便捷，价格低，技术人员之间的沟通方便等优势。希望在不久的将来国产 PLC 能实现新的跨越。

　　本书的优点如下。

　　（1）每个任务都与实际案例相结合，融入了相应的思政元素。

　　（2）有专门配套的精品课程资源，供学习者参考。网址如下：https://www.xueyinonline.com/detail/235280195。

　　（3）理论联系实际，多数案例都结合了当下现实情况，某些案例取自与临汾职业技术学院有深入合作关系的山西华翔集团股份有限公司的实际生产线。

　　（4）任务评价部分结合国赛和行业赛的评分标准，有利于学生规范行为习惯的养成、职业核心素养的培育，为就业打下坚实的基础。

# 项目一　S7-1200 PLC 编程准备

## 项目说明

　　自 20 世纪 60 年代以来，PLC 得到了迅猛的发展，已成为工业自动化技术的三大支柱之一。本项目通过熟悉 S7-1200 系列 PLC 的硬件、编程软件等方面来认识 PLC，理解 PLC 的定义、特点、结构、基本工作原理，掌握梯形图编程语言的使用规则和软件编程的方法。

　　本项目分为三个任务模块，知识点主要包括：PLC 的定义、特点、基本结构及应用；PLC 的数据类型、寻址方式；PLC 的编程语言、编程原则；西门子 S7-1200 PLC 的系统和时钟存储器；CPU、信号板和信号模块、通信接口和通信模块；博途软件的介绍、基本使用方法等。

## 任务一　PLC 任务分析及选型

## 任务目标

**知识目标**

（1）掌握 PLC 的基本结构。

（2）准确理解 PLC 的不同的寻址方式。

**技能目标**

（1）能准确运用 PLC 中不同的数据类型。

（2）能理解 PLC 中梯形图编程语言的基本结构。

（3）能正确启动西门子 S7-1200 PLC 的系统和时钟存储器。

**素养目标**

（1）培养学生严谨的学习态度。

（2）培养学生的团队合作精神。

> **价值观引领**
>
> 　　以匠人之心，琢时光之美；用无微不至的标准，让印象不止想象；不因材贵有寸伪，不为技繁省一工。在科技高速发展的今天，技术人员一直都是国家发展的核心竞争力，大国工匠的精益求精更是我们要学习的精神内核。

### 知识链接

#### 知识点1   S7-1200 PLC 的相关知识

##### 1. PLC 的定义

PLC 是 Programmable Logic Controller 的缩写，即可编程控制器，它的应用面广、功能强大、使用方便，在工业生产的所有领域都得到了广泛的应用。

**PLC 的工作
原理及特点**

1987 年国际电工委员会颁布的 PLC 标准草案对 PLC 做了如下定义："PLC 是一种专门为在工业环境下应用而设计的数字运算操作的电子装置。它采用可以编制程序的存储器，用来在其内部存储执行逻辑运算、顺序运算、计时、计数和算术运算等操作指令，并能通过数字式或模拟式的输入/输出，控制各种类型的机械或生产过程。PLC 及其有关的外围设备都应该按易于与工业控制系统形成一个整体、易于扩展其功能的原则设计。"

常见 PLC 外形如图 1-1 所示。

图 1-1　常见 PLC 外形

##### 2. PLC 的特点

1）控制功能完善

PLC 不仅具有逻辑运算、计时、计数、顺序控制等功能，还具有数字量和模拟量的输入/输出、功率驱动、通信、人机对话、自检、记录显示等功能。

2）可靠性高

PIC 可以直接安装在工业现场，且稳定可靠地工作。PLC 具有较好的抗干扰能力，从而使 PLC 控制系统的平均无故障时间达到 3 万~5 万小时以上。大型 PLC 还可以采用由双 CPU 构成的冗余系统，进一步提高可靠性。

3）通用性强

PLC 生产厂家均有各种系列化、模块化及标准化产品，品种齐全，用户可根据

生产规模和控制要求灵活选用，以满足各种控制系统的要求。

4）编程直观、简单

当生产流程需要改变时，技术人员可以在线或离线修改程序，使用方便，灵活。对于大型复杂的控制系统，有多种编程语言可供选择，设计者只需要熟悉工艺流程即可编制程序。

5）体积小、维护方便

PLC 体积小，质量小，结构紧凑，硬件连接方式简单，接线少，便于安装维护。维修时，通过更换各种模块，可以迅速排除故障。另外，PLC 具有自诊断、故障报警功能，面板上的各种指示便于操作人员检查调试，有的 PLC 还具有远程诊断调试功能。

6）系统的设计、实施工作量小

由于 PLC 采用软件取代继电器控制系统中大量的中间继电器等器件，所以控制柜的设计、安装接线工作量大大减少。同时，PLC 还可以进行模拟调试，减少了现场的调试工作量。

## 3. PLC 的基本结构

PLC 主要包括 CPU、存储器、输入/输出电路、编程装置、电源、外围接口等（图 1-2）。

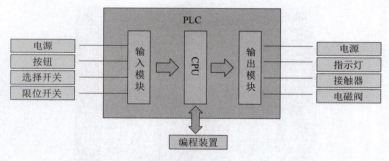

图 1-2    PLC 的基本结构

1）CPU

与通用计算机一样，PLC 中的 CPU 是整个系统的核心部件，主要由运算器，控制器，寄存器及实现它们之间联系的地址总线、数据总线和控制总线构成。

2）存储器

PLC 的内部存储器分为系统程序存储器和用户程序及数据存储器。系统程序存储器用于存放系统工作程序、调用管理程序以及各种系统参数等。用户程序及数据存储器主要存放用户编制的应用程序及各种暂存数据和中间结果，以使 PLC 完成用户要求的特定功能。

3）输入模块

输入模块包括数字量输入模块和模拟量输入模块。数字量输入模块主要接受和采集由按钮、选择开关、限位开关、接近开关、光电开关等提供的数字信号。模拟量输入模块主要接受和采集由电位器、热电偶、测速发电机或各种变送器等提供的连续变化的模拟信号。

4）输出模块

输出模块包括数字量输出模块和模拟量输出模块。数字量输出模块用于控制接触器、电磁阀、电磁铁、指示灯、报警装置等设备；模拟量输出模块用于控制调节阀、变频器等执行装置。

### 4. PLC 的工作方式

PLC 是以"顺序扫描，不断循环"的方式工作的。在 PLC 运行时，CPU 根据用户编写的程序，按指令步序号进行周期性循环扫描，在无跳转指令的情况下，从第一条指令开始顺序执行程序，直至程序结束，然后重新返回第一条指令，开始下一轮新的扫描。

PLC 的一个扫描周期包括输入采样、用户程序执行和输出刷新三个阶段（图 1-3）。

在输入采样阶段，以扫描方式按顺序将输入端子的通断状态或输入数据读入，并将其写入对应的输入映像寄存器，即刷新输入。随即关闭输入端口，进入用户程序执行阶段。

按用户程序指令存放的先后顺序扫描执行每条指令，经相应的运算和处理后，其结果再写入输出映像寄存器，输出映像寄存器中的所有内容随着用户程序的执行而改变。

在所有指令执行完毕后，输出映像寄存器的通断状态在输出刷新阶段被送至输出锁存器中，通过继电器、晶体管或晶闸管等方式驱动相应输出设备工作。

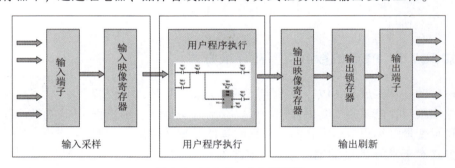

图 1-3　PLC 的一个扫描周期

### 5. PLC 的应用

PLC 的主要应用领域包括开关量逻辑控制、工业过程控制、运动控制、数据处理、通信及连网等（图 1-4）。

**PLC 的应用领域**

（1）开关量逻辑控制：PLC 取代传统的继电器电路，实现逻辑控制、顺序控制，既可用于单台设备的控制，也可用于多机群控及自动化流水线，如电镀流水线、包装生产线、组合机床、印刷机、注塑机等。

（2）工业过程控制：在工业生产过程中，存在一些如温度、压力、流量、液位和速度等模拟量，PLC 采用相应的 A/D 和 D/A 转换模块及各种控制算法程序来处理模拟量，完成闭环控制。工业过程控制在锅炉控制、冶金、化工、热处理等场合有非常广泛的应用。

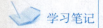

（3）运动控制：PLC 可以用于圆周运动或直线运动的控制。运动控制一般使用专用的运动控制模块，例如可驱动步进电动机或伺服电动机的单轴或多轴位置控制模块，广泛用于控制各种机械、机床、机器人、电梯等场合。

（4）数据处理：PLC 具有数学运算、数据传送、转换、检索等功能，可以完成数据的采集、分析及处理。数据处理广泛用于造纸、冶金、食品工业中的一些大型控制系统。

（5）通信及连网：PLC 通信包括 PLC 间的通信及 PLC 与其他智能设备间的通信。随着工厂自动化网络的发展，现在的 PLC 都具有通信接口，使通信更加方便。

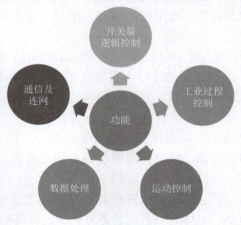

图 1-4 PLC 的主要应用领域

### 知识点 2　PLC 的数据类型和寻址方式

PLC 的基本构成有 CPU、存储器、输入/输出电路、编程装置、外围接口、电源等。其中存储器可以存放系统程序、用户程序、逻辑变量、编程数据等。熟悉数据的具体类型及使用、掌握寻址方式对于学习 PLC 的编程是非常必要的。

S7-1200 的数据
类型、寻址方式

#### 1. PLC 的数据类型

编程数据包含不同的数据类型，可以根据编程需求进行选择。数据类型用来描述数据的长度和属性，即用于指定数据元素的大小及解释数据。

S7-1200 PLC 中常用的数据类型如下。

位和位序列类型数据见表 1-1。位的数据长度只有 1 位，根据不同的数值类型，取值范围也不同，常用的有布尔运算和无符号整数，布尔运算表示为真和假，无符号整数则为 0 和 1。

表 1-1　位和位序列数据类型

| 数据类型 | 长度/bit | 数值类型 | 数值范围 | 常数示例 |
| --- | --- | --- | --- | --- |
| 位（Bool） | 1 | 布尔运算 | FALSE 或 TRUE | TRUE |
|  |  | 二进制 | 2# 0 或 2#1 | 2# 0 |

续表

| 数据类型 | 长度/bit | 数值类型 | 数值范围 | 常数示例 |
|---|---|---|---|---|
| 位（Bool） | 1 | 无符号整数 | 0 或 1 | 1 |
| | | 八进制 | 8#0 或 8#1 | 8#0 |
| | | 十六进制 | 16#0 或 16#1 | 16#0 |

　　字节的数据长度为 8 位，数值的类型也包括二进制、无符号整数、有符号整数、八进制及十六进制（表 1-2）。例如，当数据为无符号整数时，数值可以是 15，当数据为有符号整数时可以是-58。

表 1-2　字节数据类型

| 数据类型 | 长度/bit | 数值类型 | 数值范围 | 常数示例 |
|---|---|---|---|---|
| 字节（Byte） | 8 | 二进制 | 2# 0 ~ 2#1111_1111 | 2# 0011_1101 |
| | | 无符号整数 | 0 ~ 255 | 15 |
| | | 有符号整数 | -128 ~ 127 | -58 |
| | | 八进制 | 8#0 ~ 8#377 | 8#14 |
| | | 十六进制 | B#16#0 ~ B#16# FF,16#0 ~ 16#FF | B#16#A、16#0F |

　　字与双字的数值类型与字节完全一致，只是字的数据长度为 16 位，双字的数据长度为 32 位（表 1-3、表 1-4）。

表 1-3　字数据类型

| 数据类型 | 长度/bit | 数值类型 | 数值范围 | 常数示例 |
|---|---|---|---|---|
| 字（Word） | 16 | 二进制 | 2#0 ~ 2#1111_1111_1111_1111 | 2#0011_1101_1101_1101 |
| | | 无符号整数 | 0 ~ 65 535 | 25 731 |
| | | 有符号整数 | -32 768 ~ 32 767 | 4 367 |
| | | 八进制 | 8#0 ~ 8#177_777 | 8#143_213 |
| | | 十六进制 | W#16#0 ~ W#16# FFFF,16#0 ~ 16#FFFF | W#16#A103、16#034F |

表 1-4　双字数据类型

| 数据类型 | 长度/bit | 数值类型 | 数值范围 | 常数示例 |
|---|---|---|---|---|
| 双字（DWord） | 32 | 二进制 | 2# 0 ~ 2#1111_1111_1111_1111_1111_1111_1111_1111 | 2# 0011_1101_1001_0101_1001_1001_1001_1001 |
| | | 无符号整数 | 0 ~ 4_294_967_295 | 25 731 |
| | | 有符号整数 | -2_147_483_648 ~ -2_147_483_647 | 4 367 |
| | | 八进制 | 8#0 ~ 8#37_777_777_777 | 8#143_213_213 |
| | | 十六进制 | DW#16#0 ~ W#16# FFFF_FFFF,16#0 ~ 16#FFFF_FFFF | W#16#A_103F、16#034F_F0FF |

整型数据类型包括 6 种，其中无符号短整数型和有符号短整数型的数据长度为 8 位，无符号整数型和有符号整数型的数据长度为 16 位，无符号双整数型和有符号双整数型的数据长度为 32 位，通过数值范围可以看出无符号整数数据的取值范围是从 0 开始的，而有符号整数数据则包含相同数量的正整数和负整数（表 1-5）。

表 1-5  整型数据类型

| 数据类型 | 长度/bit | 数值范围 | 举例 |
|---|---|---|---|
| 无符号短整数型（USInt） | 8 | 0~255 | 83 |
| 有符号短整数型（SInt） | 8 | −128~127 | −36 |
| 无符号整数型（UInt） | 16 | 0~65 535 | 20 000 |
| 有符号整数型（UInt） | 16 | −32 768~32 767 | −1 324 |
| 无符号双整数型（UDInt） | 32 | 0~4，294，967，295 | 401 133 467 |
| 有符号双整数型（UDInt） | 32 | −2，147，483，64~2，147，483，647 | −14 525 743 |

浮点数又称为实数，包括单精度浮点数和双精度浮点数（表 1-6）。单、双精度浮点数除了存储空间不一样之外，存储方式都是一样的。浮点数中，最高位为浮点数的符号位，最高位为 0 表示正数，最高位为 1 表示负数。

表 1-6  浮点数据类型

| 数据类型 | 长度/bit | 数值范围 | 举例 |
|---|---|---|---|
| 单精度（Real） | 32 | −3.402823e+38~−1.175495e−38，0，+1.175495e−38~+3.402823e+38 | 123 456 |
| 双精度（LReal） | 64 | −1.7976931348623158e+308~−2.2250738585072014e−308、0、+2.2250738585072014e−308~+1.7976931348623158e+308 | 1.2e+40 |

时间和日期数据类型（表 1-7）中，时间数据用有符号双整数表示，基本单位为毫秒。其存储的数值是多少，就代表有多少毫秒。编辑时可以选择使用日期、小时、分钟、秒和毫秒作为单位。

日期数据用无符号双整数表示，基础日期位为 1990 年 1 月 1 日的以后的天数，编辑格式为指定年、月和日。

Time_of_Day 数据用无符号双整数值表示，为自指定日期的凌晨算起的毫秒数。编辑格式指定小时、分钟和秒。

表 1-7  时间和日期数据类型

| 数据类型 | 长度/bit | 数值范围 | 举例 |
|---|---|---|---|
| 时间（Time） | 32 | T#−24d_20h_31m_23s_648ms~T#24d_20h_31m_23s_648ms | T#5m_30s |
| 日期（Data） | 16 | D#1990−1−1~D#2168−12−31 | 2010−12−24 |
| Time_of_Day | 32 | TOD#0：0：0~TOD#23：59：59：999 | 22：13：24 |

字符和字符串可在全局数据块或块的接口区定义（表1-8）。Char 在存储器中占用一个字节，可以存储格式为 ASCII 码的单个字符，Wchar 在存储器中占用一个字的空间，表示形式为任意字符。字符串数据类型存储一串单字节字符，前两个字节分别表示字节中最大的字符数和当前的字行数，定义字符串的最大长度可以减少它占用的存储空间。

表 1-8　字符和字符串数据类型

| 数据类型 | 长度/bit | 数值范围 | 举例 |
|---|---|---|---|
| 字符（Char） | 8 | 16#00~16#FF | 'D' '@' |
| 字符（WChar） | 16 | 16#0000~16#FFFF | 亚洲字符 |
| 字符串（String） | $n+2$ 个字节 | $n=0$~254 个字节 | "SRFD" |
| 字符串（WString） | $n+2$ 个字 | $n=0$~65 534 个字 | "3421567@.com" |

### 2. PLC 的寻址方式

S7-1200 PLC 的寻址方式有位寻址、字节寻址、字寻址、双字寻址等。

位寻址就是对某一位进行寻址，例如位寻址 M3.3，就是访问 M 存储器的第 3 个字节中的 bit3 位（图 1-5）。

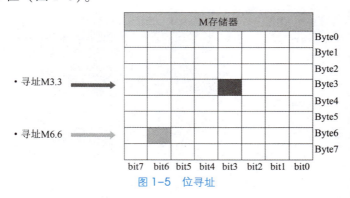

图 1-5　位寻址

字节寻址就是一次访问或者读写一个字节大小的存储区。如图 1-6 所示，橘色区域对应的寻址方式是 MB2，"M"表示存储器的标识符，"B"表示按字节寻址，"2"表示字节号。

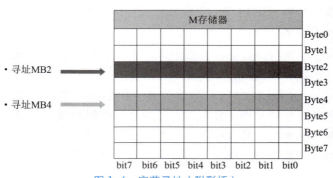

图 1-6　字节寻址（附彩插）

字寻址就是一次访问或者读写 2 个字节。如图 1-7 所示，橘色和黄色存储区的寻址方式分别为 MW2 和 MW6，"M"表示存储器的标识符，"W"表示按字寻址，"2"和"6"表示字节号。

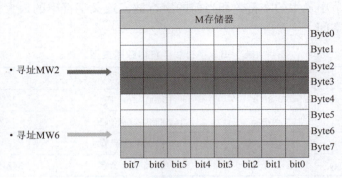

图 1-7　字寻址（附彩插）

双字寻址就是一次访问或者读写 4 个字节的数据。如图 1-8 所示，橘色和黄色区域的寻址方式分别位 MD0 和 MD4，"M"表示存储器的标识符，"D"表示按双字寻址，"0"和"4"表示字节号。

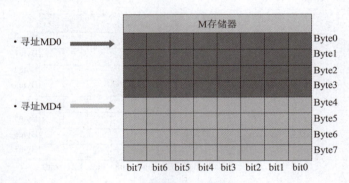

图 1-8　双字寻址（附彩插）

### 知识点 3　PLC 程序编写基础

PLC 程序编写基础包括 PLC 的编程语言及梯形图编程原则。

#### 1. PLC 的编程语言

PLC 有 5 种标准编程语言：梯形图语言、指令表语言、功能模块语言、顺序功能流程图语言、结构文本化语言。

梯形图语言是使用最多的 PLC 编程语言。梯形图沿袭了继电器控制电路的形式，是在常用的继电器、接触器等逻辑控制的基础上简化了符号演变而来的，具有形象、直观、实用等特点，电气技术人员容易接受。本书所使用的是梯形图语言。梯形图语言示例如图 1-9 所示。

PLC 编程基础

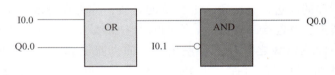

图 1-9　梯形图语言示例

指令表语言是一种与汇编语言类似的助记符编程表达方式，它用操作命令组成语句表来进行控制过程的描述。指令表语言示例如图 1-10 所示。

```
A    I0.0；表示逻辑操作开始
O    Q0.0；表示常开触点Q0.0与前面的触点并联
AN   I0.1；表示常闭触点I0.1与前面的触点串联
=    Q0.0；表示前面的逻辑运算结果输出给Q0.0
```

图 1-10　指令表语言示例

功能模块语言利用 FBD 可以查看逻辑盒指令，程序逻辑由这些逻辑盒指令之间的连接决定。功能模块语言有利于程序流的跟踪，但目前使用较少。功能模块语言示例如图 1-11 所示。

I0.0 ── OR ── AND ── Q0.0
Q0.0 ──/      I0.1 ──○

图 1-11　功能模块语言示例

顺序功能流程图语言常用来编制顺序控制类程序，包括工步、动作、转换驱动条件 3 个元素。顺序功能流程图语言将一个复杂的控制过程分解为一些具体的工作状态，再把这些具体的工作状态按一定的顺序控制要求组合成整体的控制程序。顺序功能流程图语言示例如图 1-12 所示。

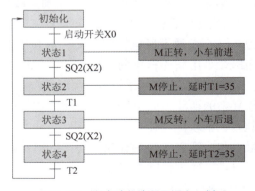

图 1-12　顺序功能流程图语言示例

结构文本化语言中的表达式由运算符和操作数组成。操作数可以是常量、变量、

学习笔记

函数调用或另一个表达式。表达式的计算通过执行具有不同优先级的运算符完成。结构文本化语言示例如图1-13所示。

```
1   // PLC configurationCONFIGURATION DefaultCfg
2   VAR_GLOBAL
3   b_Start_Stop  : BOOL;
4   // Global variable to represent a boolean.
5   b_ON_OFF      : BOOL;
6   // Global variable to represent a boolean.
7   Start_Stop AT %IX0.0:BOOL;
8   // Digital   input of the PLC (Address 0.0)
9   ON_OFF     AT %QX0.0:BOOL;
10  // Digital output of the PLC (Address 0.0). (Coil)
11  END_VAR
12  // Schedule the main program to be executed every 20 ms
13  TASK Tick(INTERVAL := t#20ms);
14  PROGRAM Main WITH Tick : Monitor_Start_Stop;
15  END_CONFIGURATIONPROGRAM Monitor_Start_Stop
16  // Actual Program
17  VAR_EXTERNAL
18  Start_Stop  : BOOL;
19  ON_OFF      : BOOL;
20  END_VAR
21  VAR
22  // Temporary variables for logic handling
```

图1-13　结构文本化语言示例

### 2. PLC 的编程原则

在梯形图程序的左边，有一条从上到下的竖线，称为左母线。所有的程序支路都连接在左母线上，并起始于左母线。右侧的为右母线，右母线可以不画出。

想象左、右两侧母线之间有一个左正右负的直流电源电压，母线之间有"能流"从左向右流动。触点接通时，"能流"通过；触点断开时，"能流"不能通过。

触点符号代表输入条件，如外部开关、按钮及内部条件等。bit 位对应 PLC 内部的各个编程元件，该位数据或状态为 1 时，表示"能流"能通过，即该点接通。由于计算机读操作的次数不受限制，所以在用户程序中，常开触点、常闭触点使用次数不受限制。

线圈表示输出结果，通过输出接口电路来控制外部的指示灯、接触器等。线圈左侧触点组成的逻辑运算结果为 1 时，"能流"可以到达线圈，使线圈得电动作，PLC 将 bit 位地址指定的编程元件置位为 1。

当逻辑运算结果为 0 时，线圈不通电，编程元件的位置为 0，即线圈代表 PLC 对编程元件的写操作。PLC 采用循环扫描的工作方式，因此在用户程序中，每个线圈只允许使用一次。

功能块代表一些较复杂的功能，如定时器、计数器或数据传输指令等。当"能流"通过功能块时，执行功能块的功能。

在梯形图中，由触点和线圈构成的具有独立功能的电路就是梯形图程序段。程序段 2 是程序段编号，PLC 是通过程序段编号来识别程序的（图1-14）。

为了避免程序循环扫描执行时出现错误，在编程的过程中还要遵循以下几点原则。

（1）梯形图中所使用的元件编号应在所选用的 PLC 机型范围之内。

（2）多个输出线圈可以并联输出，但不可以串联输出。

（3）程序应按照左重右轻、上重下轻的思路进行编写，有并联电路串联时，应把并联触点多的电路放在靠近左母线的位置。串联触点较多的电路放在梯形图上方。

（4）应使梯形图的逻辑关系尽量清楚，以便于阅读检查和输入程序。

在以后的编程过程中，要牢记编程的注意事项，严格遵守程序编写的规范，养成科学、严谨的良好习惯。

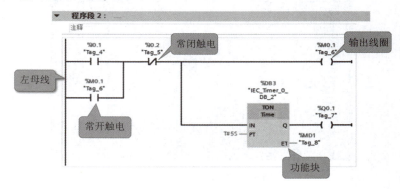

图 1-14　梯形图编程原则

### 知识点4　系统和时钟存储器

启动西门子 S7-1200 PLC 的系统和时钟存储器。

（1）打开 TIA Portal V15 编程软件，创建新项目。

将项目名称修改为"启动系统和时钟存储器"，选择"创建"命令，选择"设备与网络"→"添加新设备"命令，从而对控制器进行选择，本项目选择的是西门子 S7-1200 CPU 1214C DC/DC/DC 中的 6ES7 214-1AG40-0XB0 V4.2 版本，单击"添加"按钮（图 1-15）。

**系统和时钟存储器**

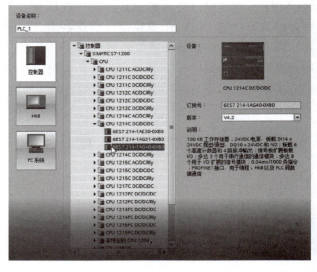

图 1-15　CPU 类型选择

（2）进入编程软件的主要工作界面，可以看到项目树下对应的设备中有刚才所选的 CPU 对应的文件夹，单击鼠标右键，选择"属性"命令，弹出对话框，在"常规"选项卡中，找到"系统和时钟存储器"选项，选择后会弹出"系统和时钟存储器"界面（图1-16）。

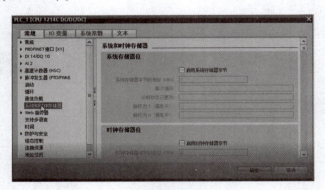

图1-16 "系统和时钟存储器"界面

系统存储器和时钟存储器均处于灰色状态，表示没有被启动。当编写程序时要用到系统存储器或时钟存储器时，就需要将对应的系统存储器或时钟存储器启动。启动的方法非常简单，例如勾选"启用系统存储器字节"复选框，系统存储器即启动完成。

系统字节地址默认为1，西门子 S7-1200 PLC 中系统存储器字节的地址不是固定的，可选范围为0~8 191，例如将其修改为9，则下面对应的所有地址都会被修改。

启动时钟存储器的方法也是一样的，勾选"启用系统时钟存储器字节"复选框，就可以将时钟存储器启动。默认的字节地址为0。字节地址范围为0~8 191，当修改字节地址后，对应的时钟地址也会全部被修改。此时系统和时钟存储器就已经启动。

单击工作区域的 PLC，巡视窗口中会显示 PLC 对应的属性。在"常规"选项卡中，可以找到系统和时钟存储器，可以在巡视窗口中对系统存储器进行启动和对应的修改，也可以对时钟存储器进行启动和对应的修改。

当对系统存储器和时钟存储器进行启动和修改后，就可以在后续编程过程中直接使用了，这两种方法都可以实现系统和时钟存储器的启动与修改。

# 任务二 S7-1200 PLC 硬件安装

## 任务目标

### 知识目标

（1）熟悉 PLC 的 CPU 的不同分类。

（2）掌握不同信号模块、通信模块的使用范围和选用原则。

**技能目标**

（1）能根据实际工程的需要选择不同型号的CPU。

（2）能根据实际工程的需要选择对应的信号模块、通信模块。

**素养目标**

（1）培养学生勇于创新的思想意识。

（2）指导学生践行严谨、负责的职业精神。

## 知识链接

### 知识点 1  S7-1200 PLC 的 CPU

西门子 S7-1200 PLC 系统有 5 种不同模块，分别为 CPU 1211C、CPU 1212C、CPU 1214C、CPU 1215C 和 CPU 1217C。其中后面的字母 C 表示紧凑型 PLC。在 CPU 模块上集成了输入/输出点，可以进行输入/输出控制。

S7-1200PLC 的 CPU

S7-1200 PLC 的 CPU 的技术规范见表 2-1。

表 2-1　S7-1200 PLC 的 CPU 的技术规范

| CPU 参数 | CPU 1211C | CPU 1212C | CPU 1214C | CPU 1215C | CPU 1217C |
|---|---|---|---|---|---|
| 3CPUs | AC/DC/RLY，DC/DC/RLY，DC/DC/DC | | | | |
| 集成数字量 I/O | 6 输入/4 输出 | 8 输入/6 输出 | 14 输入/10 输出 | | |
| 集成模拟量 I/O | 2 输入 | | | 2 输入/2 输出 | 2 输入/2 输出 |
| 过程映像区 | 1 024 字节输入/1 024 字节输出 | | | | |
| 信号板扩展 | 最多 1 个 | | | | |
| 信号模块扩展 | 无 | 最多 2 个 | 最多 8 个 | | |
| 最大本地数字量 I/O | 14 | 82 | 284 | | |
| 最大本地数字量 I/O | 3 | 19 | 67 | 69 | 69 |
| 通信模块扩展 | 最多 3 个 | | | | |

参照 CPU 的技术规范，根据实际工程的需要选择不同型号的 CPU。

每一个系列的 CPU 又根据供电方式和输入/输出方式的不同分为三类：AC/DC/RLY、DC/DC/RLY 和 DC/DC/DC。第一部分表示 CPU 的供电方式：AC 表示交流电

供电，DC 表示直流电供电；第二部分表示数字量的输入方式：只有 DC 一种，表示直流电输入；第三部分表示数字量的输出方式：RLY 表示继电器输出，DC 表示晶体管输出。

CPU 1214C-DC/DC/DC 的含义是：该 CPU 的型号是 1214，它属于紧凑型，供电方式是直流电供电，输入端子接 24 V 直流电，输出方式是晶体管输出。

CPU 状态指示灯实物如图 2-1 所示。

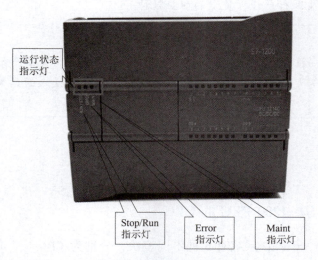

运行状态
指示灯

Stop/Run
指示灯

Error
指示灯

Maint
指示灯

图 2-1　CPU 状态指示灯实物

Stop/Run 指示灯（运行/停止）：该指示灯的颜色为黄色时代表停止状态，为绿色时代表运行状态，交替闪烁表示 CPU 正在启动。

Error 指示灯（系统存在错误）：该指示灯为红色闪烁状态时表示有错误，如 CPU 内错误、存储卡错误或组态错误等，红色灯常亮时表示硬件出现故障。

Maint 指示灯（系统需要维护）：该指示灯在每次插入存储卡时闪烁。

CPU 状态指示灯说明见表 2-2。

表 2-2　CPU 状态指示灯说明

| 说明 | Stop/Run（黄色/绿色） | Error（红色） | Maint（黄色） |
|---|---|---|---|
| 断电 | 灭 | 灭 | 灭 |
| 启动、自检或固件更新 | 闪烁（黄绿交替） | — | 灭 |
| 停止模式 | 亮（黄色） | — | — |
| 运行模式 | 亮（绿色） | — | — |
| 取出存储卡 | 亮（黄色） | — | 闪烁 |
| 错误 | 亮（黄色或绿色） | 闪烁 | — |
| 请求维护强制 I/O<br>需要更换电池（已安装电池板） | 亮（黄色或绿色） | — | 亮 |

续表

| 说明 | Stop/Run（黄色/绿色） | Error（红色） | Maint（黄色） |
|---|---|---|---|
| 硬件出现故障 | 亮（黄色） | 亮 | 灭 |
| LED 测试或者 CPU 固件出现故障 | 闪烁（黄绿交替） | 闪烁 | 闪烁 |
| CPU 组态版本未知或者不兼容 | 亮（黄色） | 闪烁 | 闪烁 |

CPU 模块上的 I/O 状态指示灯分别用来指示输入或输出的信号状态。

CPU 1214C DC/DC/DC 端口接线图如图 2-2 所示。CPU 左上角为供电接线端子。根据不同的 CPU 供电方式选择合适的电源。CPU 上面这部分是数字量输入接线端子，上部右侧为模拟量输入接线端子，CPU 下端是数字量输出接线端子。

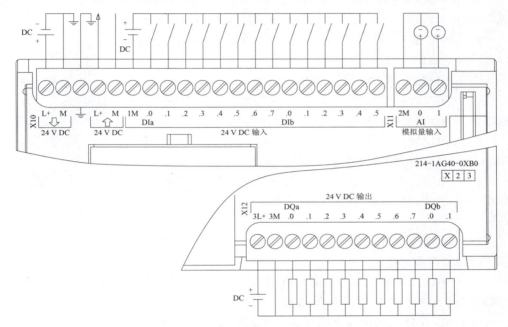

图 2-2　CPU 1214C DC/DC/DC 端口接线图

在电源端 L+ 和 M 接直流电，DI 为数字量输入端，共有 14 路数字量输入，AI 为模拟量输入端，共有 2 路模拟量输入。DQ 为数字量输出端，共有 10 路数字量输出。

模拟量接线端子的下方有个卡槽，用来安装存储卡，S7-1200 PLC 的存储卡有以下 3 种功能。

（1）存储卡可以作为外部装载存储器，从而扩大装载存储器的空间。

（2）可以利用存储卡将某一个 CPU 内部的程序复制到一个或多个 CPU 内部的装载存储区。

（3）24 MB 存储卡可以作为固件更新卡，升级 S7-1200 PLC 的固件。

S7-1200 PLC 内部有装载存储器，存储卡并不是必需的。要注意不可以将存储卡插到一个正在运行的 CPU 中，这样会造成 CPU 停机。在实训室操作时，如果不按规范操作，会造成 CPU 停机，如果在实际生产过程中不按规范操作，就有可能使

设备损坏，甚至造成人员伤亡，因此规范操作要从点滴做起。

S7-1200 PLC 的 CPU 还包括高速计数、频率测量、高速脉冲输出、PWM 控制、运动控制和 PID 控制。其高速脉冲输出可以用于步进电动机或伺服电动机的速度和位置控制。

### 知识点 2　S7-1200 PLC 的信号板和信号模块

信号板和
信号模块

S7-1200 PLC 的 CPU 模块可以进行扩展，以满足不同的系统需求。可以根据实际需求添加不同功能的信号板。

**1. 信号板**

在 CPU 的前方加入一个信号板（图 2-3），不影响控制器的实际大小。安装时，先将 CPU 上的端子盖板取下，将信号板直接插入 CPU 正面的槽内。

信号板根据功能不同，可以分为信号板（SB）、通信板（CB）或电池板（BB）。

在实际使用中常见的信号板如下。

（1）SB1221 数字量输入信号板：4 路输入，输入最高脉冲输出频率为 200 kHz。电压分为直流 24 V 和直流 5 V 两种。

（2）SB1222 数字量输出信号板：4 路输出，最高频率为 200 kHz，电压分为直流 24 V 和直流 5 V 两种。

（3）SB1223 数字量输入/输出信号板：2 路输入/输出，最高频率为 200 kHz，输入/输出电压有直流 24 V 和直流 5 V 两种。

图 2-3　信号板

（4）SB1231 模拟量输入信号板：1 路输入，分辨率为 12 位，可测量电压和电流。

（5）SB1231 热电偶信号板和热电阻信号板：它们可选多种量程的传感器，温度分辨率为 0.1 ℃，电压分辨率为 16 位。

（6）SB 1232 模拟量输出信号板：为 1 路 12 位的模拟量输出。

（7）CB1241 RS485 信号板：提供一个 RS485 接口。

（8）BB 1297 电池板：适用于实时时钟的长期备份。

常见信号板参数见表 2-3。

表 2-3　常见信号板参数

| | | | |
|---|---|---|---|
| 信号板 | 数字量 | SB1221 | 最高频率 200 kHz，4×24 V，DC 输入 |
| | | SB1221 | 最高频率 200 kHz，4×5 V，DC 输入 |
| | | SB1222 | 最高频率 200 kHz，4×24 V，DC 输出 |
| | | SB1222 | 最高频率 200 kHz，4×5 V，DC 输出 |
| | | SB1223 | 2×24 V，DC 输入/2×24 V，DC 输出 |
| | | SB1223 | 最高频率 200 kHz，2×24 V，DC 输入/2×24 V，DC 输出 |
| | | SB1223 | 最高频率 200 kHz，2×5 V，DC 输入/2×5 V，DC 输出 |

续表

| | | SB1231 | 1×12 位模拟量输入，分辨率：11 位+符号位 |
|---|---|---|---|
| 信号板 | 模拟量 | SB1231 | 1×16 位热电阻模拟量输入 |
| | | SB1231 | 1×16 位热电偶模拟量输入 |
| | | SB1232 | 1×12 位模拟量输出 |
| 通信板 | | CB1241 | RS485 |
| 电池板 | | BB1297 | 用于系统时钟长期保持 |

## 2. 信号模块

数字量输入/数字量输出模块和模拟量输入/模拟量输出模块统称为信号模块。常见信号模块如图 2-4 所示。

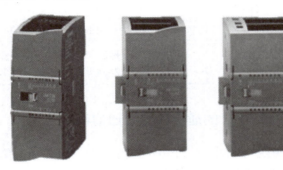

图 2-4　常见信号模块

可将信号模块连接至 CPU 的右侧，进一步扩展数字量或模拟量输入/输出容量。CPU 1212C 最多可连接 2 个信号模块，CPU 1214C、CPU 1215C 和 CPU 1217C 最多可连接 8 个信号模块。

常见数字量输入/输出模块包括：SM 1221 数字量输入模块、SM 1222 数字量输出模块、SM 1223 数字量直流输入/输出模块。从输入/输出点数来看，信号模块有 8 路、16 路等；从输出类型来看，信号模块又分为晶体管输出和继电器输出。可以根据实际控制需求选择不同的信号模块。

在实际的工业控制中，经常会遇到输入量是压力、温度、流量、转速等，或者输出执行机构是电动调节阀或变频器等情况，这些量都是模拟量，而 PLC 的 CPU 只能处理数字量。模拟量首先被传感器和变送器转换为标准量程的电流或电压，例如 DC 4~20 mA 和 DC ±10 V，PLC 用模拟量输入模块的 A/D 转换器将它们转换成数字量。带正负号的电流或电压在 A/D 转换后用二进制补码表示。模拟量输出模块的 D/A 转换器将 PLC 中的数字量转换为模拟量电压或电流，再去控制执行机构。模拟量输入/输出模块的主要任务就是实现 A/D 转换和 D/A 转换。A/D 转换器和 D/A 转换器的二进制位数反映了它们的分辨率，位数越多，分辨率越高。转换时间是模拟量输入/输出模块的另一个重要指标。

表 2-4 所示为常用的模拟量信号模块参数，包括 SM1231 模拟量输入模块、SM1232 模拟量输出模块、SM1231 热电偶和热电阻模拟量输入模块、SM1234 模拟量

输入和输出混合模块。SM 1231、SM 1232 和 SM 1234 用于接收或输出标准的电压信号和电流信号，其中 SM 1231 还可用于连接热电阻或热电偶进行温度采集。

表 2-4　模拟量信号模块参数

| | | |
|---|---|---|
| 模拟量输入 | SM1231 | AI 4×13 bit，±10 V DC/0~20 mA |
| | SM1231 | AI 8×13 bit，±10 V DC/0~20 mA |
| | SM1231 | AI 4×16 bit，±10 V DC/0~20 mA |
| | SM1231 | 4×16 bit，热电阻模块 |
| | SM1231 | 8×16 bit，热电阻模块 |
| | SM1231 | 4×16 bit，热电偶模块 |
| | SM1231 | 8×16 bit，热电偶模块 |
| 模拟量输出 | SM1232 | AQ　2×14 bit，±10 V DC/0~20 mA |
| | SM1232 | AQ　4×14 bit，±10 V DC/0~20 mA |
| 模拟量输入/输出 | SM1234 | AI　4×13 bit，±10 V DC/0~20 mA<br>AQ　2×14 bit，±10 V DC/0~20 mA |

### 知识点 3　S7-1200 PLC 的通信接口和通信模块

通过学习 S7-1200 PLC 本机集成的 PROFINET 接口以及其他通信模块，可以方便地在后续正确使用通信接口，合理地选择通信模块。

通信接口和
通信模块

#### 1. PROFINET

PROFINET 是基于工业以太网的现场总线，是开放式的工业以太网标准，使工业以太网的应用/扩展到了控制网络最底层的现场设备。

CPU 模块的左下角是 PROFINET 接口（图 2-5），S7-1200 PLC 通过这个通信接口可以实现 CPU 之间的高速通信，也可以实现 CPU 和伺服电动机驱动器的实时定位控制，还可以连接具有 PROFINET 接口的 I/O 设备。不同系列的 CPU 集成的接口数量不一样，1211C、1212C 和 1214C 系列都只有 1 个 PROFINET 接口，而 1215C 和 1217C 系列集成了 2 个 PROFINET 接口。

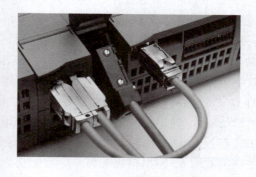

图 2-5　PROFINET 接口

以 CPU 模块 1214C 为例，它本身提供一个以太网通信接口用于实现以太网通信，还有两个显示以太网通信状态的指示灯，打开底部端子块的盖子可以看到，其中绿色灯亮表示连接成功，黄色灯亮表示传输活动。

西门子 S7-1200 PLC 的 CPU 均可连接 3 个通信模块，支持 PROFIBUS 主从站通信、RS485 和 RS232 通信模块，可以实现点对点的串行通信。通信扩展模块安装在 CPU 左侧信号扩展槽中。

## 2. PROFIBUS

PROFIBUS 在 1996 年成为现场总线国际标准 IEC 61158 的组成部分。在 2006 年 PROFIBUS 也成为中华人民共和国的机械工业国家标准 GB/T 20540—2006。通过使用 PROFIBUS-DP 主站模块 CM 1243-5，S7-1200 PLC 可以与其他 CPU、编程设备、人机界面和 PROFIBUS-DP 从站设备通信。CM 1243-5 可以作为 S7 通信的客户机或服务器。

通过使用 PROFIBUS-DP 从站模块 CM 1242-5，S7-1200 PLC 可以作为智能 DP 从站设备与 PROFIBUS-DP 主站设备通信。

## 3. 点对点通信

通过点对点通信，S7-1200 PLC 可以直接发送信息到外部设备，例如打印机；从其他设备接收信息，例如条形码阅读器、射频识别读写器等；可以与 GPS 装置、无线电调制解调器以及其他类型的设备交换信息。

CM 1241 是点对点串行通信模块，可执行的协议有 ASCII、USS 驱动、Modbus RTU 主站协议和从站协议，可以装载其他协议。CM 1241 的 3 种模块分别有 RS232、RS485 和 RS422/485 接口。其中常用的 RS485 接口采用平衡传输，即差分传输方式，传输距离为几十米到上千米。RS485 接口在总线上允许连接多个收发器。

工业远程通信将分布分散的各个远程终端单元连接到过程控制系统，以便进行监视和控制，远程服务包括与远程设备和计算机进行数据交换，实现故障诊断、维护、检修和优化等一系列操作，可以使用多种远程控制通信处理器，将 S7-1200 PLC 连接到控制中心。例如，CP1242-7 用于将西门子 S7-1200 PLC 连接到 GSM/GPRS/UMTS/LTEY 移动无线网络。

## 4. AS-i

AS-i 是执行器传感器接口，处于工厂自动化网络的最底层，AS-i 总线将靠近现场的简单模块，如传感器、执行器和操作员终端等连接成最底层的控制系统。

AS-i 是单主站主从式网络，支持总线供电。AS-i 主站模块 CM 1243-2 用于将 AS-i 设备连接到 CPU，可配置 31 个标准开关量/模拟量从站或者 62 个 A/B 类开关量/模拟量从站。

## 任务三 S7-1200 PLC 软件安装

### 任务目标

**知识目标**

(1) 熟悉 TIA Portal V15 软件的安装环境。

(2) 熟悉 TIA Portal V15 软件的基本构成。

**技能目标**

(1) 能正确完成 HMI 控制电路启停仿真。

(2) 熟悉 TIA Portal V15 软件的使用和程序调试方法。

**素养目标**

(1) 培养学生严谨的工作态度。

(2) 使学生进一步践行团队合作意识。

### 任务引入

电动机启动和停止是工业中最常见、最基础的工作，本任务需要利用 PLC 实现电动机正反转控制的软件模拟。本任务需要完成以下工作。

(1) 在 TIA Portal V15 软件中正确选择 CPU 和 HMI 的型号。

(2) 利用梯形图编写电动机启停程序。

(3) 在 HMI 中对电动机、按钮红绿灯进行组态。

(4) 编译、仿真所编辑的程序。

> **团队协作**
>
> 漫天星辰，聚如焰火。班级是心灵的归属和依靠，在集体中立足专业，在陪伴中克服困难，携手同行，一路成长，与同学的团队协作就如同本任务中 CPU 和 HMI 的协作一样顺畅。

### 任务要求

通过两个按钮控制电动机的启动和停止，利用组态技术进行仿真画面的设计，要求在按下启动按钮后，电动机显示灯为绿色，按下停止按钮后，电动机显示灯为红色。

## 知识链接

### 知识点 1　TIA Portal V15 软件界面介绍

TIA Portal V15 软件是西门子工业自动化集团发布的一款全新的全集成自动化软件，几乎适用于所有自动化任务。借助全新的工程技术软件平台，用户能够快速、直观地开发和调试自动化系统。与传统方法相比，无须花费大量时间集成各个软件包，节省了时间，提高了设计效率。

博途软件界面介绍

TIA Portal V15 软件对安装环境有一定的要求，在硬件方面主要是对处理器、内存、硬盘、图形分辨率、显示器等有具体要求。对系统则要求采用 Windows 7 或者 Windows 10 系统的旗舰版、专业版或者纯净版，在安装的时候也可以去西门子官方网站具体查询。

TIA Portal V15 软件安装好以后会有 4 个图标，分别是 TIA Portal V15 软件的快捷方式、许可证、运行以及仿真。TIA Portal V15 软件功能非常强大，可以开发 S7-1200 PLC、S7-1500 PLC、S7-300 PLC、S7-400 PLC，还能够组态触摸屏画面和上位机可视画面等。

TIA Portal V15 软件启动界面（图 3-1）包括任务选项、任务选项对应的操作、操作选择面板和"切换到项目视图"按钮。

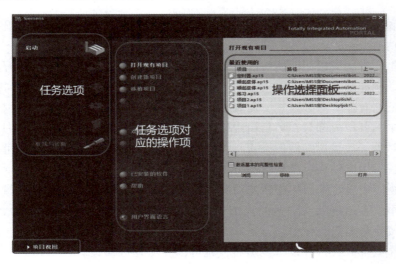

图 3-1　TIA Portal V15 软件启动界面

任务选项为各个任务区提供了基本功能，包括"打开现有项目""创建新项目""移植项目"等操作。

操作选择面板会根据所选择的任务选项显示对应的内容。在"最近使用的"列表中，单击项目即可将其打开 。

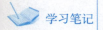

通过"切换到项目视图"按钮，可以将当前的博途视图界面切换为项目视图界面。

项目视图是面向项目的视图，比如设计 PLC 程序或设计触摸屏的画面，都可以在项目视图中进行操作和完成。

项目视图包括：菜单和工具栏、项目树、详细视图、任务卡、工作区、巡视窗口（图 3-2）。

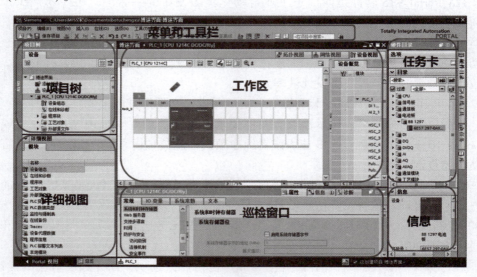

图 3-2 项目视图中组态硬件

菜单和工具栏与常用的 Word 等软件的菜单和工具栏很相似，可以根据需求选择需要的功能。

在项目树中，可以访问所有的设备和项目数据、添加新的设备、打开项目数据编辑器等。例如添加一个 CPU 之后，可以在这里选择添加块操作、添加变量操作等。可以把它看作一个导航栏，需要使用的时候打开就可以切换到对应的操作界面。

项目中的各组成部分在项目树中以树状结构显示，分为 4 个层次：项目、设备、文件夹和对象。项目树的使用方式与 Windows 的资源管理器相似。作为每个编辑器的子元件，其用文件夹以结构化的方式保存对象。

详细视图中显示项目树中所选对象的特定内容，比如选择了 PLC 变量中的默认变量，这里就会出现默认变量的详细信息。可以拖拽详细视图中的变量到工作区，定义或更改变量名。

在工作区部分，打开设备视图后，就可以在工作区对设备进行组态及参数的设置；打开程序块，就可以在工作区进行程序的编写；打开变量表，就可以在工作区对变量表进行定义。可以同时打开几个编辑器，但是一般只能在工作区同时显示一个当前打开的编辑器。

工作区显示的是设备和网络编辑器的"设备视图"选项卡，在这里可以组态硬件；选择"网络视图"选项卡，打开网络视图，可以组态网络。

选择"拓扑视图"选项卡，可以显示 PROFINET 网络的拓扑结构。

巡视窗口的使用是很重要的，它用来显示选中工作区中的对象附加的信息，还可以用来设置对象的属性。CPU 和各种扩展模块的参数设置都是在巡视窗口中设置完成的。其中包括"属性""信息"和"诊断" 3 个选项卡。

"属性"选项卡用于显示和修改选项中对象的属性，主要是各种参数的设置，包括 IO 变量设置、IP 地址设置、时钟设置等。

"信息"选项卡用于显示编译信息，以及编译后的报警信息。

"诊断"选项卡用于显示系统诊断时间和组态的报警事件。

在任务卡中可以切换硬件目录、在线工具、任务、库等操作界面。例如在硬件组态时，可以在硬件目录中选择所需的硬件。

任务卡的功能与编辑器有关。可以通过任务卡进行下一步或者附加的操作，例如从库或硬件目录中选择对象、搜索或替代项目中的对象、将预定义的对象拖拽到工作区。

可以用最右边竖条上的按钮来切换任务卡显示的内容。屏幕上的任务卡显示的是硬件目录，任务卡下面标有的"信息"窗格，显示在"目录"窗格中所选硬件对象的图形和对它的简要描述。

TIA Portal V15 软件的功能非常强大，只有在后期学习中多加练习、反复操作，才能做到熟能生巧。

## 任务实施

打开 TIA Portal V15 软件，选择"创建新项目"命令，修改项目名称为"HMI 控制电路启停仿真"，选择"创建"→"设备与网络"→"添加新设备"命令，对控制器进行选择，这里选择的是西门子 S7-1200 CPU 1214C DC/DC/DC 的 6ES7 214-1AG40-0XB0 V4.2 版本，单击"添加"按钮，CPU 设备添加完成（图 3-3）。

**HMI 控制电路启停仿真**

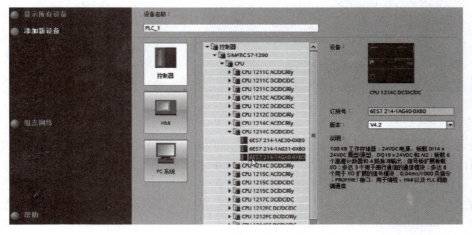

图 3-3　S7-1200 PLC 的 CPU 选择界面

首先对 PLC 变量进行编辑。根据仿真任务，需要两个输入变量、一个输出变量。双击默认变量表（图 3-4），打开变量表编辑器，输入第一个变量名称为"HMI 启动按钮"，数据类型为布尔型，地址选择 M2.0。第二个变量为"HMI 停止按钮"，数据类型为布尔型，地址选择 M2.1。第三个变量为"电机控制 KM"，数据类型为布尔型，地址选择 Q0.0。至此变量表制作完成。

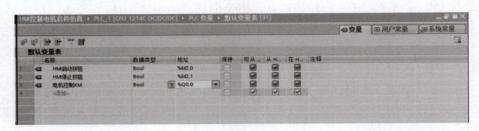

图 3-4　默认变量表

然后对程序进行编写。双击程序块，双击 OB1，从工具栏中拖动一个常开触点、一个常闭触点、一个线圈，输入分支并拖动常开触点，闭合电路，完成自保持。第一个常开触点选择"HMI 启动按钮"，也可以选择打开变量表，将变量名拖到合适的位置，程序编写完成。

对触摸屏进行组态，单击博途视图，单击"HMI"按钮，选择西门子精简系列面板，选择 7 寸显示屏，选择"KTP700Basic"中的型号"6AV2 123-2GB03-0AX0 15.0.0.0"版本（图 3-5）。关闭启动向导，单击"添加"按钮。

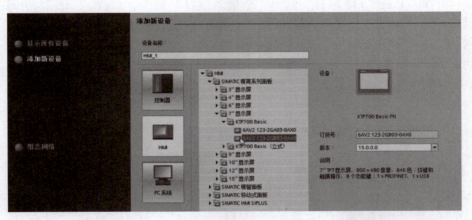

图 3-5　S7-1200 HMI 选择界面

双击触摸屏，单击转入网络视图，单击 PLC_1PROFINET 网络接口，拖动鼠标到 HMI_1 的 PROFINET 网络接口，完成 PROFINET 网络连接（图 3-6）。

进行组态可视化。选择触摸屏画面，选择"画面_1"，单击基本对象中的文本域图标，将文本域拖入画面区，单击属性栏，在文本区域输入"HMI 控制电路启停仿真"，更改字体和字号，单击"确定"按钮，选中文本，按住鼠标左键，拖动文本至合适位置。

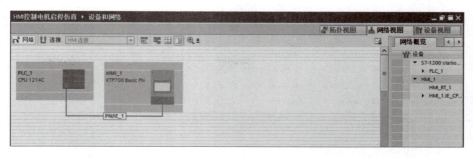

图 3-6　网络视图界面

对电动机进行组态。选择"图形"→"WinCC 图形"文件夹，展开并选择第一个文件夹"自动化设备"，双击该文件夹，找到"电动机"文件夹，选择合适的电动机，拖放至合适的位置，根据需要更改电动机的位置和大小，电动机组态完成。

对按钮进行组态。在右侧元素栏中，拖动按钮至控制画面中，单击属性栏，输入"启动按钮"，选择"事件"→"按下"选项，选择"添加函数"→"编辑位"→"按下时置位"位，选择"变量输入输出中"选项，关联 PLC 变量，单击默认变量表，选择"HMI 启动按钮"，单击"√"按钮。用同样的方法添加"停止按钮"。两个输入按钮组态完成。

对指示灯进行组态。选择"库"→"主模板"→"指示灯"选项，将指示灯拖至合适的位置，调整大小。单击属性栏，关联 PLC 变量至电动机运行指示灯，选择变量"电机控制 KM"，单击"√"按钮。在内容中，开选择绿色，关选择红色。在项目树下选择"HMI 画面_1"，定义为起始画面。HMI 仿真界面如图 3-7 所示。

图 3-7　HMI 仿真界面

进行编译，编译无误后下载 PLC 程序（图 3-8），单击"在线"按钮，启动仿真，单击"确定"按钮，"接口连接"选择"PN/IE_1"接口，选择"开始搜索"命令，单击"下载"按钮，单击"装载"按钮，单击"完成"按钮，启动 PLC。

单击 HMI_1 启动仿真，选择 PLC 程序对变量进行监控。运行仿真结果，按下触摸屏上的启动按钮，电动机上绿灯亮，表示电动机运行并保持，按下触摸屏上的停止按钮，电动机上红灯亮，表示电动机停止。

图 3-8　PLC 程序下载界面

# 任务评价

**职业素养与操作规范评分表**

**（学生自评和互评）**

| 序号 | 主要内容 | 说明 | 自评 | 互评 | 得分 |
|---|---|---|---|---|---|
| 1 | 安全操作（10分） | 没有穿戴工作服、绝缘鞋等防护用品扣5分 | | | |
| | | 在实训过程中将工具或元件放置在危险的地方造成自身或他人人身伤害，取消成绩 | | | |
| | | 通电前没有进行设备检查引起设备损坏，取消成绩 | | | |
| | | 没经过实验教师允许而私自送电引起安全事故，取消成绩 | | | |
| 2 | 规范操作（10分） | 在安装过程中，乱摆放工具、仪表、耗材，乱丢杂物扣5分 | | | |
| | | 在操作过程中，恶意损坏元件和设备，取消成绩 | | | |
| | | 在操作完成后不清理现场扣5分 | | | |
| | | 在操作前和操作完成后未清点工具、仪表扣2分 | | | |
| 3 | 文明操作（10分） | 在实训过程中随意走动影响他人扣2分 | | | |
| | | 完成任务后不按规定处置废弃物扣5分 | | | |
| | | 在操作结束后将工具等物品遗留在设备或元件上扣3分 | | | |
| 职业素养总分 | | | | | |

## HMI 控制电路启停仿真任务考核评分表
### （教师和工程人员评价）

| 序号 | 考核内容 | 说明 | | 得分 | 合计 |
|---|---|---|---|---|---|
| 1 | 创建项目<br>（20 分） | 不能正确创建项目，每处扣 2 分 | | | |
| | | CPU 设备型号、订货号、版本等数据选择不正确，每处扣 3 分 | | | |
| | | HMI 设备型号、订货号、版本等数据选择不正确，每处扣 3 分 | | | |
| 2 | 变量建立<br>（15 分） | 说明 | 分值 | | |
| | | 建立变量表 | 2 分 | | |
| | | 变量数据类型正确 | 每个 1.5 分 | | |
| | | 变量地址正确合理 | 2 分 | | |
| | | 变量数量正确 | 每个 1.5 分 | | |
| 3 | PLC 功能<br>（25 分） | 主程序正确添加 | 3 分 | | |
| | | 程序语法正确无误 | 3 分 | | |
| | | 电动机、输入按钮组态正确 | 每处 5 分 | | |
| | | 程序运行指示灯显示正确 | 每处 3 分 | | |
| 4 | 程序下载<br>和调试<br>（10 分） | 程序下载方法正确 | 2 分 | | |
| | | 输入/输出检查方法正确 | 3 分 | | |
| | | 能分辨软件故障 | 2 分 | | |
| | | 调试方法正确 | 3 分 | | |
| | 任务评价总分 | | | | |

## 项目小结

（1）S7-1200 PLC 的特点、工作原理。

（2）S7-1200 PLC 的数据类型、寻址方式。

（3）梯形图的编写。

（4）系统和时钟存储器。

（5）S7-1200 PLC 的 CPU 的选型。

（6）信号模块的选型。

（7）通信模块的选型。

（8）TIA Portal V15 软件的使用。

**思考与练习**

### 一、填空题

1. PLC 的基本结构主要包括 _____、_____、输入输出电路、编程装置、电源、外围接口等。

2. PLC 的内部存储器分为 _____ 和 _____。

3. PLC 的工作方式为 _____。

4. PLC 有 5 种标准编程语言：_____、指令表语言、功能模块语言、顺序功能流程图语言、结构文本化语言。

5. 项目视图包括：_____、项目树、_____、任务卡、工作区、巡视窗口。

6. 项目中的各组成部分在项目树中以树状结构显示，分为 4 个层次：_____、设备、文件夹和对象。

### 二、选择题

1. 下列元件属于数字量输入的是（　　）。

A. 限位开关　　　　　B. 电位器　　　　　C. 热电偶　　　　　D. 指示灯

2. 双字寻址就是一次访问或者读写（　　）个字节的数据。

A. 1　　　　　　　　B. 2　　　　　　　　C. 4　　　　　　　　D. 8

3. S7-1200 PLC 的核心部件是（　　）。

A. 存储器　　　　　B. CPU　　　　　　C. 通信模块　　　　D. 电源

4. S7-1200 PLC 的 1214C DC/DC/DC 型 CPU 需要的输出端电源为（　　）。

A. 直流 24 V　　　　　　　　　B. 交流 220 V

C. 交流 380 V　　　　　　　　　D. 直流 12 V

5. S7-1200 PLC 的 1214C AC/DC/RLY 型 CPU 匹配的工作电源是（　　）。

A. 直流 24 V　　　　　　　　　B. 交流 220 V

C. 交流 380 V　　　　　　　　　D. 交、直流均可

6. 信号模块安装在 CPU 模块的（　　）。

A. 左侧　　　　　　B. 右侧　　　　　　C. 左、右侧均可

7. S7-1200 PLC 的 1214C DC/DC/DC 型 CPU 最多可以连接（　　）个信号模块。

A. 8　　　　　　　　B. 7　　　　　　　　C. 6　　　　　　　　D. 5

8. S7-1200 PLC 的 1214C DC/DC/RLY 型 CPU 的输出类型为（　　）。

A. 晶闸管　　　　　B. 晶体管　　　　　C. 继电器

### 三、判断题

1. 在 PLC 编程中，同一编号的线圈在一个程序中可以使用多次。（　　）

2. PLC 的输入、输出触点数目不能满足要求时，可以采用扩展模块增加触点数目。（　　）

3. PLC 可以取代继电器控制系统，因此传统的接触器等电器元件将被淘汰。

（　　）

4. 在梯形图编程中，常开、常闭触点可以无限次使用。　　　　（　　）

5. 在 S7-1200 PLC 的 CPU 型号 1214C DC/DC/RLY 中，RLY 表示继电器输出。

（　　）

6. 在梯形图编程中，多个输出线圈可以并联输出，也可以串联输出。（　　）

# 项目二　S7–1200 PLC 的指令及编程实践

## 项目说明

本项目以电动机的顺序控制、智能马桶的 PLC 设计、交通红绿灯的 PLC 系统设计、汽车转向灯的编程控制、博物馆的人流量控制系统设计、生产线计件系统设计、机械手的程序编写 7 个任务为依托，结合多个编程案例，介绍常用的 S7–1200 PLC 指令——位逻辑指令、定时器指令、移动指令、移位和循环移位指令、计数器指令、比较指令、数学公式指令及顺序控制指令的使用方法。

## 任务四　3 台电动机顺序控制的 PLC 系统设计

## 任务目标

**知识目标**

（1）能熟练识别触点、线圈指令，置/复位、置/复位域指令，触发器指令和沿指令的梯形图格式。

（2）能灵活掌握各类位逻辑指令的使用方法。

**技能目标**

（1）可以独立进行 3 台电动机顺序控制的 PLC 硬件接线。

（2）能熟练掌握各类指令的调取及程序的录入。

（3）能熟练进行程序的下载、监控、调试及仿真。

**素养目标**

（1）指导学生践行精益求精的大国工匠精神。

（2）提升和培养学生的安全意识。

## 任务引入

货物在运输过程中经常会用到多级皮带传输设备。为了防止物料在皮带上出现堆积，对皮带造成损伤，甚至发生人身安全事故，需要在对设备和系统进行设计的时候优先考虑安全因素。

## 任务要求

传输设备由三级皮带组成，每级各由一台电动机驱动，如图4-1所示。具体控制要求如下。

（1）3台电动机分别有各自的启停按钮。

（2）起动顺序为：电动机1先启动，电动机2才能启动，电动机2启动后电动机3才能启动。

（3）停止顺序：电动机3先停机，电动机2才能停机，电动机2停机后，电动机1才能停机。

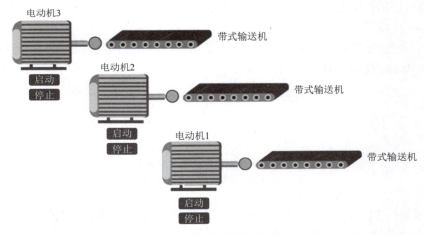

图4-1  3台电动机顺序控制的模拟示意

## 知识链接

在S7-1200 PLC的指令系统中，位逻辑指令包括触点、线圈指令，置/复位、置/复位域指令，触发器指令和沿指令。

### 知识点1  触点、线圈指令

**1. 触点指令**

触点指令，包括常开触点与常闭触点指令。其梯形图格式如

基本指令

图 4-2 所示。

（1）常开触点指令。bit 位为布尔型变量。当外部输入信号有效，即 bit 位等于 1 时，该触点闭合接通。当外部输入无信号，即 bit 位等于 0 时，该触点断开。

（2）常闭触点指令。bit 位为布尔型变量。它与常开触点指令正好相反，当外部输入信号有效，即 bit 位等于 1 时，该触点断开。当外部输入无信号，即 bit 位等于 0 时，该触点闭合接通。

常开触点指令和常闭触点指令的操作数可以为 I、Q、M、L、D、T 和 C。

图 4-2　触点指令的梯形图格式

（a）常开触点指令；（b）常闭触点指令

### 2. 线圈指令

线圈指令包括线圈输出指令和反向线圈输出指令。其梯形图格式如图 4-3 所示。

（1）线圈输出指令。bit 位为布尔型变量，当有能流流过该线圈时，线圈输出指令上的 bit 位地址为 1，反之为 0。

（2）反向输出线圈指令。其 bit 位的值与输出线圈指令相反。当有能流流过该线圈时，反向线圈输出指令上的 bit 位地址为 0，反之为 1。

图 4-3　线圈指令的梯形图格式

（a）线圈输出指令；（b）反向线圈输出指令

【例题 4-1】 如图 4-4 所示，I0.0 常开触点与 I0.1 常闭触点串联，驱动线圈 Q0.0。只有当 I0.0 = 1 时，其常开触点闭合，同时 I0.1 = 0，常闭触点不动作时，Q0.0 线圈才有能流流过，其 bit 位才为 1。

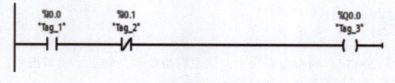

图 4-4　例题 4-1

【例题 4-2】 如图 4-5 所示，该段程序用 M10.0 常开触点 与 M10.1 常开触点并联，驱动线圈 Q0.1。M10.0 或 M10.1 两者只要有一个为 1，Q0.0 就为 1。

```
        %M10.0                                              %Q0.1
        "Tag_4"                                             "Tag_6"
      ───┤├────────┬──────────────────────────────────────────( )───
        %M10.1     │
        "Tag_5"    │
      ───┤├────────┘
```

图 4-5  例题 4-2

【例题 4-3】在图 4-6 所示程序段中，当 I0.0＝1 时，Q0.3＝1，Q0.3 常开触点闭合，即使此时 I0.0＝0，线圈 Q0.3 也仍有效。当 I0.1＝1 时，Q0.3＝0，Q0.3 常开触点复位断开。这是程序编写中最常用的"启-保-停"控制程序。

```
        %I0.0       %I0.1                                   %Q0.3
        "Tag_1"     "Tag_2"                                 "Tag_7"
      ───┤├──────────┤/├──────┬──────────────────────────────( )───
        %Q0.3                 │                              %Q0.4
        "Tag_7"               │                              "Tag_8"
      ───┤├─────────┘         └──────────────────────────────┤/├───
```

图 4-6  例题 4-3

### 3. 逻辑取反指令

逻辑取反指令是用来转换能流流入的逻辑状态的。如果没有能流流入 NOT 触点，则有能流流出。反之，如果有能流流入 NOT 触点，则没有能流流出。其梯形图格式如图 4-7 所示。

图 4-7  逻辑取反指令的梯形图格式

【例题 4-4】在图 4-8 所示的程序段中，当 I0.0＝1，Q0.1＝0 时，有能流流入 NOT 触点，经过 NOT 触点后，则无能流流向 Q0.5。在 I0.0＝1，Q0.1＝1 或 I0.0＝0 时，均无能流流入 NOT 触点，经过 NOT 触点后，则有能流流向 Q0.5。

```
        %I0.0       %Q0.1                                   %Q0.5
        "Tag_1"     "Tag_6"                                 "Tag_9"
      ───┤├──────────┤/├─────────┤ NOT ├────────────────────( )───
```

图 4-8  例题 4-4

### 知识点2　置/复位、置/复位域指令

#### 1. 置/复位指令

S（置位）指令是将指定的位操作数强制为 1 的一种操作，R（复位）指令是将指定的位操作数强制为 0 的操作。它们有记忆和保持功能，即某一操作数的 S 线圈或 R 线圈断电，指定操作数的信号状态不变。其梯形图格式如图 4-9 所示。

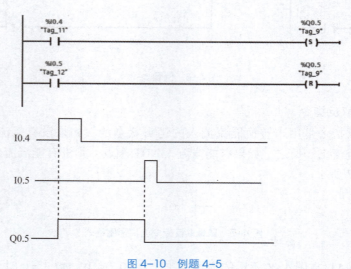

图 4-9　置/复位指令的梯形图格式

(a) 置位指令；(b) 复位指令

【例题 4-5】在图 4-10 所示的程序段中，I0.4 驱动 Q0.5 置位，I0.5 驱动 Q0.5 复位。

图 4-10　例题 4-5

如果 I0.4 的常开触点闭合，即上升沿到来时，则 Q0.5 被强制为 1 状态，并保持，即使 I0.4 的常开触点断开，Q0.5 也仍然保持 1 状态不变。

I0.5 的常开触点闭合时，Q0.5 被强制为 0 状态，并保持，即使 I0.5 的常开触点断开，Q0.5 也仍然保持为 0 状态不变。

#### 2. 置/复位域指令

"置位域"指令 SET_BF 是将从指定的地址开始的、连续的若干个位地址置位的操作。

"复位域"指令 RESET_BF 是将从指定的地址开始的、连续的若干个位地址复位的操作。

其梯形图格式如图 4-11 所示。

—(SET_BF)—  —(RESET_BF)—
<??.?>　　　　　　　　　<??.?>
<???>　　　　　　　　　<???>
（a）　　　　　　　　　（b）

图4-11　置/复位域指令的梯形图格式

（a）置位域指令；（b）复位域指令

【例题4-6】在图4-12所示的程序段中：当I0.0=1时，Q0.0、Q0.1、Q0.2、Q0.3、Q0.4连续5位均为1并保持；当I0.1=1时，Q0.0、Q0.1、Q0.2、Q0.3、Q0.4连续5位均为0并保持。

```
    %I0.0                                      %Q0.0
    "Tag_1"                                    "Tag_3"
──────┤├────────────────────────────────────(SET_BF)──┤
                                                  5

    %I0.1                                      %Q0.0
    "Tag_2"                                    "Tag_3"
──────┤├───────────────────────────────────(RESET_BF)─┤
                                                  5
```

图4-12　例题4-6

## 知识点3　触发器指令

触发器指令包括RS触发器与SR触发器两种。其梯形图格式如图4-13所示。

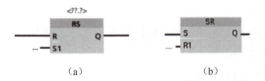

（a）　　　　　　　　　　　（b）

图4-13　RS/SR触发器的梯形图格式

（a）RS触发器；（b）SR触发器

RS触发器是复位/置位（置位优先）触发器，在S端有效时，指令上方的操作数被置位；在R端有效时，该操作数被复位；当两信号同时为1时，置位优先，方框上的位地址置位为1，且当前信号状态被传送到输出端Q。

SR触发器是置位/复位（复位优先）触发器，在置位（S）和复位（R1）信号同时为1时，方框上的位地址被复位为0，且当前信号状态被传送到输出端Q。

【例题4-7】图4-14所示是3台抢答器的控制程序，主要用了3个SR触发器来实现。

（1）I0.0、I0.1、I0.2分别为3台抢答器的抢答按钮，接在各自SR触发器的S端。

（2）Q0.0、Q0.1、Q0.2分别为3台抢答器的抢答成功指示灯。

（3）I0.4 为复位按钮，接在 3 个 SR 触发器的 R 端，当复位按钮被按下时，3 盏指示灯均灭，抢答结束。

（4）抢答器工作的时候存在一个谁优先按压启动键，谁抢答成功的情况，在该程序中需要用互锁结构实现。

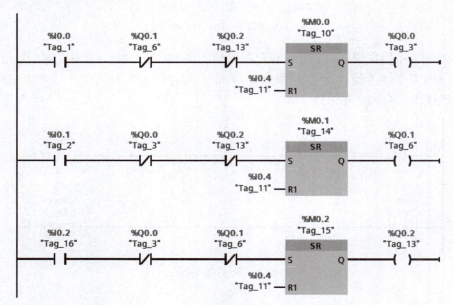

图 4-14　例题 4-7

### 知识点 4　沿指令

常用的沿指令包括 P 触点指令、N 触点指令、P 线圈指令、N 线圈指令、P 触发器指令和 N 触发器指令。

#### 1. P 触点指令和 N 触点指令

P 触点指令也叫作扫描操作数的信号上升沿检测指令。其梯形图格式如图 4-15（a）所示。在上方操作数 1 的上升沿来临时，该触点接通一个扫描周期。操作数 2 为边沿存储位，用来存储上一次扫描循环时操作数 1 的状态。

N 触点指令也叫作扫描操作数的信号下降沿检测指令。其梯形图格式如图 4-15（b）所示。在上方操作数 1 的下降沿来临时，该触点接通一个扫描周期。操作数 2 仍为边沿存储位，用来存储上一次扫描循环时操作数 1 的状态。

图 4-15　P 触点指令、N 触点指令的梯形图格式
（a）P 触点指令；（b）N 触点指令

**【例题 4-8】** 在图 4-16 所示的程序段中，当 I0.0＝1，I0.1＝1，且 I0.2 上升沿到来时，Q0.0 导通一个扫描周期；I0.0 串联 I0.1 后的状态存储在 M0.0 中。

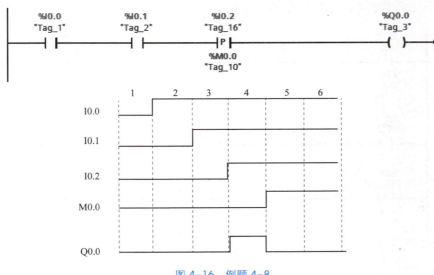

图 4-16　例题 4-8

### 2. P 线圈指令、N 线圈指令

P 线圈指令也叫作信号上升沿置位操作数指令，在流进该线圈的能流的上升沿来临时，该指令的上方操作数 1 为 1 状态，并保持一个扫描周期，下方操作数 2 为保存 P 线圈输入端的边沿存储位。其梯形图格式如图 4-17（a）所示。

N 线圈指令也叫作信号下降沿置位操作数指令，在流进该线圈的能流的下降沿来临时，该指令的上方操作数 1 为 1 状态，并保持一个扫描周期，下方操作数 2 为保存 P 线圈输入端的边沿存储位。其梯形图格式如图 4-17（b）所示。

图 4-17　P 线圈指令、N 线圈指令的梯形图格式
（a）P 线圈指令；（b）N 线圈指令

### 3. P 触发器指令和 N 触发器指令

P 触发器指令：当检测到 clock 端有上升沿到来时，Q 端输出一个扫描周期的时间。

N 触发器指令：当检测到 clock 端有下降沿到来时，Q 端输出一个扫描周期的时间。

**【例题 4-9】** 图 4-18 所示的程序段实现的是两台电动机（一用一备），当运行电动机故障时，备用电机启动的功能控制。

当启动按钮 I0.0 的上升沿来临时，置位运行电动机 Q0.0，当故障信号 I0.1 有效时，复位运行电动机 Q0.0，运行电动机在复位的同时，Q0.0 的下降沿来临，此时置位备用电动机 Q0.1 以满足控制要求。

```
  %I0.0                                           %Q0.0
  "启动"                                          "运行电动机"
 ──┤P├──                                          ──(S)──
  %M10.0
  "Tag_1"

  %I0.1                                           %Q0.0
  "故障信号"                                       "运行电动机"
 ──┤ ├──                                          ──(R)──

  %Q0.0                                           %Q0.1
  "运行电动机"                                      "备用电动机"
 ──┤N├──                                          ──(S)──
  %M10.1
  "Tag_2"
```

图 4-18    例题 4-9

## 任务实施

### 1. I/O 地址分配

根据 PLC 输入/输出点数分配原则及任务的控制要求，I/O 地址分配表见表 4-1 所示（仅供参考）。输出元件分别为控制 3 台电动机的中间继电器线圈。分配的 I/O 地址分别为 Q0.0、Q0.1 和 Q0.2。

3 台电动机
顺序控制

表 4-1    3 台电动机顺序控制系统的 I/O 地址分配表

| 输入 | | 输出 | |
|---|---|---|---|
| 输入元件 | I/O 地址 | 输出元件 | I/O 地址 |
| 电动机 1 启动按钮 | I0.0 | 中间继电器 1 | Q0.0 |
| 电动机 2 启动按钮 | I0.1 | 中间继电器 2 | Q0.1 |
| 电动机 3 启动按钮 | I0.2 | 中间继电器 3 | Q0.2 |
| 电动机 1 停止按钮 | I0.5 | | |
| 电动机 2 停止按钮 | I0.4 | | |
| 电动机 3 停止按钮 | I0.3 | | |
| | | | |
| | | | |

### 2. PLC 接线图

根据控制要求和 I/O 地址分配表，绘制 3 台电动机顺序控制系统 PLC 接线图，如图 4-19 所示。CPU 选择 S7-12001214C CPU DC/DC/DC，其中 L+和 M 为电源端，连接直流 24 V 电源，输入端 I0.0～I0.5 各接一个点动按钮，输出端使用 Q0.0、Q0.1、Q0.2。3L+和 3M 是输出端的电源端，两者之间需要连接一个 24 V 电源，输出端各连接一个中间继电器线圈，通过中间继电器转换和交流接触器控制电动机。

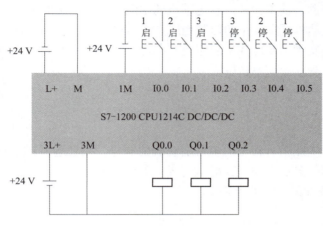

图 4-19　3 台电动机顺序控制系统 PLC 接线图

### 3. 程序编写

参考程序如图 4-20 所示。

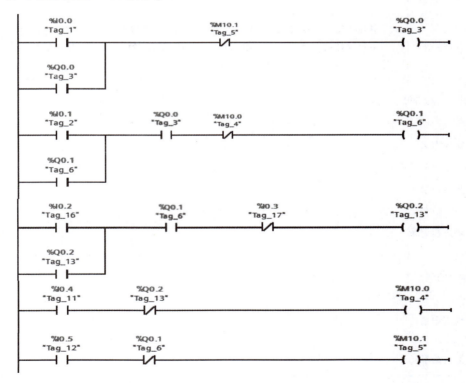

图 4-20　3 台电动机顺序控制参考程序

（1）3台电动机的启动控制。用每一台电动机的启动按钮所连接的输入地址的常开触点驱动相应电动机的中间继电器线圈。由于3台电动机均需要长动控制，所以用各自所对应的中间继电器线圈的常开触点与启动按钮并联进行自锁。

（2）3台电动机顺序启动的控制程序。若要实现顺序启动，需在后一台电动机的中间继电器线圈之前串接前一台电动机的中间继电器线圈的常开触点。

（3）3台电动机顺序停止的控制程序。M1直接停止，往往把停止按钮的常闭触点串联在线圈前实现。M2、M3后停止，则分别用相应程序段驱动的中间继电器线圈的常闭触点实现。

## 任务拓展

在实际生产实践中，常见的多台电动机的顺序控制还包括顺启同停和顺启顺停等方式，利用本任务所学知识，尝试完成以下任务拓展。

（1）填写任务工单，见表4-2。

表4-2　任务工单

| 任务名称 | 4台电动机的顺启顺停 PLC 控制 | 实训教师 | |
|---|---|---|---|
| 学生姓名 | | 班级名称 | |
| 学号 | | 组别 | |
| 任务要求 | 利用置复位指令（也可使用线圈指令）实现以下控制要求：4台电动机分别有各自的启停按钮。启动顺序：M1 先启动，随后 M2、M3、M4 才能依次启动；停止顺序：M1 先停机，M2、M3、M4 才能依次停机 | | |
| 材料、工具清单 | | | |
| 实施方案 | | | |
| 步骤记录 | | | |
| 实训过程记录 | | | |
| 问题及处理方法 | | | |
| 检查记录 | | 检查人 | |
| 运行结果 | | | |

（2）填写 I/O 地址分配表，见表 4-3。

表 4-3　I/O 地址分配表

| 输入 | | 输出 | |
|---|---|---|---|
| | | | |
| | | | |
| | | | |
| | | | |
| | | | |
| | | | |
| | | | |
| | | | |
| | | | |
| | | | |

（3）绘制 PLC 接线图。

（4）程序记录。

（5）程序调试。
（6）任务评价。
可以参考下方职业素养与操作规范评分表、4 台电动机顺序控制任务考核表。

## 任务评价

### 职业素养与操作规范评分表
#### （学生自评和互评）

| 序号 | 主要内容 | 说明 | 自评 | 互评 | 得分 |
|---|---|---|---|---|---|
| 1 | 安全操作（10分） | 没有穿戴工作服、绝缘鞋等防护用品扣5分 | | | |
| | | 在实训过程中将工具或元件放置在危险的地方造成自身或他人人身伤害，取消成绩 | | | |
| | | 通电前没有进行设备检查引起设备损坏，取消成绩 | | | |
| | | 没经过实验教师允许而私自送电引起安全事故，取消成绩 | | | |
| 2 | 规范操作（10分） | 在安装过程中，乱摆放工具、仪表、耗材，乱丢杂物扣5分 | | | |
| | | 在操作过程中，恶意损坏元件和设备，取消成绩 | | | |
| | | 在操作完成后不清理现场扣5分 | | | |
| | | 在操作前和操作完成后未清点工具、仪表扣2分 | | | |
| 3 | 文明操作（10分） | 在实训过程中随意走动影响他人扣2分 | | | |
| | | 完成任务后不按规定处置废弃物扣5分 | | | |
| | | 在操作结束后将工具等物品遗留在设备或元件上扣3分 | | | |
| 职业素养总分 | | | | | |

### 4 台电动机顺序控制任务考核评分表
#### （教师和工程人员评价）

| 序号 | 考核内容 | 说明 | 得分 | 合计 |
|---|---|---|---|---|
| 1 | 机械与电气安装（20分） | 所有线缆必须使用绝缘冷压端子，若未达到要求，则每处扣0.5分 | | |
| | | 冷压端子处不能看到明显外露的裸线，若未达到要求，则每处扣0.5分 | | |
| | | 接线端子连接牢固，不得拉出接线端子，若未达到要求，则每处扣0.5分 | | |
| | | 所有螺钉必须全部固定并不能松动，若未达到要求，则每处扣0.5分 | | |

续表

| 序号 | 考核内容 | 说明 | | 得分 | 合计 |
|------|----------|------|------|------|------|
| 1 | 机械与电气安装（20分） | 所有具有垫片的螺钉必须用垫片，若未达到要求，则每处扣0.5分 | | | |
| | | 多股电线必须绑扎，若未达到要求，则每处扣0.5分 | | | |
| | | 扎带切割后剩余长度≤1 mm，若未达到要求，则每处扣0.5分 | | | |
| | | 相邻扎带的间距≤50 mm，若未达到要求，则每处扣0.5分 | | | |
| | | 线槽到接线端子的接线不得有缠绕现象，若未达到要求，则每处扣0.5分 | | | |
| | | 线槽必须完全盖住，不得有局部翘起现象，若未达到要求，则每处扣0.5分 | | | |
| 2 | I/O地址分配（15分） | 说明 | 分值 | | |
| | | 电源线连接正确 | 5分 | | |
| | | 输入点数为8个 | 每个1.5分（扣完为止） | | |
| | | 输出点数为4个 | 每个1.5分（扣完为止） | | |
| 3 | PLC功能（25分） | 4台电动机的长动控制功能 | 5分 | | |
| | | 4台电动机的顺序启动控制 | 6分 | | |
| | | 4台电动机的顺序停止控制 | 9分 | | |
| | | 程序的可读性 | 5分 | | |
| 4 | 程序下载和调试（10分） | 程序下载方法正确 | 2分 | | |
| | | I/O检查方法正确 | 3分 | | |
| | | 能分辨硬件和软件故障 | 2分 | | |
| | | 调试方法正确 | 3分 | | |
| | 任务评价总分 | | | | |

 **任务五** 智能马桶冲水系统的 PLC 设计

## 任务目标

### 知识目标

（1）熟练掌握 TP、TON、TOF、TONR 4 种定时器指令的梯形图格式及功能。

（2）熟悉复位和加载定时器持续时间指令的使用方法。

（3）掌握光电传感器的简单原理及接线方法。

**技能目标**

（1）能独立进行智能马桶冲水系统的 PLC 硬件接线。

（2）能对光电传感器进行正确接线。

（3）可熟练掌握各类定时器指令的建立、调取及程序的下载、监控、调试及仿真操作。

**素养目标**

（1）指导学生践行精益求精的大国工匠精神。

（2）培养学生的节约用水及绿色环保意识。

## 任务引入

卫生间是一个大量用水的场所，本着提高生活质量、节约用水的原则，在设计智能马桶冲水系统时，应该更加关注功能设计，确定冲水时长。

> **立德树人**
>
> 我国是一个淡水资源分布不均匀的国家，在日常生活中，打开水龙头，水就源源不断地流出来，可能人们丝毫感觉不到水的珍贵。随着城镇化进程的快速推进和经济社会的稳步发展，我国城市用水人口和用水需求大幅增长，有些地区已经处于严重缺水状态，我们赖以生存的水资源正日益短缺。
>
> 知晓水情状况，了解节水政策，懂得节水知识，成为节水表率，宣传节水观念，劝阻浪费行为，倡导节约每一滴水，发挥模范表率作用，推动全社会形成节约用水的良好风尚是我们每个人的责任与义务。

## 任务要求

要求用 TP、TON、TOF 3 种定时器设计智能马桶冲水系统。智能马桶冲水系统的运行规律是：当有人使用智能马桶时，5 s 后冲一次水，冲水时间为 3 s，当人离开智能马桶时再冲一次水，冲水时间为 5 s。

## 知识链接

使用定时器指令可创建编程的时间延迟。S7-1200 PLC 有 4 种定时器指令——脉冲定时器（TP）指令、接通延时定时器（TON）指令、关断延时定时器（TOF）指令、保持型接通延时定时器（TONR）指令，还有复位和加载定时器持续时间的指令。脉冲定时器可生成具有预设宽度时间的脉冲。接通延迟定时器输出端 Q 在预设的延时过后

定时器指令
的使用

设置为 ON。关断延迟定时器输出端 Q 在预设的延时过后重置为 OFF。保持型接通延迟定时器输出端 Q 在预设的延时过后设置为 ON。在使用 R 输入重置经过的时间之前，定时时段会一直累加。

### 知识点 1　定时器指令的建立

IEC 定时器属于功能块，调用时需要指定配套的背景数据块，定时器指令的数据保存在背景数据块中。

#### 1. 方法一

在 OB1 程序里直接调用自动分配背景数据块。

具体操作如下。在右侧的基本指令栏中双击或拖拉 TP 指令到程序段中；出现对话框后，选择由程序自动分配数据块，并单击"确认"按钮，此时定时器建立完成，如图 5-1 所示。

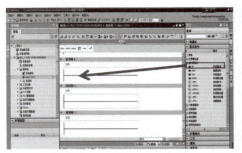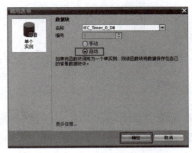

图 5-1　定时器指令的建立

#### 2. 方法二

先创建数据块，然后调用定时器时选择该数据块。

第 1 步，创建全局数据块。数据块可以为任意编号，在这里使用的是 DB2，同时命名为"定时器"。具体操作是：在左侧的项目树下双击添加数据块，单击"确认"按钮并命名，如图 5-2 所示。

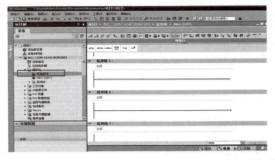

图 5-2　定时器全局数据块的创建

第 2 步，在该数据块中建立一个名称为"T0"的变量，数据类型为"IEC_TIMER"，如图 5-3 所示。

单击 T0 左侧的三角按钮，下面有 PT、ET、IN、Q 共 4 个数据，如图 5-4 所示。

图 5-3　定时器的命名及数据类型选择

图 5-4　定时器指令的 4 个参数

第 3 步，返回到 OB1 中，双击调用 TP 定时器，当出现调用选项对话框时，单击"取消"按钮，取消系统自动分配的背景数据块。

第 4 步，在 TP 定时器上方选择栏中选择前期建立的全局数据块 DB2，并单击"无"，此时定时器 T0 创建完成，如图 5-5 所示。

定时器的所有数据和状态都存放在数据块 DB2 中，可以随时对其进行监控。

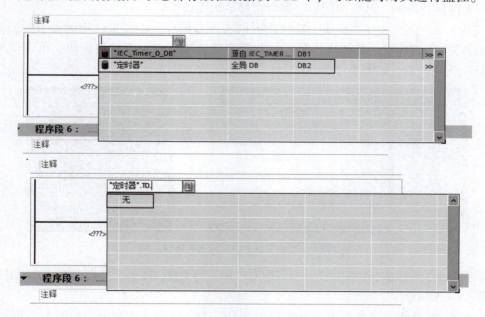

图 5-5　定时器数据块的选择

### 知识点 2  脉冲定时器

脉冲定时器的梯形图格式如图 5-6 所示。上方为脉冲定时器工作所需要的背景数据块，脉冲定时器的触发输入端 IN 也叫作使能端，PT 为定时时间，格式为 T# ndxhymzs，含义为 N 天 X 小时 Y 分钟 Z 秒。Q 为脉冲定时器的输出端，ET 为脉冲定时器的当前时间值。

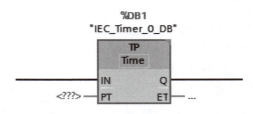

图 5-6  脉冲定时器的梯形图格式

当输入端 IN 的波形从 0 变为 1 时启动该指令，此时脉冲定时器开始计时。在计时过程中，无论输入信号的状态如何变化，输出端 Q 都将输出由 PT 指定一段时间的置位信号。在计时期间，即使检测到 IN 端有新的信号上升沿，输出端 Q 的信号状态也不会受到影响。

脉冲定时器的特点：只要触发了脉冲定时器，一旦开始计时则无法中途停止；在脉冲定时器计时期间，输出端一直有电，计时结束，输出端断电。脉冲定时器的应用如图 5-7 所示。

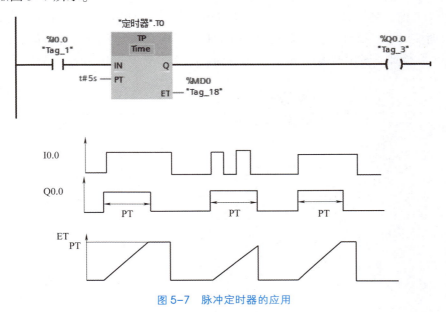

图 5-7  脉冲定时器的应用

该程序段中的第一种情况：当 I0.0 变为 1 时脉冲定时器启动，Q 端变为 1，到达 5 s 的设定时间时，Q 端变为 0，此时如果 IN 端依然为 1，则脉冲定时器会保持当前的时间值，当 IN 端变为 0 时，脉冲定时器的时间值清零。

第二种情况：当 I0.0 变为 1 启动脉冲定时器后，脉冲定时器的 Q 端变为 1，如果计时还未结束，I0.0 就变为 0，甚至又变为 1，这都不会影响脉冲定时器的计时，直到计时结束，如果 I0.0 是 0，则脉冲定时器的时间值清零，同时其 Q 端变为 0。

此程序段适合门铃的周期性发声、自动检票放行装置、电动机的延迟自动停机等设备的自动控制。

### 知识点 3　接通延时定时器

接通延迟定时器是一种输出端 Q 在预设的延时过后设置为 ON 的定时器，其梯形图格式如图 5-8 所示。当输入端 IN 的状态从 0 变为 1 时，启动该定时器，并开始计时，超出预设时间之后，输出端 Q 的信号状态将变为 1。只要启动输入端信号仍为 1，输出端 Q 就保持置位。输入端的信号状态从 1 变为 0 时，

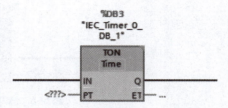

图 5-8　接通延迟定时器的梯形图格式

将复位输出端 Q。可以在 ET 输出端监控定时器的当前值。该值从 T#0 秒开始，在到达预设时间值 PT 后结束，只要输入端的信号状态变为 0，输出端 ET 就复位。

接通延时定时器的应用如图 5-9 所示，其中 I0.0 的波形已知。第一种情况：当 I0.0 变为 1 时，接通延时定时器开始计时，此时接通延时定时器的 Q 端仍然为 0，Q0.0 线圈不通电。当接通延时定时器计时到达设定时间 5 s 后，Q 端变为 1，Q0.0 线圈有电。此时，如果 I0.0 依然是 1，则接通延时定时器会保持当前的时间值，当 I0.0 变为 0 时，接通延时定时器的时间值会清零。第二种情况：当 I0.0 变为 1 时，接通延时定时器开始计时，如果接通延时定时器计时还未达到设定的时间，而 I0.0 变为 0，则接通延时定时器的时间值会清零，Q0.0 线圈一直不导通。

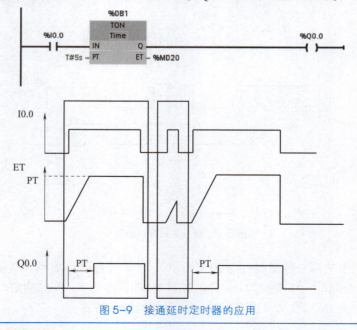

图 5-9　接通延时定时器的应用

【例题5-1】按下启动按钮后，电动机运行，5 s 后停止。程序段如图5-10所示。

接通 I0.0，Q0.0 线圈有电，5 s 后，Q0.0 自动断电。电动机的长时间运行需要自锁。接通延时定时器驱动辅助继电器 M10.0，用 M10.0 的常闭触点去断开 Q0.0，以实现 5 s 后的自动停机。

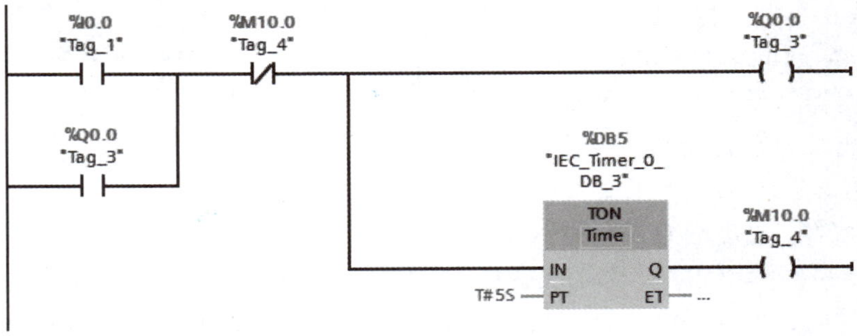

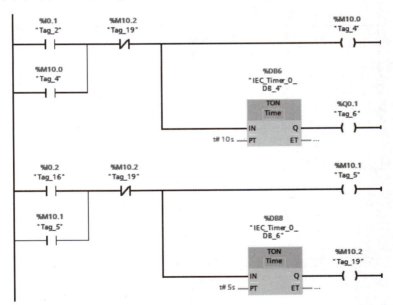

图 5-10　例题 5-1

【例题5-2】按下启动按钮 10 s 后电动机开始运行，按下停止按钮 5 s 后电动机停机。程序段如图 5-11 所示。

图 5-11　例题 5-2

在第一段程序中，启动按钮为 I0.1，辅助继电器 M10.0 需带自锁功能。接通延时定时器的预设值为 10 s，10 s 时间到，Q0.1 线圈通电，电动机运行。

在第二段程序中，停止按钮为 I0.2，驱动一个 5 s 的接通延时定时器，其 Q 端连接辅助继电器 M10.2，M10.2 得电时，停止电动机，同时复位辅助继电器 M10.1。

### 知识点4　关断延时定时器

关断延时定时器是一种输出端 Q 在预设的延时过后重置为 OFF 的定时器。其梯形图格式如图 5-12 所示。其功能是当输入端 IN 从 0 变为 1 时，将置位输出端 Q，当输入端 IN 处的信号状态变回 0 时，关断延时定时器开始计时，只要未达到计时时间，输出端 Q 就保持置位，达到计时时

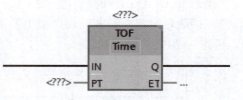

图 5-12　关断延时定时器的梯形图格式

间后，复位输出端 Q。如果输入端 IN 的信号状态在计时结束之前变为 1，则复位关断延时定时器，输出端 Q 的信号状态仍为 1。

在图 5-13 所示程序段及时序图中，当 I0.0 通电时，Q 端为 1，此时关断延时计时器并不计时，而当 I0.0 断电时，PT 端开始计时，计时时间到，Q 端才会复位。如果当 I0.0 复位时间不足以达到预设时间，而又变成 1 时，则 Q 端会一直保持 1 的状态不变，直到预设时间达到 Q 端才会再次复位。

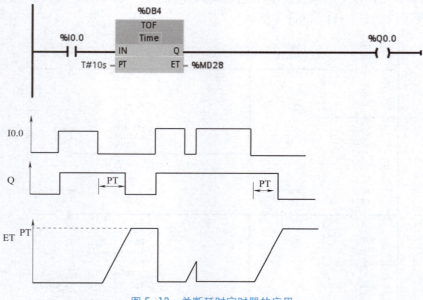

图 5-13　关断延时定时器的应用

【例题 5-3】按下启动按钮后，电动机和散热扇同时运行，按下停止按钮后，电动机先停机，30 s 后散热扇停止。

用关断延时定时器实现的程序如图 5-14 所示。Q0.0 为电动机，Q0.1 为散热扇。按下启动按钮后，电动机和散热扇同时运行，按下停止按钮后，电动机先停机，30 s 后散热扇停止。用点动按钮同时驱动电动机和散热扇，并带有自锁功能。在 Q0.0 和 Q0.1 的公共端用停止按钮的常闭触点来停机。这样只能实现两者的同时停止，散热扇是在电动机停机 30 s 之后或者按下停止按钮 30 s 之后才停止。采用在散

热扇的前端加一个预设值为 30 s 的关断延时定时器来实现延时停机。

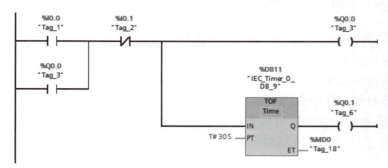

图 5-14　例题 5-3

## 知识点 5　保持型接通延时定时器（时间累加器）

保持型接通延时定时器是一种输出端 Q
在预设的延时过后设置为 ON，在使用 R 输
入重置经过的时间之前，定时时段会一直累
加的定时器。其梯形图格式如图 5-15 所示。

R 为保持型接通延时定时器复位输入端，
当输入端的信号从 0 变为 1 时，指令执行，
开始计时。

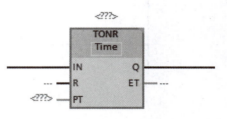

图 5-15　保持型接通延时
定时器的梯形图格式

保持型接通延时定时器的应用如图 5-16
所示。在 IN 端输入的信号状态为 1 时开始计时，记录的时间值累加后，写入输出
端 ET。PT 计时结束，输出端 Q 的信号状态为 1，即使 IN 端的信号状态从 1 变为 0，
Q 端也仍然保持置位 1。直到复位端 R 有效，ET 的当前值及输出端 Q 才变为零。

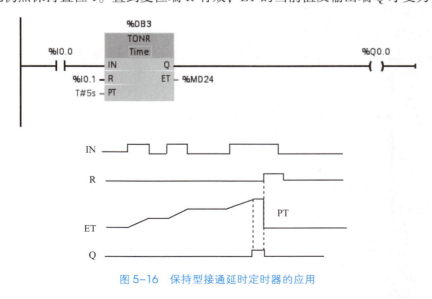

图 5-16　保持型接通延时定时器的应用

### 知识点 6　加载定时器指令和复位定时器指令

（1）加载定时器指令，其梯形图格式如图 5-17 所示。PT 上方为目标定时器，PT 下方为重新加载的时间。

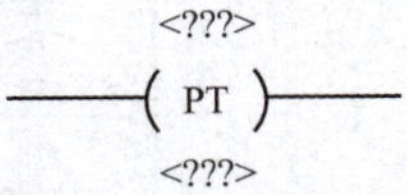

在用脉冲定时器编写的电动机延时 5 s 停止的程序中，如果想改变定时器的预设值。只需要用 I0.1 的常开触点驱动 PT 指令，PT 指令上方为目标定时器，下方为重新设置的预设值 10 s，即可以把原来 5 s 后自动停机改为 10 s 后自动停机，具体程序如图 5-18 所示。

<???>
——( PT )——
<???>

图 5-17　加载定时器指令的梯形图格式

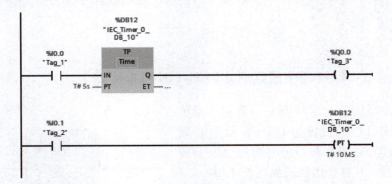

图 5-18　加载定时器指令的应用

（2）复位定时器指令，其梯形图格式如图 5-19 所示。

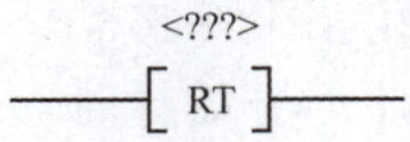

<???>
——[ RT ]——

图 5-19　复位定时器指令的梯形图格式

在图 5-20 所示的电动机延时 5 s 停止的程序中，如果需要随时停机，则用 I0.1 驱动定时器复位线圈，定时器被复位，当前时间清零，输出端 Q 变为 0 状态。复位输入 I0.1 变为 0 状态时，如果 IN 端输入信号为 1，则脉冲定时器将重新开始计时。

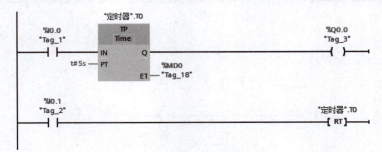

图 5-20　复位定时器指令的应用

## 任务实施

### 1. 任务分析

在本任务中，用一个光电检测开关来检测是否有人使用智能马桶，其时序图如图 5-21 所示，每使用一次马桶，需冲水两次，冲水时间及时长如 Q0.0 波形所示。

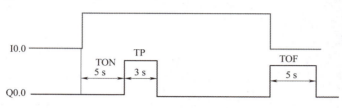

图 5-21　智能马桶冲水系统的时序图

设计程序时，人来 5 s 之后冲一次水，可以用 TON 定时器指令来完成 5 s 的定时。5 s 后冲水 3 s，用 TON 定时器的输出端 Q 作为 PT 定时器的 IN 信号，用 PT 定时器来完成 3 s 的冲水控制，人走后也要冲水 5 s，可以考虑使用 TOF 定时器来实现 5 s 的冲水时长。

### 2. I/O 地址分配

根据 PLC 输入/输出点数分配原则及本任务的控制要求，I/O 地址分配表见表 5-1。

表 5-1　智能马桶冲水系统的 I/O 地址分配表

| 输入 | | 输出 | |
|---|---|---|---|
| 输入元件 | I/O 地址 | 输出元件 | I/O 地址 |
| 光电检测开关 | I0.0 | 冲水电磁阀 | Q0.0 |
| | | | |

### 3. PLC 接线图

根据控制要求和 I/O 地址分配表，绘制智能马桶冲水系统的 PLC 接线图，如图 5-22 所示。CPU 选择 S7-1200 1214C CPU DC/DC/DC，其中 L+ 和 M 为电源端，连接直流 24 V 电源。

本任务输入端的光电检测开关的一端连接 I0.0，另一端与 1M 通过 24 V 直流电源构成一个闭合回路。3L+ 和 3M 是输出端的电源端，二者间连接一个 24 V 电源。输出端连接冲水电磁阀，冲水电磁阀的一端连接 Q0.0，另一端与电源端连接。

### 4. 程序编写

参考程序如图 5-23 所示。

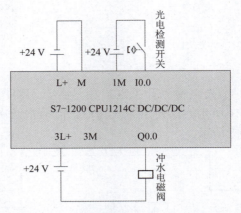

图 5-22　智能马桶冲水系统的 PLC 接线图

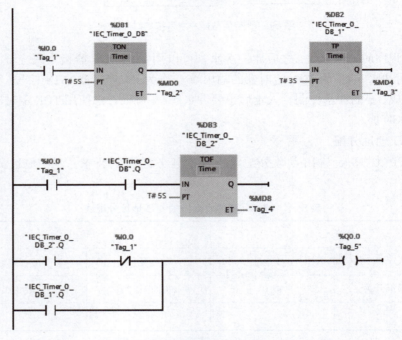

图 5-23　智能马桶冲水系统控制参考程序

　　程序段 1：完成有人使用卫生间时，5 s 后的第一次冲水，冲水时间为 5 s。用一个光电检测开关来判断是否有人存在，光电检测开关为 1 时，I0.0 触点闭合，TON 定时器开始计时，5 s 以后有输出信号。用此信号驱动 TP 定时器，TP 定时器有输出时，其常开触点接通，冲水电磁阀 Q0.0 开启，在 TP 定时器有输出的同时开始计时，在定时 3 s 的时候 TP 定时器断开，冲水电磁阀断开，完成第一次冲水。

　　程序段 2：实现人离开时的第二次冲水。光电检测开关与 TON 定时器两个常开触点串联，作为 TOF 定时器的输入信号，TOF 定时器的输出端 Q 接通，T3 输出端 Q 的常开触点接通，这时冲水电磁阀并不工作。当有人离开时，光电检测开关断开，其常闭触点接通，冲水电磁阀接通，开始冲水。当有人离开时，光电检测开关 I0.0

触点断开，TOF 定时器开始定时，完成 5 s 的冲水时间控制。

程序段 3：为了避免出现双线圈的情况，两次冲水的时间段需要进行并联，用来驱动冲水电磁阀 Q0.0，同时梯形图也要本着上重下轻的原则进行绘制。

**5. 调试程序**

略。

## 任务拓展

在生产实践中，定时器指令广泛应用于各类自动控制系统，如星角降压起动控制电路、十字路口交通灯控制电路等，请尝试采用不同的定时器指令完成以下任务拓展。

（1）填写任务工单，见表 5-2。

表 5-2 任务工单

| 任务名称 | 音乐喷泉的 PLC 控制 | 实训教师 | |
|---|---|---|---|
| 学生姓名 | | 班级名称 | |
| 学号 | | 组别 | |
| 任务要求 | 有一个音乐喷泉，其位置布置示意如图 5-24 所示。喷泉中心一个喷头由电动机 1 驱动，外围两个圈，各有 5 个喷头，一周 360° 均匀分布，分别由电动机 2、电动机 3 驱动，喷泉的工作时序图如图 5-25 所示。整个系统有启停控制。 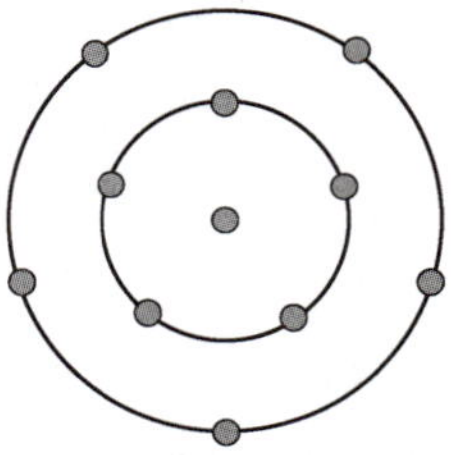<br><br><br>图 5-24 喷泉位置布置示意 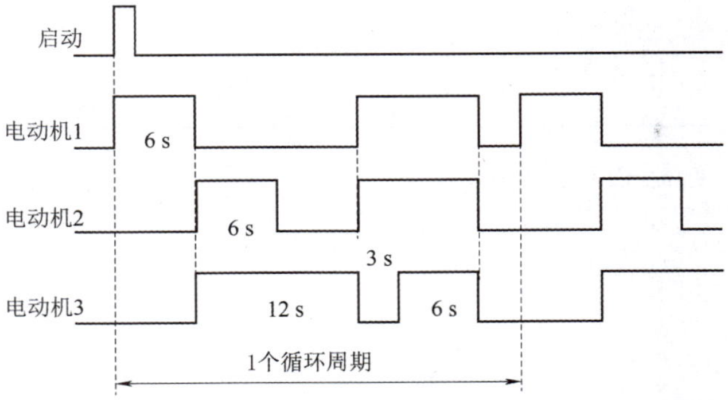<br><br><br>图 5-25 喷泉的工作时序图 | | |

续表

| | |
|---|---|
| 材料、工具清单 | |
| 实施方案 | |
| 步骤记录 | |
| 实训过程记录 | |
| 问题及处理方法 | |
| 检查记录 | 检查人 | |
| 运行结果 | |

（2）填写 I/O 地址分配表，见表 5-3。

表 5-3　I/O 地址分配表

| 输入 | | 输出 | |
|---|---|---|---|
| | | | |
| | | | |
| | | | |
| | | | |
| | | | |
| | | | |
| | | | |
| | | | |
| | | | |
| | | | |

（3）绘制 PLC 接线图。

（4）程序记录。

<br><br><br><br><br><br>

（5）程序调试。

（6）任务评价。

可以参考下方职业素养与操作规范评分表、音乐喷泉的 PLC 控制任务考核评分表。

## 任务评价

**职业素养与操作规范评分表**
**（学生自评和互评）**

| 序号 | 主要内容 | 说明 | 自评 | 互评 | 得分 |
|---|---|---|---|---|---|
| 1 | 安全操作<br>（10分） | 没有穿戴工作服、绝缘鞋等防护用品扣5分 | | | |
| | | 在实训过程中将工具或元件放置在危险的地方造成自身或他人人身伤害，取消成绩 | | | |
| | | 通电前没有进行设备检查引起设备损坏，取消成绩 | | | |
| | | 没经过实验教师允许而私自送电引起安全事故，取消成绩 | | | |
| 2 | 规范操作<br>（10分） | 在安装过程中，乱摆放工具、仪表、耗材，乱丢杂物扣5分 | | | |
| | | 在操作过程中，恶意损坏元件和设备，取消成绩 | | | |
| | | 在操作完成后不清理现场扣5分 | | | |
| | | 在操作前和操作完成后未清点工具、仪表扣2分 | | | |
| 3 | 文明操作<br>（10分） | 在实训过程中随意走动影响他人扣2分 | | | |
| | | 完成任务后不按规定处置废弃物扣5分 | | | |
| | | 在操作结束后将工具等物品遗留在设备或元件上扣3分 | | | |
| 职业素养总分 | | | | | |

## 音乐喷泉的 PLC 控制任务考核评分表
### （教师和工程人员评价）

| 序号 | 考核内容 | 说明 | | 得分 | 合计 |
|---|---|---|---|---|---|
| 1 | 机械与电气安装（20分） | 所有线缆必须使用绝缘冷压端子，若未达到要求，则每处扣 0.5 分 | | | |
| | | 冷压端子处不能看到明显外露的裸线，若未达到要求，则每处扣 0.5 分 | | | |
| | | 接线端子连接牢固，不得拉出接线端子，若未达到要求，则每处扣 0.5 分 | | | |
| | | 所有螺钉必须全部固定并不能松动，若未达到要求，则每处扣 0.5 分 | | | |
| | | 所有具有垫片的螺钉必须用垫片，若未达到要求，则每处扣 0.5 分 | | | |
| | | 多股电线必须绑扎，若未达到要求，则每处扣 0.5 分 | | | |
| | | 扎带切割后剩余长度 ≤1 mm，若未达到要求，则每处扣 0.5 分 | | | |
| | | 相邻扎带的间距 ≤50 mm，若未达到要求，则每处扣 0.5 分 | | | |
| | | 线槽到接线端子的接线不得有缠绕现象，若未达到要求，则每处扣 0.5 分 | | | |
| | | 线槽必须完全盖住，不得有局部翘起现象，若未达到要求，则每处扣 0.5 分 | | | |
| 2 | I/O 地址分配（10分） | 说明 | 分值 | | |
| | | 电源线连接正确 | 5 分 | | |
| | | 输入点数为 2 个 | 每个 1.5 分（扣完为止） | | |
| | | 输出点数为 3 个 | 每个 1.5 分（扣完为止） | | |
| 3 | PLC 功能（25分） | 整个系统的启停控制 | 5 分 | | |
| | | 电动机 1 的正确运行 | 5 分 | | |
| | | 电动机 2 的正确运行 | 5 分 | | |
| | | 电动机 3 的正确运行 | 5 分 | | |
| | | 系统的循环控制 | 5 分 | | |

续表

| 序号 | 考核内容 | 说明 | | 得分 | 合计 |
|---|---|---|---|---|---|
| 4 | 程序下载和调试（15分） | 程序下载方法正确 | 2分 | | |
| | | I/O 检查方法正确 | 3分 | | |
| | | 能分辨硬件和软件故障 | 5分 | | |
| | | 调试方法正确 | 5分 | | |
| 任务评价总分 | | | | | |

## 任务六　交通信号灯的 PLC 控制系统设计

## 任务目标

**知识目标**

（1）掌握采用 TP、TON 定时器实现程序循环的方法。

（2）掌握时钟存储器的使用方法。

**技能目标**

（1）可以独立进行交通信号灯的 PLC 控制系统的硬件接线。

（2）能灵活采用定时器进行循环程序的编写。

（3）会正确使用 S7-1200 PLC 的时钟存储器。

**素养目标**

（1）指导学生践行精益求精的大国工匠精神。

（2）引导学生遵守交规、遵守法律，成为高素质的中国公民。

## 任务引入

在进行 PLC 系统设计及程序编写的过程中，经常会遇到周期性运行的控制系统，此时就需要编写一个周期的程序并使其形成循环系统，即对一个周期动作的重复运行进行处理。十字路口交通信号灯的运行控制程序就是一个非常典型的循环程序。本任务通过多个应用案例来学习此类程序的编写方法。

**遵守交规　绿色出行**

随着社会经济和科技的快速发展，中国城市化水平越来越高。随着城市规模的不断扩大，交通运输压力也越来越大，交通拥堵问题日趋严重，尤其是私人汽车拥有量的快速增加更加加剧了交通拥堵，造成时间资源浪费，大量能源消耗，废气排放环境恶化，甚至引起交通事故，造成大量的人员伤亡和财产损

失，这些都阻碍了城市社会经济与环境的健康发展。因此，首先应该尽可能选择公交车、自行车等绿色出行方式以减少此类危害；其次，应该在遵守城市交通的各项规章制度的基础上文明驾车，提高个人的行车道德水平。

## 任务要求

交通信号灯的工作时序图如图 6-1 所示，控制要求如下。

（1）城市十字路口的东、西、南、北 4 个方向上分别装有红、黄、绿 3 种颜色的交通信号灯，东西方向的相同颜色的交通信号灯可以合为一组，分别定义为红灯1、绿灯 1 和黄灯 1，而南北方向的交通信号灯定义为红灯 2、绿灯 2 和黄灯 2。

（2）按下白天模式按钮，南北向红灯、东西向绿灯同时亮，南北向绿灯、东西向红灯同时亮；东西向红灯亮 40 s 时，南北向绿灯亮 35 s，随后闪烁 3 s，紧接着绿灯灭，南北向黄灯闪烁 2 s，40 s 后南北向绿灯又亮……如此不断循环，直至停止工作；南北向红灯亮 40 s 时，东西向绿灯亮 35 s，随后闪烁 3 s，紧接着绿灯灭，东西向黄灯闪烁 2 s，40 s 后东西向绿灯又亮……如此不断循环，直至停止工作。

（3）按下黑夜模式按钮，所有黄灯持续闪烁，其他灯熄灭。

（4）按下停止按钮，所有灯熄灭。

（5）以上所有灯的闪烁频率均为 1 Hz。

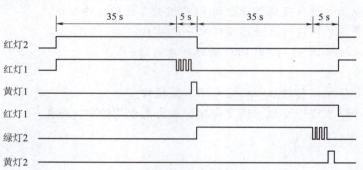

图 6-1　交通信号灯的工作时序图

## 知识链接

### 知识点 1　用 TP 定时器设计振荡电路

【例题 6-1】用 TP 定时器设计一个占空比为 1/2，周期为 20 s 的振荡电路。

解：程序如图 6-2 所示。刚开始工作时，M20.1 的常闭触点接通，在 TP 定时器 T9 的输入端 IN，信号的上升沿启动 TP 定时器，

循环程序的设计

同时其输出端 Q 变为 1 状态，输出一个宽度为 10 s 的脉冲，同时驱动辅助继电器 M20.0，使该辅助继电器的常闭触点断开，从而断开 TP 定时器 T10，因此其输出端 Q 为 0 状态。此时线圈 Q0.0 为 0 状态，且持续 10 s。两个 TP 定时器的背景数据块 DB9 和 DB10 的符号地址分别为 T9 和 T10。

当 TP 定时器 T9 工作结束时，其输出端 Q 变为 0 状态，它后面的辅助继电器 M20.0 也变为 0 状态。M20.1 的常闭触点接通，驱动 TP 脉冲定时器 T10，同时其输出端 Q 变为 1 状态，输出一个宽度为 10 s 的脉冲，该脉冲又驱动辅助继电器 M20.1 与 Q0.0。此时线圈 Q0.0 为 1 状态，且持续 10 s。

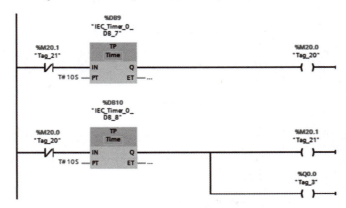

图 6-2　用脉冲定时器设计振荡电路

与此同时，第 1 段程序中 M20.1 的辅助常闭触点断开。10 s 以后，随着 TP 定时器 T10 工作结束，辅助继电器 M20.1 变为 0 状态，其辅助常闭触点又接通，驱动 TP 定时器 T9。如此周而复始，在 PLC 输出端 Q0.0 处产生一个 10 s 的高电平、10 s 的低电平，即周期为 20 s 的脉冲。

### 知识点 2　用 TON 定时器实现振荡电路

【例题 6-2】用 TON 定时器实现周期为 5 s，占空比为 0.4 的振荡电路（断 2 s，通 3 s）。

解：程序如图 6-3 所示，I0.0 的常开触点接通后，驱动辅助继电器 M10.1 并自锁，并通过 M10.2 辅助常闭触点驱动左边的 TON 定时器，2 s 后该定时器的输出端 Q 变为 1 状态。此时 PLC 的输出端 Q0.0 产生高电平，同时驱动右边的 TON 定时器，3 s 后该定时器的输出端 Q 变为 1 状态，此时辅助继电器 M10.2 得电。

辅助继电器 M10.2 得电后，其辅助常闭触点又断开，两个 TON 定时器同时复位，M10.2 的常闭触点自动复位。左边的 TON 定时器重新开始计时，即开始下一个周期的动作，如此就可以实现周期性运行。

在整个程序的运行过程中，M10.2 只接通了一个扫描周期，振荡电路实际上是一个有正反馈的电路，两个定时器的输出端 Q 分别控制对方的输入端 IN，形成了正反馈。振荡电路的高、低电平的时间可以由两个定时器的 PT 值随意设定。其时序图如图 6-4 所示。

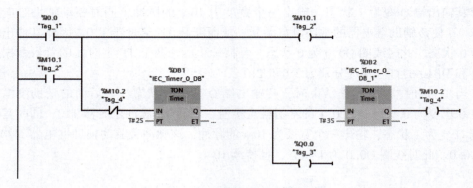

图 6-3　用 TON 定时器实现振荡电路

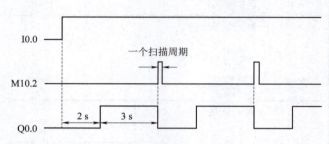

图 6-4　用 TON 定时器实现振荡电路的时序图

要想让整个振荡电路停止运行，可以在 M10.1 线圈的前端串联停止按钮 I0.1 的常闭触点。

小结：由前面两个例题可以总结出，要想使一个程序周期性运行，只需要用程序最后驱动的定时器的常闭触点去断开周期开始时所驱动的定时器。

### 知识点 3　用定时器的自复位实现振荡电路

【例题 6-3】图 6-5 所示是利用 TON 定时器实现的 5 s 循环程序。

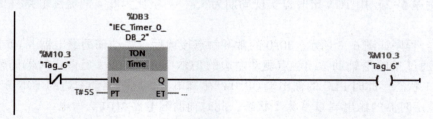

图 6-5　用 TON 定时器实现的 5 s 循环程序

程序运行后，TON 定时器即开始计时，TON 定时器的当前值计时到 5 s，M10.3 线圈得电；M10.3 常闭触点断开，TON 定时器复位，M10.3 线圈断电；M10.3 常闭触点复位闭合，TON 定时器重新开始计时，开始下一周期的工作；如此循环往复，实现 TON 定时器的自复位循环控制。

## 知识点 4　时钟存储器振荡电路

【例题 6-4】利用时钟存储器实现 1 Hz 的振荡电路。

第 1 步：如图 6-6 所示，在 PLC 的设备视图中，选择 CPU 本体并双击。

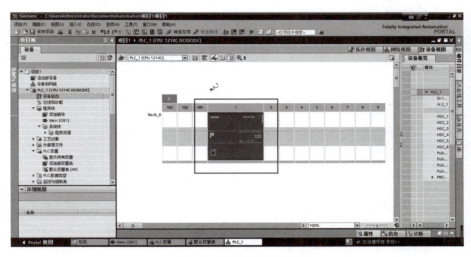

图 6-6　PLC 的设备视图

第 2 步：如图 6-7 所示，选择巡视窗口中的"属性"→"常规"→"系统和时钟存储器"选项，用复选框启用系统存储器字节和时钟存储器字节，一般采用它们的默认地址 MB1 和 MB0，应避免同一地址同时两用。表 6-1 所示为时钟存储器字节各位的周期与频率。

图 6-7　巡视窗口中的系统和时钟存储器

表 6-1　时钟存储器字节各位的周期与频率

| 位 | M0.7 | M0.6 | M0.5 | M0.4 | M0.3 | M0.2 | M0.1 | M0.0 |
|---|---|---|---|---|---|---|---|---|
| 周期/s | 2 | 1.6 | 1 | 0.8 | 0.5 | 0.4 | 0.2 | 0.1 |
| 频率/Hz | 0.5 | 0.625 | 1 | 1.25 | 2 | 2.5 | 5 | 10 |

如输出线圈 Q0.0 需按照 1 Hz 的频率工作，则 Q0.0 用时钟存储器 M0.5 驱动。同理，实现 Q0.1 为 10 Hz 的输出信号，则用时钟存储器 M0.0 驱动该线圈，如图 6-8 所示。

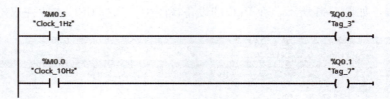

图 6-8　利用时钟存储器实现振荡电路

## 任务实施

### 1. 任务分析

本任务的控制系统有以下几个特点。

（1）有白天和夜间两种工作模式，两种工作模式不能同时运行。

（2）停止按钮在任何一个模式下均起作用。

（3）白天模式为周期性运行，写出一个周期内的动作过程后，采用振荡电路的程序编写方法使其循环运行即可。

交通红绿灯的
程序编写

（4）东西向和南北向的黄灯 1、黄灯 2 在白天模和夜间模式均以 1 Hz 的频率闪烁，由于不能出现多线圈，所以需借助辅助继电器。

（5）交通信号灯的闪烁可以用时钟存储器实现。

白天模式下前半周期红灯 2、后半周期红灯 1 一直亮的时长为 40 s，用 TP 定时器 T0 和 T1 完成。在前半周期内，绿灯 1 亮的时长为 35 s，用定时器 T2 实现，绿灯闪烁时间为 3 s，用定时器 T3 实现。同样的道理，后半周期绿灯 2 亮和闪分别用定时器 T4 和 T5 实现，黄灯 1 和黄灯 2 的闪烁时长可用定时器 T0 和 T3、T1 和 T5 共同界定，如图 6-9 所示。

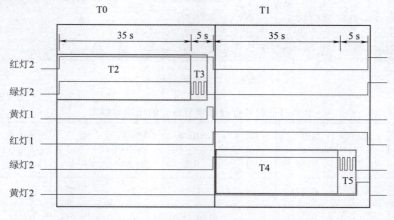

图 6-9　白天模式下交通信号灯的工作时序图

## 2. I/O 地址分配

交通信号灯的 I/O 地址分配表见表 6-2。

表 6-2　交通信号灯的 I/O 地址分配表

| 输入 | | 输出 | |
|---|---|---|---|
| 输入元件 | I/O 地址 | 输出元件 | I/O 地址 |
| 白天模式启动按钮 | I0.0 | 红灯 2 | Q0.0 |
| 夜间模式启动按钮 | I0.1 | 绿灯 1 | Q0.1 |
| 停止按钮 | I0.2 | 黄灯 1 | Q0.2 |
| | | 红灯 1 | Q0.3 |
| | | 绿灯 2 | Q0.4 |
| | | 黄灯 2 | Q0.5 |

## 3. PLC 接线图

交通信号灯的 PLC 接线图如图 6-10 所示。

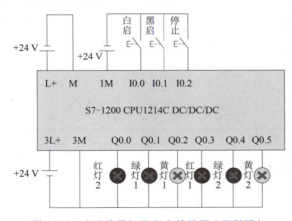

图 6-10　交通信号灯的 PLC 接线图（附彩插）

选择 S7-1200 CPU 1214C DC/DC/DC，L+ 和 M 电源端接 24 V 直流电源，输入端 I0.0~I0.2 三个端口各接一个按钮，分别对应白天模式启动按钮、夜间模式启动按钮和停止按钮。按钮的一端接在 3 个输入端，另外一端短接后与公共端 M 及 24 V 电源构成一个闭合回路。输出端使用 Q0.0~Q0.5 六个端口。3L+ 和 3M 是输出侧的电源端，两者之间接 24 V 电源，每个输出端各连接一个 LED 交通信号灯，交通信号灯的另一端互相短接后与 3 M 端构成回路。

## 4. 程序编写

建立交通信号灯的 PLC 变量表，如图 6-11 所示，然后启动时钟存储器。

| PLC 变量 | | | | | | | | |
|---|---|---|---|---|---|---|---|---|
| | 名称 | 变量表 | 数据类型 | 地址 | 保持 | 可从 … | 从 H… | 在 H… |
| 1 | 白天启动 | 默认变量表 | Bool | %I0.0 | | ☑ | ☑ | ☑ |
| 2 | 夜间启动 | 默认变量表 | Bool | %I0.1 | | ☑ | ☑ | ☑ |
| 3 | 停止 | 默认变量表 | Bool | %I0.2 | | ☑ | ☑ | ☑ |
| 4 | 红灯2 | 默认变量表 | Bool | %Q0.0 | | ☑ | ☑ | ☑ |
| 5 | 绿灯1 | 默认变量表 | Bool | %Q0.1 | | ☑ | ☑ | ☑ |
| 6 | 黄灯1 | 默认变量表 | Bool | %Q0.2 | | ☑ | ☑ | ☑ |
| 7 | 红灯1 | 默认变量表 | Bool | %Q0.3 | | ☑ | ☑ | ☑ |
| 8 | 绿灯2 | 默认变量表 | Bool | %Q0.4 | | ☑ | ☑ | ☑ |
| 9 | 黄灯2 | 默认变量表 | Bool | %Q0.5 | | ☑ | ☑ | ☑ |
| 10 | 白天模式辅助继电器 | 默认变量表 | Bool | %M10.0 | | ☑ | ☑ | ☑ |
| 11 | 夜间模式辅助继电器 | 默认变量表 | Bool | %M10.1 | | ☑ | ☑ | ☑ |
| 12 | 前半周期辅助继电器 | 默认变量表 | Bool | %M10.2 | | ☑ | ☑ | ☑ |
| 13 | System_Byte | 默认变量表 | Byte | %MB1 | | ☑ | ☑ | ☑ |
| 14 | FirstScan | 默认变量表 | Bool | %M1.0 | | ☑ | ☑ | ☑ |
| 15 | DiagStatusUpdate | 默认变量表 | Bool | %M1.1 | | ☑ | ☑ | ☑ |
| 16 | AlwaysTRUE | 默认变量表 | Bool | %M1.2 | | ☑ | ☑ | ☑ |
| 17 | AlwaysFALSE | 默认变量表 | Bool | %M1.3 | | ☑ | ☑ | ☑ |
| 18 | Clock_Byte | 默认变量表 | Byte | %MB0 | | ☑ | ☑ | ☑ |
| 19 | Clock_10Hz | 默认变量表 | Bool | %M0.0 | | ☑ | ☑ | ☑ |
| 20 | Clock_5Hz | 默认变量表 | Bool | %M0.1 | | ☑ | ☑ | ☑ |
| 21 | Clock_2.5Hz | 默认变量表 | Bool | %M0.2 | | ☑ | ☑ | ☑ |
| 22 | Clock_2Hz | 默认变量表 | Bool | %M0.3 | | ☑ | ☑ | ☑ |
| 23 | Clock_1.25Hz | 默认变量表 | Bool | %M0.4 | | ☑ | ☑ | ☑ |
| 24 | Clock_1Hz | 默认变量表 | Bool | %M0.5 | | ☑ | ☑ | ☑ |

图 6-11　交通信号灯的 PLC 变量表

图 6-12 所示的程序段实现的是白天与夜间两个模式之间的切换以及停止控制功能。其中，白天模式和夜间模式的启动触点分别并联了相应辅助继电器的常开触点，实现了自锁。同时，为了防止白天模式与夜间模式的相互干扰，用 M10.1 的辅助常闭触点串接到白天启动电路中，用 M10.0 的辅助常闭触点串接到夜间启动电路中，实现互锁。停止端口 I0.2 的常闭触点同时串联在白天和夜间两种模式的控制电路中，对白天模式和夜间模式均可进行停止操作。

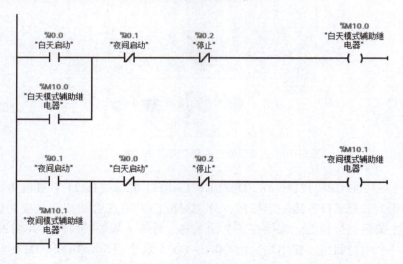

图 6-12　白天与夜间模式的切换及停止控制

图 6-13 所示的程序段实现的是白天模式下前半周期与后半周期的切换以及程序的循环控制功能。当按下白天模式启动按钮后，M10.3 的辅助常闭触点导通，启动定时器 T0，此时 "T0".Q 的状态变为 1，且持续 40 s，同时线圈 M10.2 得电，其相应的辅助常闭触点断开，这时定时器 T1 处于关闭状态。40 s 之后，关闭定时

T0，启动定时器 T1，且"T1".Q 的状态变为 1，且持续 40 s。

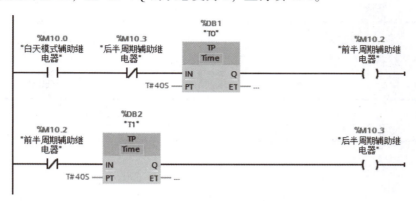

图 6-13　白天模式下的前、后半周期切换

图 6-14 所示的程序段实现的是前、后半周期内绿灯亮和绿灯闪的定时功能。

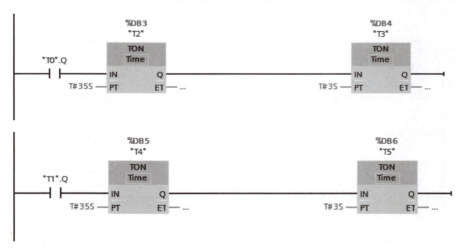

图 6-14　绿灯亮和绿灯闪的定时

6 盏灯的控制程序如图 6-15 所示。

红灯 2 由"T0".Q 的常开触点驱动，常亮 40 s；绿灯 1 由"T0".Q 的常开触点与"T2".Q 的常闭触点串联，其中"T0".Q 从开始就为 1 状态且持续 40 s，在第 35 s 时，定时器"T2".Q 被置 1，其相应的常闭触点断开，所以 Q0.1 亮 35 s；定时器 T3 在第 35 s 被驱动，刚开始时"T3".Q 的状态为 0，其常闭触点接通，3 s 后"T3".Q 的状态变为 1，其常闭触点断开。结果是绿灯 1 先亮 35 s，后闪烁 3 s。白天模式下黄灯 1 的程序控制借助辅助继电器 M10.5 实现，它从定时器 T3 计时结束时开始亮，定时器 T0 计时结束时灭。后半周期的工作过程与前半周期逻辑相同，读者可自行分析。

4 盏黄灯无论在白天模式下还是在夜间模式下，均以 1 Hz 的频率闪烁，因此可以用夜间和白天两个模式下的辅助继电器并联，然后串接时钟存储器 M0.5 的方式来实现，如图 6-16 所示。

"T0".Q
%Q0.0
"红灯2"

"T2".Q "T3".Q %M0.5
"Clock_1Hz"
%Q0.1
"绿灯1"

"T0".Q "T2".Q

"T3".Q "T0".Q
%M10.5
"白天黄1辅助继电器"

"T1".Q
%Q0.3
"红灯1"

"T4".Q "T5".Q %M0.5
"Clock_1Hz"
%Q0.4
"绿灯2"

"T1".Q "T4".Q

"T1".Q "T5".Q
%M10.4
"白天黄2辅助继电器"

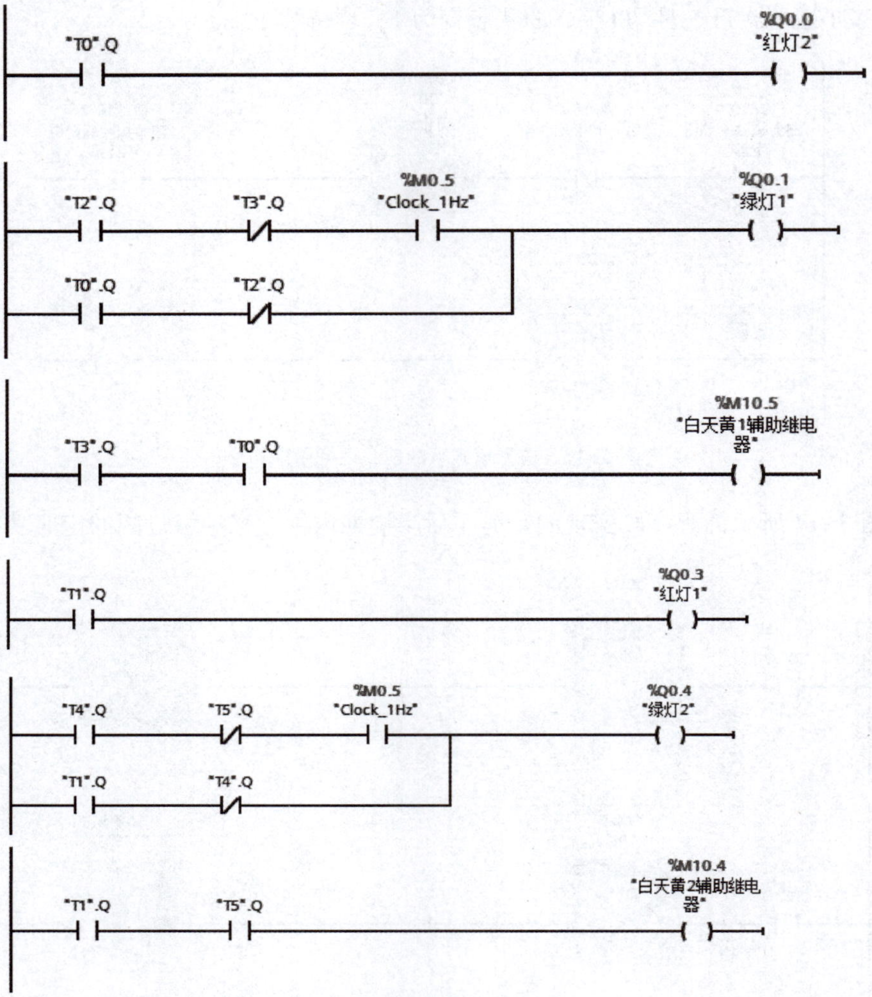

图 6-15　6盏灯的控制程序

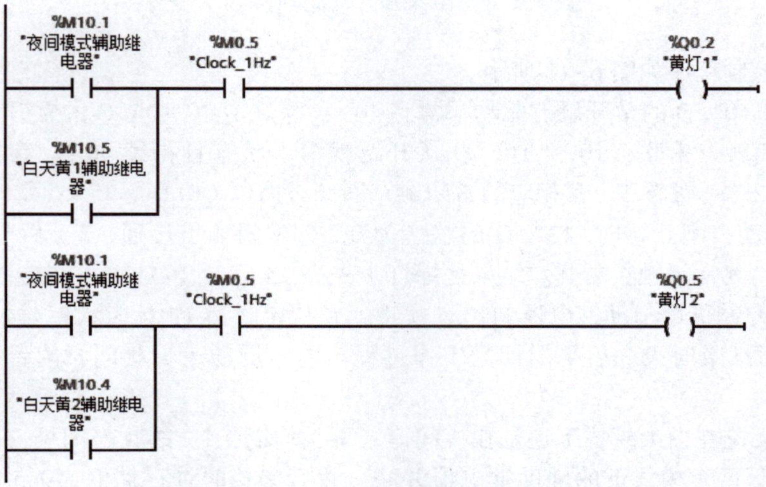

%M10.1
"夜间模式辅助继电器" %M0.5
"Clock_1Hz"
%Q0.2
"黄灯1"

%M10.5
"白天黄1辅助继电器"

%M10.1
"夜间模式辅助继电器" %M0.5
"Clock_1Hz"
%Q0.5
"黄灯2"

%M10.4
"白天黄2辅助继电器"

图 6-16　黄灯的闪烁程序

## 任务拓展

在生产实践中，循环程序普遍存在于各类自动控制系统中，请尝试采用不同的定时器指令及程序循环完成自动洗衣机的 PLC 控制。

（1）填写任务工单，见表 6-3。

表 6-3　任务工单

| 任务名称 | 自动洗衣机的 PLC 控制 | | 实训教师 | |
|---|---|---|---|---|
| 学生姓名 | | | 班级名称 | |
| 学号 | | | 组别 | |
| 任务要求 | 　　自动洗衣机内置高水位和低水位的开关量检测传感器，自动洗衣的全过程包括启动、进水、洗涤、排水、脱水等，其中洗涤 3 次、清洗 2 次，每次排水后均进行脱水。具体要求如下。<br>　　（1）按下启动按钮后，进水阀闭合进水，直到高水位开关闭合后结束。<br>　　（2）进行正向洗涤（闭合电动机正向接触器），洗涤 15 s 后暂停。<br>　　（3）暂停 3 s 后，进行反向洗涤（闭合电动机反向接触器），洗涤 15 s 后暂停。<br>　　（4）暂停 3 s 后，完成一次洗涤过程。<br>　　（5）返回进行从正向洗涤开始的全部动作，连续重复 3 次后结束。<br>　　（6）开排水阀进行排水。<br>　　（7）排水一直进行到低水位开关断开后，然后进行脱水（闭合脱水电动机接触器）。<br>　　（8）脱水动作（10 s）结束后，返回执行从进水开始的全部动作，连续重复全部动作 2 次。<br>　　（9）洗完报警，报警 10 s 后自动停止 | | | |
| 材料、工具清单 | | | | |
| 实施方案 | | | | |
| 步骤记录 | | | | |
| 实训过程记录 | | | | |
| 问题及处理方法 | | | | |
| 检查记录 | | | 检查人 | |
| 运行结果 | | | | |

（2）填写 I/O 地址分配表，见表 6-4。

表 6-4  I/O 地址分配表

| 输入 | | 输出 | |
|---|---|---|---|
| | | | |
| | | | |
| | | | |
| | | | |
| | | | |
| | | | |
| | | | |
| | | | |
| | | | |

（3）绘制 PLC 接线图。

（4）程序记录。

（5）程序调试。

（6）任务评价。

可以参考下方职业素养与操作规范评分表、自动洗衣机的 PLC 控制任务考核评分表。

# 任务评价

## 职业素养与操作规范评分表
### （学生自评和互评）

| 序号 | 主要内容 | 说明 | 自评 | 互评 | 得分 |
|---|---|---|---|---|---|
| 1 | 安全操作（10分） | 没有穿戴工作服、绝缘鞋等防护用品扣5分 | | | |
| | | 在实训过程中将工具或元件放置在危险的地方造成自身或他人人身伤害，取消成绩 | | | |
| | | 通电前没有进行设备检查引起设备损坏，取消成绩 | | | |
| | | 没经过实验教师允许而私自送电引起安全事故，取消成绩 | | | |
| 2 | 规范操作（10分） | 在安装过程中，乱摆放工具、仪表、耗材，乱丢杂物扣5分 | | | |
| | | 在操作过程中，恶意损坏元件和设备，取消成绩 | | | |
| | | 在操作完成后不清理现场扣5分 | | | |
| | | 在操作前和操作完成后，未清点工具、仪表扣2分 | | | |
| 3 | 文明操作（10分） | 在实训过程中随意走动影响他人扣2分 | | | |
| | | 完成任务后不按规定处置废弃物扣5分 | | | |
| | | 在操作结束后将工具等物品遗留在设备或元件上扣3分 | | | |
| 职业素养总分 | | | | | |

## 自动洗衣机的 PLC 控制任务考核评分表
### （教师和工程人员评价）

| 序号 | 考核内容 | 说明 | 得分 | 合计 |
|---|---|---|---|---|
| 1 | 机械与电气安装（15分） | 所有线缆必须使用绝缘冷压端子，若未达到要求，则每处扣0.5分 | | |
| | | 冷压端子处不能看到明显外露的裸线，若未达到要求，则每处扣0.5分 | | |
| | | 接线端子连接牢固，不得拉出接线端子，若未达到要求，则每处扣0.5分 | | |
| | | 所有螺钉必须全部固定并不能松动，若未达到要求，则每处扣0.5分 | | |

| 序号 | 考核内容 | 说明 | | 得分 | 合计 |
|---|---|---|---|---|---|
| 1 | 机械与电气安装（15分） | 所有具有垫片的螺钉必须用垫片，若未达到要求，则每处扣0.5分 | | | |
| | | 多股电线必须绑扎，若未达到要求，则每处扣0.5分 | | | |
| | | 扎带切割后剩余长度≤1 mm，若未达到要求，则每处扣0.5分 | | | |
| | | 相邻扎带的间距≤50 mm，若未达到要求，则每处扣0.5分 | | | |
| | | 线槽到接线端子的接线不得有缠绕现象，若未达到要求，则每处扣0.5分 | | | |
| | | 线槽必须完全盖住，不得有局部翘起现象，若未达到要求，则每处扣0.5分 | | | |
| 2 | I/O 地址分配（10分） | 说明 | 分值 | | |
| | | 电源线连接正确 | 5分 | | |
| | | 输入点数正确 | 每个1.5分（扣完为止） | | |
| | | 输出点数正确 | 每个1.5分（扣完为止） | | |
| 3 | PLC 功能（30分） | 整个系统的启停控制 | 5分 | | |
| | | 洗衣机的正向洗涤 | 5分 | | |
| | | 洗衣机的反向洗涤 | 5分 | | |
| | | 正、反向洗涤间的切换 | 5分 | | |
| | | 正、反向洗涤的3次循环控制 | 5分 | | |
| | | 全套动作的2次循环控制 | 5分 | | |
| 4 | 程序下载和调试（15分） | 程序下载方法正确 | 2分 | | |
| | | I/O 检查方法正确 | 3分 | | |
| | | 能分辨硬件和软件故障 | 5分 | | |
| | | 调试方法正确 | 5分 | | |
| | 任务评价总分 | | | | |

## 任务七　汽车转向灯的 PLC 控制

### 任务目标

**知识目标**

(1) 熟练掌握移位指令、循环移位指令的格式及功能。

(2) 熟练掌握移动值指令、块移动指令、填充指令的格式及功能。

**技能目标**

(1) 可以独立完成汽车转向模拟系统的 PLC 硬件接线。

(2) 熟练掌握移位指令、循环移位指令的调取及功能设置。

(3) 掌握程序的下载、监控、调试及仿真方法。

**素养目标**

(1) 培养学生遵守交通规则和文明驾驶的意识。

(2) 指导学生践行创新、求真、务实的工匠精神。

### 任务引入

本任务通过多个例题来学习汽车转向灯 PLC 程序的编写方法。

---

**遵守交规　文明驾驶**

　　当前，我国正处于交通大建设、大发展时期，道路交通出行环境复杂，交通安全形势严峻。交通安全已经成为全社会共同关注的问题。俗话说：没有规矩不成方圆。交通行为关系着城市的文明形象，遵守交通安全法规是每个人的义务。遵守交规，文明驾驶，争做文明有礼市民，是每个交通参与者的义务。

---

### 任务要求

汽车转向灯 PLC 控制要求如下。

(1) 当把转向手柄扳向右转向时，右侧转向灯从左到右依此点亮，循环执行。

(2) 当把转向手柄扳向左转向时，左侧转向灯从右到左依此点亮，循环执行。

(3) 当手柄被手动复位或转向盘回转一定角度导致转向手柄自动复位时，转向灯全灭。

本任务要求完成以下工作。

(1) 按照电路图进行汽车转向灯模拟系统的电气接线。

(2) 利用移位指令或循环指令编写汽车转向灯模拟系统的 PLC 程序。

（3）利用程序仿真功能实现 PLC 仿真。

（4）下载程序并调试设备，使其正常运行。

## 知识链接

### 知识点 1　移位和循环指令

#### 1. 左移、右移指令

移位指令包括左移指令 SHL 和右移指令 SHR。其梯形图格式如图 7-1 所示。EN 为使能输入端，IN 为源操作数，N 为每次移动的位数，ENO 为使能输出端，OUT 为目标操作数，或者叫作移位后的数据存储地址。

移位及循环移位指令

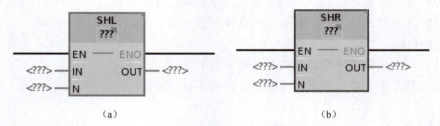

图 7-1　移位指令的梯形图格式

（a）左移指令；（b）右移指令

左移指令 SHL 和右移指令 SHR 实现的功能是将输入参数 IN 指定的存储单元的整个内容逐位左移或右移 N 位，移位的结果保存至输出参数 OUT 指定的地址。

移位指令在使用时可以选择移位操作的类型和被移位的数据类型，如图 7-2 所示。

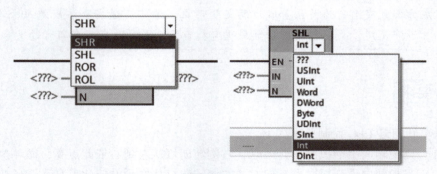

图 7-2　移位类型和数据类型选择

无符号数移位后的空出位用 0 填充。有符号数左移后的空出位也用 0 填充。有符号数右移后的空出位用符号位填充。正数符号位为 0，负数符号位为 1。

以数据的大小而言，左移 $n$ 位相当于原数据的数值乘以 $2^n$，右移 $n$ 位相当于原数据的数值除以 $2^n$。

如果移位后的数据要送回原地址，应用信号边沿指令操作，否则只要移位信号保持接通状态，每个扫描周期就都要移位一次。

左移指令 SHL 应用示例如图 7-3 所示。

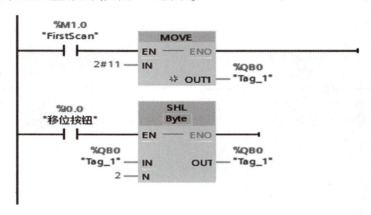

图 7-3　左移指令应用示例

在该段程序中，M1.0 为系统存储器中的首次循环辅助继电器，用它驱动移动值指令，把二进制的"11"传送给 QB0，完成 QB0 字节的赋初值。I0.0 驱动左移指令，左移指令的源操作数为 QB0，目标操作数仍然为 QB0，每次移动的位数为 2。程序的运行结果如图 7-4 所示。

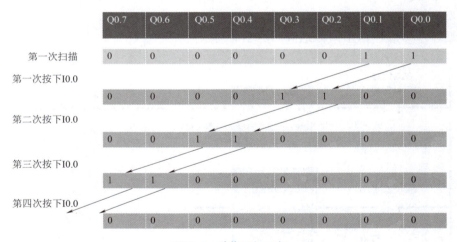

图 7-4　移位运行示意

字节 QB0 包括 Q0.0～Q0.7 八个位，在程序运行的第一个周期，即首次扫描时，系统将二进制数字"11"传送给 QB0，字节 QB0 中的 Q0.0 和 Q0.1 这两位均为"1"，当第一次按下 I0.0 时，左移指令 SHL 运行一次，Q0.0 中的 1 左移 2 位到 Q0.2，Q0.1 中的 1 左移 2 位到 Q0.3，此时 QB0 中的数字为"00001100"。同理，第二次按下 I0.0 后，Q0.2 和 Q0.3 两位中的"1"继续左移 2 位，此时 QB0 中的数字为"00110000"，第三次按下 I0.0 的结果为"11000000"，而第四次按下 I0.0 后，最高位上的两个"1"均被移出 QB0 的字节范围，此时 QB0 中的 8 位均为"0"。后

续再按下 I0.0，QB0 的结果均为 "0"，保持不变。

### 2. 循环移位指令

循环移位指令包括循环右移指令 ROR 和循环左移指令 ROL，其梯形图格式如图 7-5 所示。

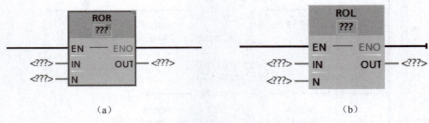

图 7-5　循环移位指令的梯形图格式

（a）循环右移指令；（b）循环左移指令

循环右移指令 ROR 和循环左移指令 ROL 将输入参数 IN 指定的存储单元的整个内容逐位循环右移或循环左移 N 位。

移出位又送回存储单元另一端的空位。

N 为移位的位数，移位的结果保存在输出参数 OUT 指定的地址。

N 为 0 时不会移位，但 IN 指定的输入值复制给 OUT 指定的地址。

移位位数 N 可以大于被移位存储单元的位数。

执行指令后，ENO 总是为 "1" 状态。

循环左移指令 ROL 应用示例如图 7-6 所示。

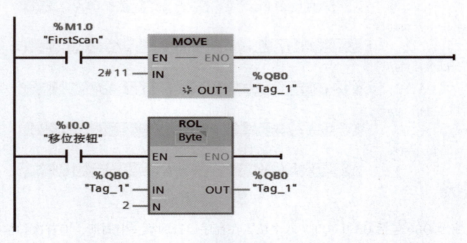

图 7-6　循环左移指令 ROL 应用示例

程序的赋初值以及前三次按下移位按钮 I0.0 的结果和左移指令 SHL 运行的结果一样，而当第四次按下 I0.0 时，位于 QB0 字节最高位的 Q0.6 和 Q0.7 两位上的 "1" 并没有被移出 QB0，而是被送回 QB0 另一端空出来的位 Q0.0 和 Q0.1。此时，QB0 中的数为 "0000000011"，和初始化后的状态一样，QB0 的状态开始重复呈现，实现循环移位，如图 7-7 所示。

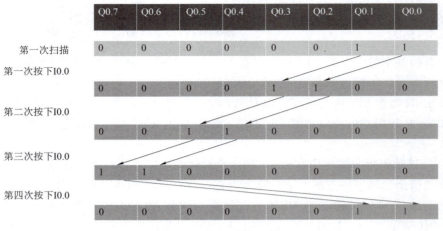

图 7-7　循环移位示意

【例题 7-1】使用循环移位指令实现 8 位彩灯的左右移位控制，程序如图 7-8 所示。

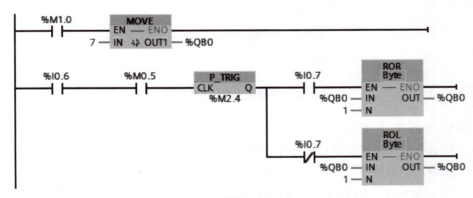

图 7-8　彩灯循环移位控制（例题 7-1）

此段程序需要激活系统和时钟脉冲。M1.0 是初始化脉冲，用它给彩灯赋初值 7。赋初值后 QB0 最低位的 Q0.0、Q0.1 和 Q0.2 三个位均为"1"，接入该位的 3 盏灯亮。是否移位用按钮 I0.6 控制，时钟存储器位 M0.5 的频率为 1 Hz，因此程序每隔 1 s 执行一次循环移位指令，即每秒移动一位。移位的方向用按钮 I0.7 控制。由于 QB0 循环移位后的值又送回 QB0，所以必须使用 P_TRIG 指令。

### 知识点 2　移位值指令

移位指令包括移动值指令、块移动指令和填充指令。

**1. 移动值指令**

移动值指令的梯形图格式如图 7-9 所示。

移动指令

它用于将 IN 输入的源数据传送给 OUT1 指定的目标地址，并且转换为 OUT1 允许的数据类型，源数据保持不变。

移动值指令的 IN 和 OUT1 可以是 Bool 之外所有的基本数据类型，IN 还可以是常数。该指令允许增减输出参数的个数。

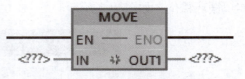

图 7-9　移动值指令的梯形图格式

如果 IN 数据类型的位长度超出 OUT1 数据类型的位长度，则源值的高位丢失。

如果 IN 数据类型的位长度小于 OUT1 数据类型的位长度，则目标值的高位被改写为 0。

（1）移动值指令的使用方法 1：把一个具体的数字移位给某个地址。

移动值指令的使用方法如下。它可以把一个具体的数字移位给某个地址，例如把十进制的"34"移动送给 MB10。首先在编程软件中双击右侧"基本指令"→"移动操作指令"→"MOVE"功能块，或将它拖拽到相应的程序块中。在 IN 端输入十进制的"34"，在 OUT1 端输入 MB10，此时，通过仿真监控，可以看到 MB10 中的数据为十六进制的"22"，也就相当于十进制的"34"，如图 7-10 所示。

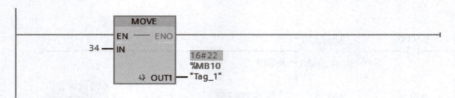

图 7-10　移动值指令的使用方法 1

如果想使它以十进制的形式显示，则可以把光标放在 MB10 处，单击鼠标右键，选择"显示格式"→"变量"→"十进制"选项，则 MB10 中的数字即显示为"34"，这样就完成了把十进制的"34"传送到地址 MB10 中，如图 7-11、图 7-12 所示。

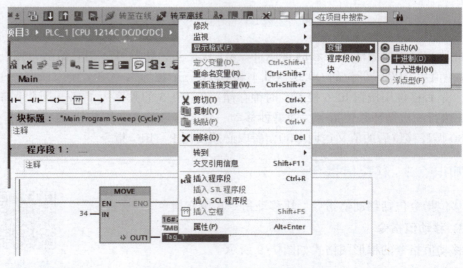

图 7-11　十进制数字显示方法

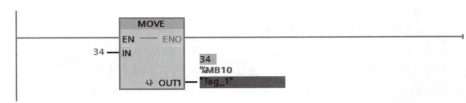

图 7-12　显示十进制数字

（2）移动值指令的使用方法 2：把一个地址中存储的数据移动到另一地址中。

把 MB9 中的数据移动到 MB10 中，程序编写方法如图 7-13 所示。通过监控程序可以发现，MB9 中的数据是十六进制的"0"。MB10 中也是数字"0"。若将 MB9 中的数字改变，通过仿真监控则可以看到 MB10 中的数字也跟着改变。

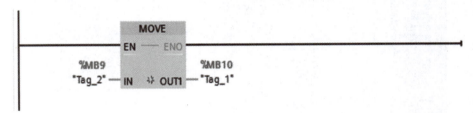

图 7-13　移动值指令的使用方法 2

该指令还可以把一个地址的数据同时传送给多个地址，方法是单击功能块下面的星形图标，右侧的输出端数量即可以增加，如图 7-14 所示。把 MB9 中的数据同时传送给 MB10 和 MB11，可以通过这种操作方法实现。需要将多余的输出端删除时，把光标放在欲删除的输出端，单击鼠标右键，选择"删除"选项即可。

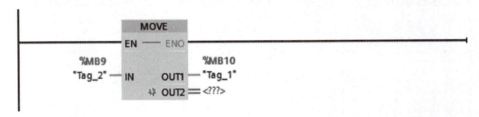

图 7-14　一对多传送

### 2. 块移动指令

块移动指令的梯形图格式如图 7-15 所示。其功能是把从输入端 IN 源区域数据块数组 Source 的 0 号元素开始的若干个 Int 元素的值，复制给从目标区域数据块数组的某个元素开始的若干个元素。复制操作按地址增大的方向进行。IN 和 OUT 是待复制的源区域和目标区域中的首个元素。

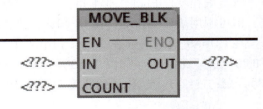

图 7-15　块移动指令的梯形图格式

具体操作方法如下。

方法一：在同一个数据块中建立两个数组进行数据传送。

方法二：在两个数据块中分别建立一个数组进行数据传送。

【例题7-2】把数据块DB1中的开关1中的0，1，2这三个位的状态分别传送到DB1中的开关2的0，1，2这三个位中。

通过编程软件左侧项目树下的"添加新块"按钮添加数据块DB1。双击打开该数据块，在表格中添加变量开关1，"数据类型"选择"数组"，单击右侧下拉按钮，选择"数据类型"为"Bool"，"数组限值"为3个及以上均可，这里选择0~4共5个，单击"确定"按钮，如图7-16所示。

图7-16 添加数组

单击"开关1"左侧的下拉按钮，可以看到有0~4共5个位，如图7-17所示。利用同样的方法，生成开关2的数组，同样也有5个位。

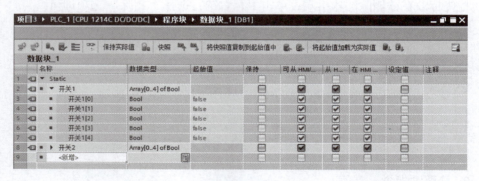

图7-17 数组列表

双击编程软件右侧"基本指令"→"移动操作指令"→"MOVE_BLK"功能块，即可调用块移动指令，在IN端选择数据块_1开关1下的0号位。

在COUNT端输入数字"3"，利用同样的方法，在OUT端选择数据块_1开关2下的0号位。最终程序如图7-18所示。这样就完成了把数据块_1当中的开关1从0号开始的连续3个位传送到开关2从0号开始的3个位。

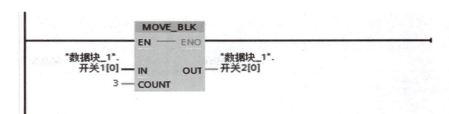

图 7-18 数据块传送

通过仿真监控可以看到，当修改开关 1 数组中的前 3 位数值时，开关 2 数组中的前 3 位数值也跟着变化，如图 7-19 所示。

图 7-19 数据块传送仿真监控

当改变开关 1 中的 4 号数据时，开关 2 中的 4 号数据不会跟着变化，这是因为程序中块移动的数量仅为 3 个，即 0，1，2 三个位，并不包括第四和第五位。

**3. 填充指令**

填充指令的梯形图格式如图 7-20 所示。需要注意的是，IN 端数据类型必须为整数，OUT 端数据类型必须为数组。

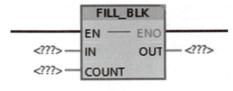

图 7-20 填充指令的梯形图格式

【例题 7-3】给数据块_1 中的开关 1 数组的前 3 个地址填充数字 "35"。

添加新的数据块，建立 "开关 1" 变量，"数据类型" 选择 "Int"，"数组限值" 选择 0~4 共 5 个，如图 7-21、图 7-22 所示。

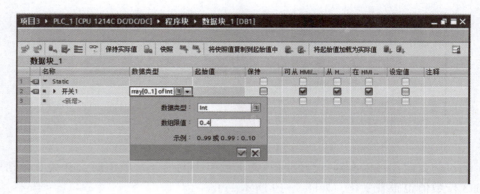

图 7-21　添加数组

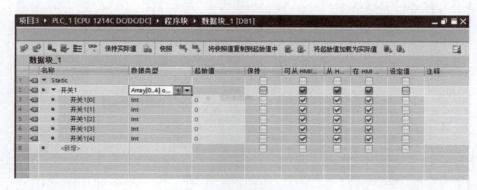

图 7-22　数组中的数据

在编程软件中，完成图 7-23 所示的程序块编写，通过仿真监控可以发现开关 1 中从 0 号开始的 3 个位目前均为十进制的"35"，如图 7-24 所示。

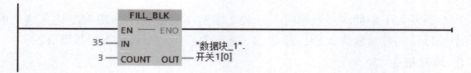

图 7-23　程序块编写

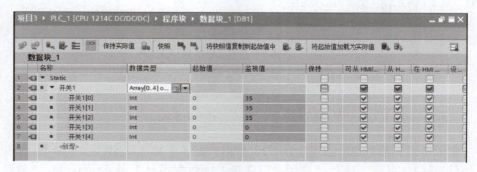

图 7-24　程序仿真运行

【例题7-4】要求按下启动按钮 I0.0 后，QB0 中 Q0.1、Q0.3、Q0.5、Q0.7 连接的 4 盏灯亮；1 s 后 Q0.0、Q0.2、Q0.4、Q0.6 连接的 4 盏灯亮；再隔 1 s，Q0.1、Q0.3、Q0.5、Q0.7 连接的 4 盏灯又亮，如此循环。

实现方法如下。

用启动按钮的常开触点驱动启动标志 M10.0，M10.0 的常开触点闭合后，依次驱动两个延时 1 s 的定时器 T2 和 T3，输出端 Q 分别连接辅助继电器线圈 M10.1 和 M10.2，用 M10.2 的常闭触点断开定时器 T2 来实现程序的循环，如图 7-25 所示。

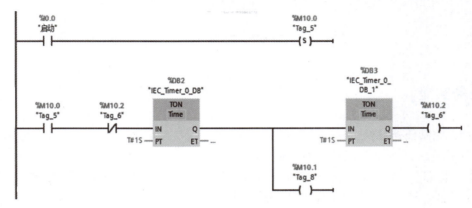

图 7-25  程序启动和循环

图 7-26 所示的程序段是用移动值指令来实现不同时间段灯的点亮和熄灭。按下启动按钮后，到第一个定时器计时结束，整个时间段调用一次移动值指令实现 Q0.1、0.3、0.5 和 0.7 连接的 4 盏灯点亮，需要给 QB0 字节移入二进制的 "10101010"。从定时器 T2 计时开始到定时器 T3 计时结束的时间段，利用移动值指令给 QB0 传送二进制的 "01010101"，可实现 Q0.0、Q0.2、Q0.4、Q0.6 连接的 4 盏灯的点亮。

由于两个定时器组成了一个循环控制程序，所以这两条移动值指令会分别在各自的时间段内执行，结果是灯按控制要求依次点亮。

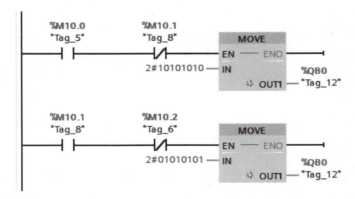

图 7-26  灯的点亮方法

按下停止按钮，要求所有的灯熄灭。可以利用停止按钮 I0.1 的常开触点去复位启动标志 M10.0。注意，因为移动值指令具有保持功能，所以此时如果仅复位

M10.0，则按下停止按钮时，灯亮将会继续保持。为了使所有的灯都熄灭，需要把数字 0 传送给字节 QB0，这样才可以实现 8 盏灯的全部熄灭。程序如图 7-27 所示。

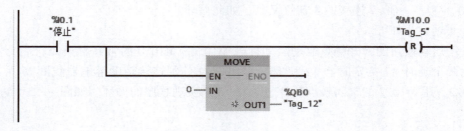

图 7-27　停止和复位

## 任务实施

### 1. 控制任务分析

图 7-28 所示是分别接通左转向、右转向和复位开关时，各盏灯的工作状态。可以看出，在左转向开关闭合时，8 盏灯的初始状态是 Q0.0 为 1，左转向灯组中最右侧的灯亮，然后依次向左循环移位。

当复位开关闭合时，所有的灯都熄灭。

当右转向开关闭合时，初始状态是 Q2.7 为 1，右转向灯组中最左侧的灯亮，并依次向右循环移位。

汽车转向灯的
程序编写

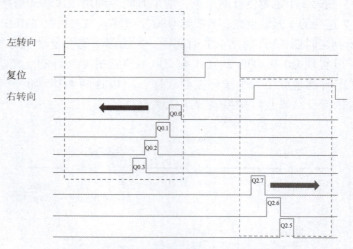

图 7-28　汽车转向灯模拟系统运行时序图

为了便于后方的驾驶者看清转向灯的移动方向，设定每隔 0.1 s 移位一次，且每次移动一位。在编写程序时，要考虑到在左转向开关闭合的瞬间，给 QB0 赋初值时，只有一个灯点亮，并且每隔 0.1 s 执行一次循环左移指令。同样，在右转向开关闭合的瞬间，需要给 QB1 赋初值，然后每隔 0.1 s 执行一次右循环移位指令。而当复位开关闭合时，所有的灯都熄灭。转向灯的熄灭可以利用移动值指令实现，也可以利用复位域指令实现。

### 2. I/O 地址分配

本任务中的输入元件有 3 个，其中左转向开关、复位开关和右转向开关是一个单刀三掷开关，分配的地址分别为 I0.0、I0.1 和 I0.2。在输出侧，表示左转向的 8 盏灯从右到左依次分配 Q0.0～Q0.7。表示右转向的 8 盏灯从右到左依次分配 Q1.0～Q1.7。I/O 地址分配表见表 7-1。

表 7-1　I/O 地址分配表

| 输入 | | 输出 | |
| --- | --- | --- | --- |
| 输入元件 | I/O 地址 | 输出元件 | I/O 地址 |
| 左转向开关 | I0.0 | 左转向灯（从右到左） | Q0.0～Q0.7 |
| 复位开关 | I0.1 | 左转向灯（从右到左） | Q2.0～Q2.7 |
| 右转向开关 | I0.2 | | |
| 左转复位 | I0.3 | | |
| 右转复位 | I0.4 | | |

### 3. PLC 接线图

本任务采用 CPU 1214C DC/DC/DC 型 PLC，L+和 M 为电源端，连接 24 V 直流电源，输入端使用 I0.0、I0.1 和 I0.2 共 3 个端口，连接一个单刀三掷开关，分别是左转向开关、复位开关、右转向开关。按钮的一端各自连接在 3 个输入端，另外一端连接后与公共端 M 及 24 V 电源形成回路。输出端使用 QB0 和 QB2 两个字节共 16 个端口。3L+和 3M 是输出端的电源，连接 24 V 直流电源，输出端各自分别连接 LED 灯，LED 灯的另一端互相连接后，与 3 M 端进行连接，如图 7-29 所示。

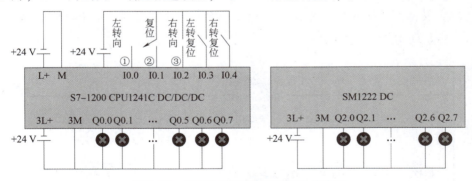

图 7-29　汽车转向灯模拟系统 PLC 接线图

### 4. 程序编写

程序主要包括以下几部分：程序局部循环、赋初值、循环移位、复位。

（1）左、右转向时，初始值的设定如图 7-30 所示。

第一段程序利用左转向开关闭合时的上升沿，将十进制的"1"赋给 QB0，实

现 QB0 中 Q0.0 为"1"的操作；利用右转向开关闭合时的上升沿，将十进制的"128"赋给 QB2，实现 QB2 中 Q1.7 为"1"的操作。

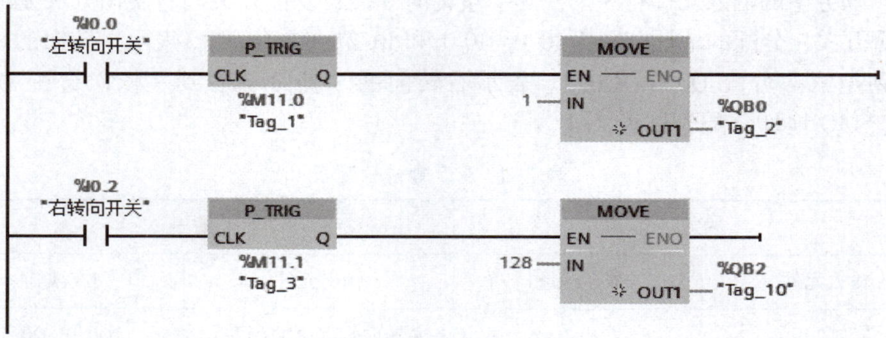

图 7-30 赋初值程序

（2）定时器的自复位。利用预设值为 100 ms 的定时器的自复位来实现移位指令的周期性执行，如图 7-31 所示。

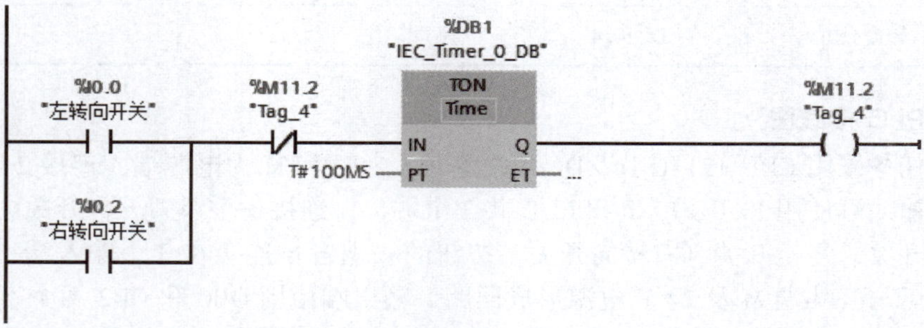

图 7-31 定时器自复位程序

（3）转向开关接通时，每 100 ms 执行一次循环移位指令，左转向时左移，右转向时右移，如图 7-32 所示。

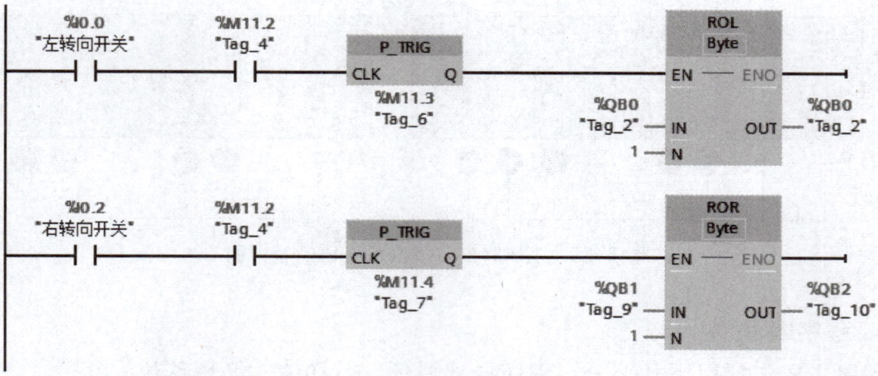

图 7-32 左转向和右转向程序

（4）复位方式下转向灯熄灭的控制。

在汽车转向灯模拟系统中，除了转向复位开关外，转向盘上还带有左、右转向复位开关，无论在何种复位方式下，当复位开关的上升沿信号来临时，把十进制的"0"同时赋给 QB0 和 QB2 两个字节，即无论是在左转向还是右转向的情况下复位，转向灯都熄灭，如图 7-33 所示。

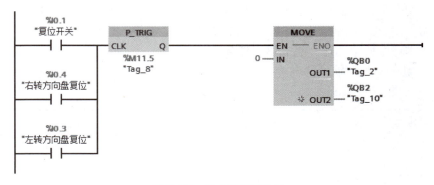

图 7-33　转向灯熄灭程序

### 5. 程序下载和调试

程序编写完成后，单击"编译"按钮进行编译。编译无误后，单击"仿真"按钮，将程序下载至 PLCSIM，开始仿真。在项目树的监控与强制表中添加新监控表，监控位元件 Q0.0~Q0.7 和 Q2.0~Q2.7 的数值。在监控与强制表中强制左转向开关 I0.0 为 1，在监控表中 Q0.0~Q0.7 的数值间隔 0.1 s 向下依次为 TRUE。复位左转向开关，将右转向开关强制为 1，监控 Q2.0~Q2.7 的数值，每间隔 0.1 s，其数值向上依次为 TRUE；复位右转向开关，其值均为 FALSE，如图 7-34 所示。

汽车转向灯 ▸ PLC_1 [CPU 1214C DC/DC/DC] ▸ 监控与强制表 ▸ 监控表_1

| | i | 名称 | 地址 | 显示格式 | 监视值 | 修改值 |
|---|---|---|---|---|---|---|
| 1 | | | %Q0.0 | 布尔型 | FALSE | |
| 2 | | | %Q0.1 | 布尔型 | FALSE | |
| 3 | | | %Q0.2 | 布尔型 | FALSE | |
| 4 | | | %Q0.3 | 布尔型 | FALSE | |
| 5 | | | %Q0.4 | 布尔型 | FALSE | |
| 6 | | | %Q0.5 | 布尔型 | FALSE | |
| 7 | | | %Q0.6 | 布尔型 | FALSE | |
| 8 | | | %Q0.7 | 布尔型 | FALSE | |
| 9 | | | %Q2.0 | 布尔型 | FALSE | |
| 10 | | | %Q2.1 | 布尔型 | FALSE | |
| 11 | | | %Q2.2 | 布尔型 | FALSE | |
| 12 | | | %Q2.3 | 布尔型 | FALSE | |
| 13 | | | %Q2.4 | 布尔型 | FALSE | |
| 14 | | | %Q2.5 | 布尔型 | FALSE | |
| 15 | | | %Q2.6 | 布尔型 | TRUE | |
| 16 | | | %Q2.7 | 布尔型 | FALSE | |
| 17 | | | <添加> | | | |

图 7-34　仿真调试运行结果

仿真调试正确后，将程序下载至 PLC，按照图 7-28 连接 PLC 与外围元件，调试程序，直到汽车转向灯模拟系统能正确运行。

## 任务拓展

移位指令和移动值指令主要用于数据的传送和移位，在 PLC 编程中有着非常重要的应用。用 PLC 控制流水灯时，用移位或循环移位指令比较方便。

利用本任务所学知识，完成以下任务拓展。

（1）填写任务工单，见表 7-2。

表 7-2　任务工单

| 任务名称 | 流水灯控制的 PLC 设计 | 实训教师 | |
|---|---|---|---|
| 学生姓名 | | 班级名称 | |
| 学号 | | 组别 | |
| 任务要求 | 某工作台上有 8 个指示灯，8 个指示灯按以下要求工作：按下启动按钮，灯亮，1 s 后，1 号灯灭，2 号灯亮，再 1 s 后，2 号灯灭，3 号灯亮，依此类推，一直到 8 号灯亮；1 s 后，8 个指示灯全亮，再 1 s 后，8 号灯熄灭，再 1 s 后，7 号灯熄灭，依此类推，直到最后一个指示灯熄灭；1 s 后，开始新一轮循环 | | |
| 材料、工具清单 | | | |
| 实施方案 | | | |
| 步骤记录 | | | |
| 实训过程记录 | | | |
| 问题及处理方法 | | | |
| 检查记录 | | 检查人 | |
| 运行结果 | | | |

（2）填写 I/O 地址分配表，见表 7-3。

表7-3　I/O 地址分配表

| 输入 | | 输出 | |
|---|---|---|---|
| | | | |
| | | | |
| | | | |
| | | | |
| | | | |
| | | | |
| | | | |
| | | | |
| | | | |
| | | | |

（3）绘制 PLC 接线图。

（4）程序记录。

（5）程序调试。

学生也可以按照自己设计的要求编写程序，编写完成后进行调试，直到符合题目要求。

（6）任务评价。

可以参考下方职业素养与操作规范评分表、流水灯控制的 PLC 设计任务考核评分表。

## 任务评价

### 职业素养与操作规范评分表
#### (学生自评和互评)

| 序号 | 主要内容 | 说明 | 自评 | 互评 | 得分 |
|---|---|---|---|---|---|
| 1 | 安全操作<br>(10分) | 没有穿戴工作服、绝缘鞋等防护用品扣5分 | | | |
| | | 在实训过程中将工具或元件放置在危险的地方造成自身或他人人身伤害,取消成绩 | | | |
| | | 通电前没有进行设备检查引起设备损坏,取消成绩 | | | |
| | | 没经过实验教师允许而私自送电引起安全事故,取消成绩 | | | |
| 2 | 规范操作<br>(10分) | 在安装过程中,乱摆放工具、仪表、耗材,乱丢杂物扣5分 | | | |
| | | 在操作过程中,恶意损坏元件和设备,取消成绩 | | | |
| | | 在操作完成后不清理现场扣5分 | | | |
| | | 在操作前和操作完成后未清点工具、仪表扣2分 | | | |
| 3 | 文明操作<br>(10分) | 在实训过程中随意走动影响他人扣2分 | | | |
| | | 完成任务后不按规定处置废弃物扣5分 | | | |
| | | 在操作结束后将工具等物品遗留在设备或元件上扣3分 | | | |
| 职业素养总分 | | | | | |

### 流水灯灯控制的 PLC 设计任务考核评分表
#### (教师和工程人员评价)

| 序号 | 考核内容 | 说明 | 得分 | 合计 |
|---|---|---|---|---|
| 1 | 机械与<br>电气安装<br>(25分) | 所有具有垫片的螺钉必须用垫片,若未达到要求,则每处扣0.5分 | | |
| | | 所有螺钉必须全部固定并不能松动,若未达到要求,则每处扣0.5分 | | |
| | | 多股电线必须绑扎,若未达到要求,则每处扣0.5分 | | |
| | | 相邻扎带的间距≤50 mm,若未达到要求,则每处扣0.5分 | | |

| 序号 | 考核内容 | 说明 | | 得分 | 合计 |
|---|---|---|---|---|---|
| 1 | 机械与电气安装（25分） | 扎带切割后剩余长度≤1 mm，若未达到要求，则每处扣0.5分 | | | |
| | | 所有线缆必须使用绝缘冷压端子，若未达到要求，则每处扣0.5分 | | | |
| | | 冷压端子处不能看到明显外露的裸线，若未达到要求，则每处扣0.5分 | | | |
| | | 接线端子连接牢固，不得拉出接线端子，若未达到要求，则每处扣0.5分 | | | |
| | | 指示灯电源极性接错，则扣3分 | | | |
| | | 每个接线端子上最多接2根导线，若未达到要求，则每处扣0.5分 | | | |
| | | 线槽到接线端子的接线不得有缠绕现象，若未达到要求，则每处扣0.5分 | | | |
| | | 线槽必须完全盖住，不得有局部翘起现象，若未达到要求，则每处扣0.5分 | | | |
| 2 | I/O 地址分配（10分） | 说明 | 分值 | | |
| | | 输入点数正确 | 每个1分（扣完为止） | | |
| | | 输出点数正确 | 每个1分（扣完为止） | | |
| 3 | PLC 功能（25分） | 赋初始值指令使用正确 | 2分 | | |
| | | 能实现单个灯点亮的效果 | 5分 | | |
| | | 能实现所有灯点亮的效果 | 3分 | | |
| | | 能实现8个灯逐个熄灭的效果 | 5分 | | |
| | | 时间控制正确 | 5分 | | |
| | | 程序能实现循环 | 5分 | | |
| 4 | 程序下载和调试（10分） | 程序下载方法正确 | 2分 | | |
| | | I/O 检查方法正确 | 3分 | | |
| | | 能分辨硬件和软件故障 | 2分 | | |
| | | 调试方法正确 | 3分 | | |
| | 任务评价总分 | | | | |

## 任务八 博物馆人流量控制系统设计

### 任务目标

**知识目标**

(1) 能识别和熟练应用各类计数器指令及其背景数据块。

(2) 能准确掌握七段数码共阴极和共阳极接法的数字对应关系。

**技能目标**

(1) 可以独立进行人流量控制系统的硬件接线。

(2) 熟练掌握传感器的识别及安装方法。

(3) 掌握程序的下载、监控、调试及仿真方法。

**素养目标**

(1) 培养学生敢于担当、勇于奉献的精神。

(2) 培养学生的爱国主义情怀。

### 任务引入

在各种公共场所采用了限制人流量的做法，可以最大限度地降低了病毒感染的风险。本任务利用 PLC 的工作特点，为某博物馆设计一套人流量控制系统。

---

**疫情防控**

2020 年春节前后，疫情突如其来，涌现出万千疫情战场上的英雄。他们放弃安逸的假日，穿上"战服"，冲向了这场无硝烟的战场。在党中央的高度重视和科学防治、精准施策下，中国人民齐心协力，将疫情的影响降到了最低限度。在关键时刻，国家才是人民强大的后盾和依靠。

---

### 任务要求

新冠疫情期间，某博物馆最多容纳 100 人同时参观，展厅进口和出口各安装一个传感器，每当有一人进出，传感器就产生一个脉冲信号，对进出博物馆的人进行计数。当博物馆内不足 90 人时，绿灯亮，表示参观人员可以进入。当博物馆内满 90 人时，黄灯亮，表示人数快满了，此时入口处显示仍可以进入的人数。当博物馆内满 100 人时，红灯亮，表示博物馆不再允许进入参观。

当博物馆内人数未满时，入口处每进一个人，闸机会自动打开 5 s，5 s 后自动关闭。人数达到 100 时，闸机不会打开。本任务需要完成以下工作。

（1）识别传感器不同颜色信号线所代表的意义。

（2）正确连接传感器的电源线和输出信号线。

（3）利用计数器指令对人流量控制系统进行编程。

（4）录入设备控制程序并调试，直到系统正确运行。

## 知识链接

### 知识点 1  计数器指令

计数器指令用来统计输入脉冲的次数。在实际应用中，计数器经常用来对产品进行计数或完成一些复杂的逻辑控制。计数器与定时器的结构和使用方法基本相同，编程时输入它的预设值，计数器累计它的输入端脉冲上升沿的个数，当计数值达到预设值时，计数器动作，以便完成相应的处理。此种计数器属于软件计数器，其最大计数频率

计数器

受到 OB1 的扫描周期的限制。如果需要频率更高的计数统计，可以使用 CPU 内置的高速计数器。

S7-1200 PLC 有 3 种 IEC 计数器，分别是加计数器（CTU）、减计数器（CTD）和加减计数器（CTUD）。每种计数器的计数值可以是任何整数。IEC 计数器指令是函数块，调用时，需要生成保存计数器数据的背景数据块来存储计数器数据。

#### 1. 计数器指令的建立

方法 1：在 OB1 程序里直接调用自动分配背景数据块，如图 8-1 所示。

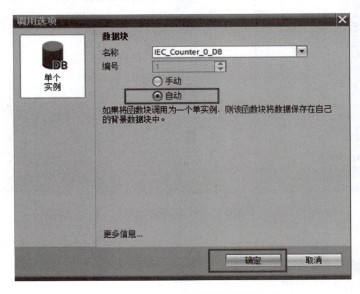

图 8-1  自动分配的计数器背景数据块

在"名称"框中可以根据自己需要命名数据块，也可以采用系统提供的默认名称。可以选择"手动"或"自动"，单击"自动"单选按钮后，单击"确定"按

钮，生成背景数据块，可以在编程软件左侧项目树的"系统块"子菜单下对该数据块进行查询，如图 8-2 所示。

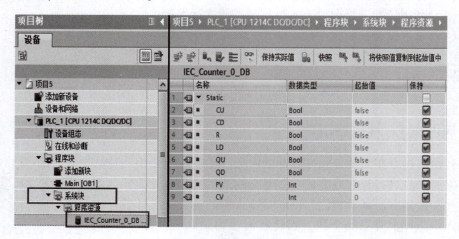

图 8-2　查询背景数据块

方法 2：先创建数据块，然后调用计数器时，再选择该数据块。

第一步：创建全局数据块 DB2（编号可任意），命名为"C5"或"X 计数"，作为计数器的标识符，如图 8-3 所示。

图 8-3　创建全局数据块

第二步：在该数据块中建立一个名称为"C5"的变量，数据类型为 IEC_COUNTER，如图 8-4 所示。

第三步：在 OB1 中调用计数器，调用计数器时，注意要取消背景数据块，如图 8-5 所示。

第四步：在计数器里选择全局数据块 DB2。

图 8-4　编辑全局数据块

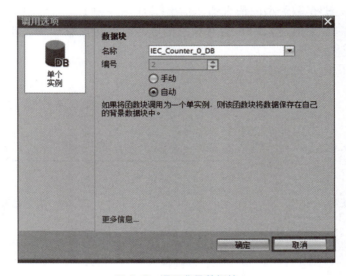

图 8-5　调用背景数据块

## 2. 加计数器

加计数器的梯形图格式如图 8-6 所示。功能块上方为加计数器的数据块名称，CU 为加脉冲输入端，R 为复位输入端，PV 是加计数器的预设值，Q 为状态输出端，CV 是加计数器的当前计数值。

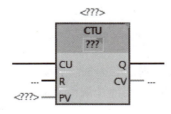

图 8-6　加计数器的梯形图格式

可以通过功能块右上角的三角更改和选择计数器的类型，如图 8-7 所示。

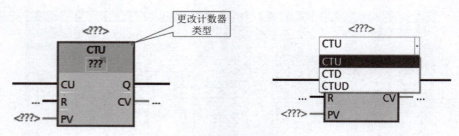

图 8-7　计数器类型选择

加计数器的特点如下。

当计数输入端 CU 有计数信号时，当前计数值 CV 增加 1。

当前计数值 CV 等于预设值 PV 时，输出端 Q 变为 1，当前计数值 CV 再增加，直到计数器指定的整数类型的最大值，输出端 Q 保持为 1。

在任意时刻，只要输入端 R 为有脉冲信号，输出端 Q 立即变为 0，CV 停止计数且当前计数值清零。

加计数器应用示例如图 8-8 所示。

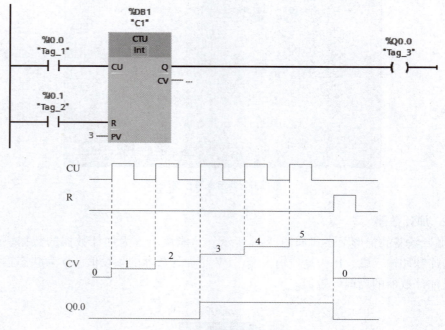

图 8-8　加计数器应用示例

在该程序段中，当 CU 端有脉冲信号时，计数器 C1 的当前计数值 CV 从 0 开始增加到 5，当复位端信号有效时，当前计数值清零，计数器 C1 的预设值为 3，因此在当前计数值为 3，4，5 的这一时间段，输出线圈 Q0.0 仍然保持接通，直到 R 端复位信号到来，Q0.0 线圈失电复位。

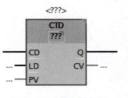

图 8-9　减计数器的
梯形图格式

### 3. 减计数器

减计数器的梯形图格式如图 8-9 所示，其中 CD 为减计数脉冲输入端，LD 为装载输入端，PV 是减计数器的预设值，Q 为状态输出端，CV 是减计数器的当前计数值。

减计数器的特点如下。

每当减计数的 CD 脉冲信号从 0 变为 1 时，当前计数值 CV 减少 1；当 CV＝0 时，输出端 Q 变为 1，随着 CD 信号的输入，当前计数值从 0 变为负 1，Q 保持输出 1，CV 可继续减少，直到计数器指定整数类型的最小值。在任意时刻，只要装载输入端 LD 有脉冲信号，CV 立即停止计数并回到 PV 值，输出端 Q 变为 0。

减计数器应用示例如图 8-10 所示。

在该程序段中，计数器 C1 为减计数器，预设值为 3，当 LD 端有效时，把预设值 3 装载到计数器 C1 的 CV 端，当 CD 端脉冲有效时，计数器的 CV 值逐渐减 1。当 LD 端再次有效时，继续装载预设值 3，而在当前计数值等于零甚至小于零的时间段，输出线圈 Q0.0 输出为 1。

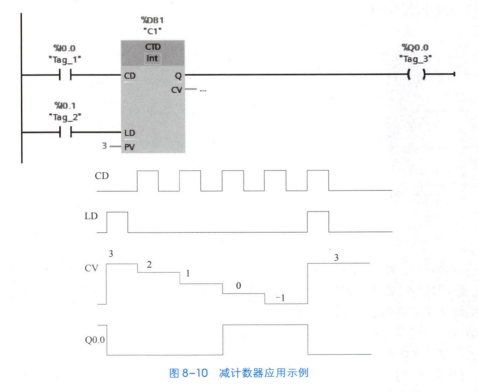

图 8-10　减计数器应用示例

### 4. 加减计数器

加减计数器的梯形图格式如图 8-11 所示。它既有加计数输入端 CU，也有减计数输入端 CD，既有加计数状态输出端 QU，也有减计数状态输出端 QD。

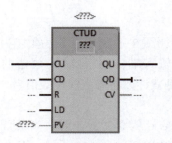

图 8-11　加减计数器的梯形图格式

加减计数器的特点如下。

当 CU 端有脉冲信号时，CV 值增加 1，当 CD 端有脉冲信号时，CV 值减少 1。

当 CV≥PV 时，QU 端输出 1，当 CV<PV 时，QU 端输出 0。

当 CV≤0 时，QD 端输出 1，当 CV>0 时，QD 端输出 0。

CV 的上、下限取决于加减计数器指定的整数类型的最大值与最小值；

在任意时刻，只要 R 为 1，QU 端就输出 0，CV 立即停止计数并清零。只要 LD 为 1 时，QD 端就输出 0，CV 立即停止计数并回到 PV 值。

加减计数器应用示例如图 8-12 所示。

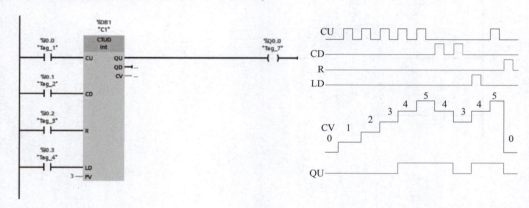

图 8-12　加减计数器应用示例

在该程序段中，加减计数器的预设值为 3，当 CU 端有图 8-12 所示的脉冲输入时，计数器的 CV 值从 0 逐一增加到 5，当 CD 端有图 8-12 所示的脉冲输入时，CV 端的值从 5 下降到 3。当 LD 端有输入信号时，则给计数器装载数值 3。当 R 端有输入信号时，当前计数值 CV 变为 0，而 QU 端的波形是在整个计数过程中，CV 值大于 3 的这两个时间段输出为 1，其余时间段输出均为 0。

【例题 8-1】要求按下按钮 I0.0，Q0.0 灯以 1 Hz 的频率闪烁（亮 0.5 s，灭 0.5 s），闪烁 5 次后，自动熄灭。

分析：灯的闪烁可以用两个 TON 定时器或两个 TP 定时器组成振荡电路来实现，也可以用系统时钟脉冲来实现，闪烁次数则需要用计数器对其进行统计。

启停标志及周期性计时：按下启动按钮 I0.0，置位启动标志 M10.0，利用 M10.0 的常开触点驱动一个振荡电路。振荡电路由两个预设值为 500 ms 的定时器组成。输出线圈 Q0.0 在按下启动按钮的前 5 s 保持输出为 1 的状态，在后 5 s 保持输出为 0 的状态，如图 8-13 所示。

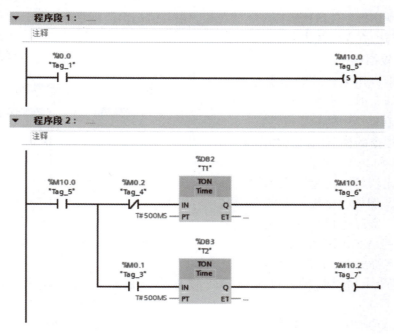

图 8-13　振荡电路

图 8-14 所示的程序段是对闪烁次数进行计数，由加计数器实现，加计数器预设值为 5，当 T2 计时次数达到 5 以后，M10.3 线圈得电，M10.3 的常开触点与停止按钮 I0.1 的常开触点并联后驱动复位域指令，复位从 M10.0 开始的 4 位，以实现停止功能。

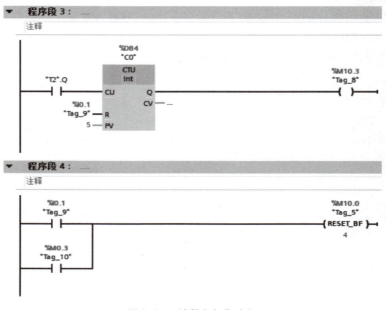

图 8-14　计数和复位功能

### 知识点 2　比较操作指令

比较操作指令包括比较指令、值在范围内与值超出范围指令、检查有效性与检查无效性指令 3 种。

比较指令及
七段数码显示

#### 1. 比较指令

比较指令用来比较数据类型相同的两个数的大小。操作数可以是 I、Q、M、L、D 存储区中的变量或常数。

比较指令的梯形图格式如图 8-15 所示，IN1 和 IN2 分别在触点的上方和下方。其比较符的类型和数据类型都可以选择。例如，比较两个字符串是否相等时，实际上比较的是它们各自对应字符的 ASCII 码的大小，第一个不相同的字符决定了比较的结果。

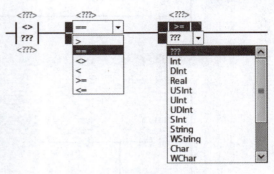

图 8-15　比较指令的梯形图格式

【例题 8-2】用 TON 定时器和比较指令组成占空比可调的脉冲发生器 [图 8-16（a）]。

"T5". Q 是 TON 定时器的输出位，定时器 T5 未到达设定时间之前，其输入端 IN 保持 1 状态，定时器 T5 的当前值从 0 开始不断增大。当前值等于预设值 3 s 时，输出位"T5". Q 变为 1，接于输入端 IN 的常闭触点断开，定时器 T5 被复位。在下一扫描周期，"T5". Q 常闭触点又恢复接通状态，定时器 T5 又开始计时。定时器 T5 的当前时间"T5". ET 按锯齿波形变化。比较指令用来产生脉冲宽度可调的方波，当"T5". ET 的数值小于 1 s 时，Q0.0 为低电平，当"T5". ET 的数值大于或等于 1 s 时，Q0.0 为高电平。在 Q0.0 上产生图 8-16（b）所示的脉冲波形，即 Q0.0 导通的时间为 2 s，断开的时间为 1 s。改变定时器 T5 的设定值，同时调节比较指令下方的时间，可以得到任意周期、占空比可调的脉冲。

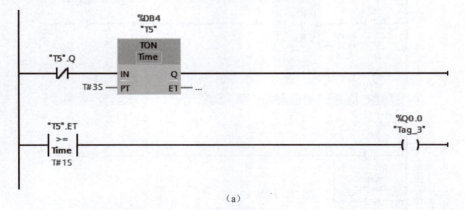

（a）

图 8-16　占空比可调脉冲发生器

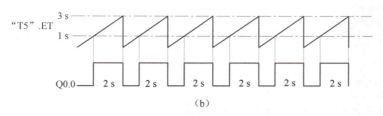

图 8-16 占空比可调脉冲发生器（续）

## 2. 值在范围内与值超出范围指令

值在范围内与值超出范围指令的特点如下。

（1）值在范围内指令 IN_RANGE 与值超出范围指令 OUT_RANGE 可以等效为一个触点。如果有能流流入指令方框，则执行比较，反之不执行比较。

（2）IN_RANGE 指令的参数 VAL 不满足 MIN≤VAL≤MAX 时，等效触点断开，指令框为蓝色的虚线。

（3）OUT_RANGE 指令的参数 VAL 满足 VAL<MIN 或 VAL>MAX 时，等效触点闭合，指令框为绿色。

（4）指令的 MIN、MAX 和 VAL 的数据类型必须相同，可选择整数和实数，可以是 I、Q、M、D 存储区中的变量或常数。

【例题 8-3】图 8-17 所示程序段是当 MW2 中的数据在 -123~3 579 范围内，且 MB5 中的数据小于 28 或大于 118 时，输出线圈 Q0.0 为 1。

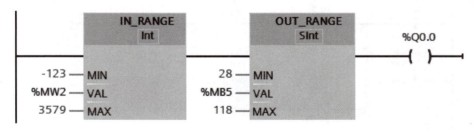

图 8-17 值在范围内指令应用示例

## 3. 检查有效性与检查无效性指令

该指令用来检测输入数据是否是有效的实数（即浮点数）。如果是有效的实数，则 OK 触点接通，反之 NOT_OK 触点接通。触点上方变量的数据类型为 Real。

【例题 8-4】在图 8-18 所示的程序段中，当 MD0 中的数据为有效实数，同时 MD4 中的数据为无效实数时，Q0.0 线圈得电。

当 MD8、MD12 中的数据均为有效实数，且 MD8 中的数据大于等于 MD12 中的数据时，输出线圈 Q0.1 线圈得电。

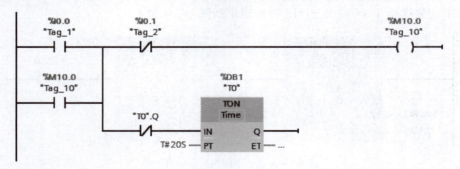

图 8-18　检查有效性指令应用示例

【例题 8-5】简易交通信号灯。

要求启动后，红灯亮 10 s 后灭，然后绿灯亮 5 s，5 s 后绿灯开始闪烁，3 s 后灭，随后黄灯亮，2 s 后灭，开始新一轮循环，按照红灯亮—绿灯亮—绿灯闪—黄灯亮的顺序工作，并可随时停止。

本例题可以采用多个定时器指令实现，这里仅用一个定时器指令加比较指令的方式来实现控制要求。

启动按钮驱动带有自锁的辅助继电器 M10.0，用停止按钮 I0.1 的常闭触点关断此辅助继电器，以实现启停功能。取一个工作周期的总时长 20 s 作为定时器的预设值。随后用定时器的自复位来实现 20 s 的周期性循环。程序如图 8-19 所示。

图 8-19　定时器周期性循环

红灯亮、绿灯亮、绿灯闪和黄灯亮的时间段可以借助比较指令实现，如图 8-20 所示。如在按下启动按钮后，定时器 T0 的 ET 值小于等于 10 s，红灯亮；在 T0 的 ET 值大于 10 s，小于等于 15 s 时绿灯亮，大于 15 s，小于等于 18 s 时，结合系统时钟脉冲 M0.5，实现 1Hz 的频率闪烁。而当 T0 的 ET 值大于 18 s，小于等于 20 s 时，黄灯亮。

T0 周期性计时，3 盏灯会周期性地按照红灯亮—绿灯亮—绿灯闪—黄灯亮的顺序依次点亮，以实现控制要求。

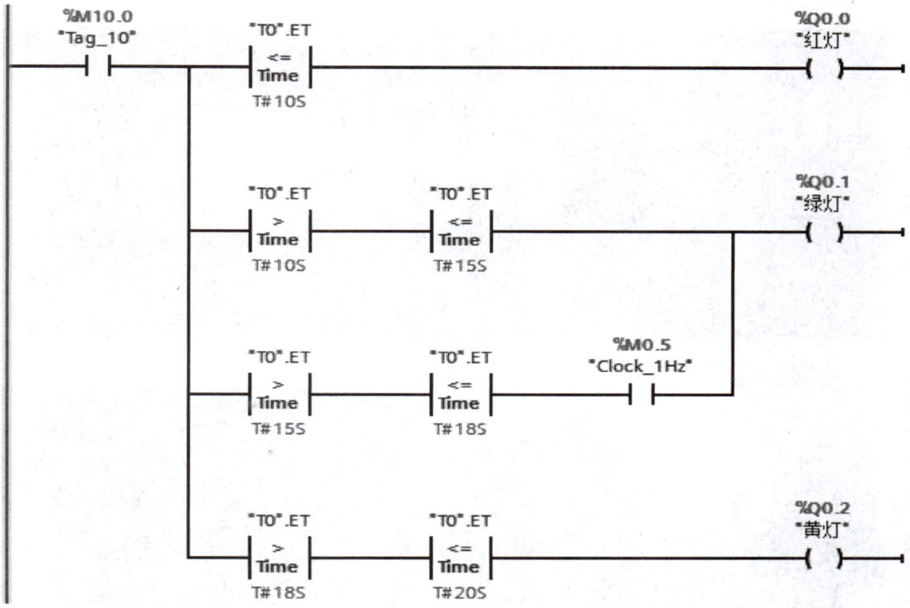

図 8-20 比较指令实现红绿灯控制

### 知识点 3　七段数码管

数码管价格低，使用简单，通过对其不同的管脚输入相应的电流，使对应的二极管发亮，可以显示关于时间、日期、温度等所有可用数字表示的参数。

比较指令及
七段数码显示

数码管在各类控制系统中，特别是在家电领域应用极为广泛，如空调、热水器、冰箱等的显示屏。

七段数码管其实是八段，在很多情况下小数点并不使用，因此常称"七段"。图 8-21 所示是七段数码管的外形，它共有 10 个引脚，分别标记为 a、b、c、d、e、f、g、dp 八段，一般的习惯是小数点位 dp 为最高位，a 段为最低位，要想显示什么字符只需要使对应的段发光即可。七段数码管有共阴极和共阳极两种接法，如图 8-22 所示。

若七段数码管采用共阳极接法，显示数字 0~9 时，分别需要给 a~g 以及 dp 端传送低电平；若采用共阴极接法，则给 a~g 和 dp 端传送高电平。二进制的"0"和"1"分别代表低电平和高电平，因此，给各段传送二进制数或十六进制数就可以显示不同的数字，也可以传送十进制数。

如要显示数字"5"，按照 dp~a 对应地址分别为 Q1.7~Q1.0，而且采用共阴极接法，就需要 a、c、d、f、g 5 个 LED 管均处于导通发光状态，即这 5 个端口应为低电平"0"，而其他的 3 个端口则为高电平"1"，故它对应的二进制码应为 10010010。

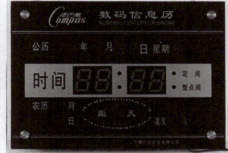

图 8-21 七段数码管的外形（附彩插）

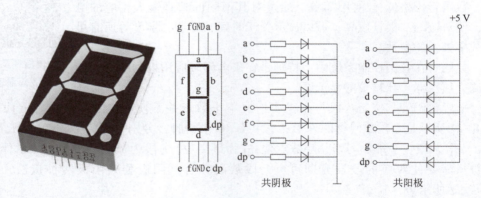

图 8-22 共阴极和共阳极接法

　　根据二进制与十六进制的对应关系，把这 8 位地址分为高 4 位和低 4 位，按照四缩一的方式，高四位"1001"缩为"9"，低四位"0010"缩为"2"，显示数字"5"时对应的十六进制码为"92"。

　　如果用十进制码来表示，则按照按权展开的方式，从最低位 20 一直到最高位 27（这 3 位是"1"的位置）分别对应 27，24，21，把这 3 个数字相加即得到十进制的"146"，见表 8-1。

表 8-1 数字"5"显示方法

| 显示段 | dp | g | f | e | d | c | b | a |
|---|---|---|---|---|---|---|---|---|
| 地址 | Q1.7 | Q1.6 | Q1.5 | Q1.4 | Q1.3 | Q1.2 | Q1.1 | Q1.0 |
| 二进制 | 1 | 0 | 0 | 1 | 0 | 0 | 1 | 0 |
| 十六进制 | 9 | | | | 2 | | | |
| 十进制 | 146 | | | | | | | |

在编写程序的过程中，利用移动值指令传送 3 种进制数所对应的值到 QB1 字节中，均可显示数字"5"，如图 8-23 所示。

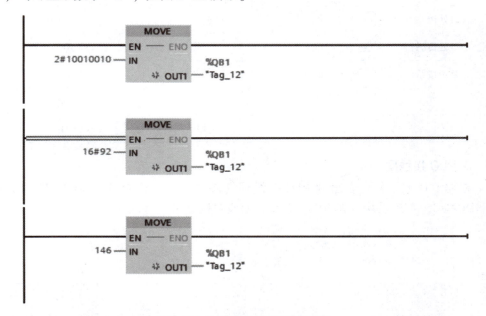

图 8-23 七段数码管显示数字"5"

## 任务实施

### 1. 任务分析

博物馆人流量控制系统需要对博物馆内的人数进行统计，程序中要用到计数器指令。博物馆分别有进、出口各一个，博物馆内的人数会随着进口处人员的进入而增多，随着出口处人员的离开而减少，因此在编写程序时应该选择加减计数器来实现人数统计。当博物馆内的人数处于不同数值区间时，红、黄、绿 3 盏灯分别点亮，这可以借助比较指令实现。博物馆进口处的闸机控制开机 5 s 后自动关闭，考虑用 TP 定时器来实现，也可以用其他类型的定时器实现。数字显示用移动值指令实现。

博物馆
人数控制

### 2. I/O 地址分配表

本任务中输入元件有 3 个，分别是博物馆入口处传感器、博物馆出口处传感器和系统复位按钮，地址分配为 I0.0、I0.1 和 I0.2；输出元件为进口处闸机控制接触器、博物馆人数状态显示的绿灯、黄灯、红灯和七段数码管。I/O 地址分配表见表 8-2，其中七段数码管共需要 8 个接口，数字显示考虑用移动值指令实现，这里分配字节地址 QB2。

表 8-2　I/O 地址分配表

| 输入 | | 输出 | |
| --- | --- | --- | --- |
| 输入元件 | I/O 地址 | 输出元件 | I/O 地址 |
| 入口处传感器 | I0.0 | 闸机接触器 | Q0.0 |
| 出口处传感器 | I0.1 | 绿灯 | Q0.1 |
| 复位按钮 | I0.2 | 黄灯 | Q0.2 |
| | | 红灯 | Q0.3 |
| | | 七段数码管 | QB2 |

### 3. PLC 接线图

根据 I/O 地址分配表绘制 PLC 接线图（图 8-24）。选择 S7-1200 CPU 1214C DC/DC/DC，扩展模块选择 SM1222DC，七段数码管采用共阳极接法。

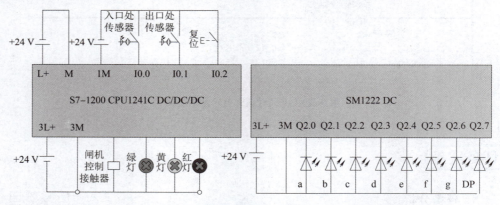

图 8-24　博物馆人流控制系统 PLC 接线图

### 4. 程序编写

（1）博物馆人数统计程序（图 8-25）。选择加减计数器统计博物馆内的人数。进口处的传感器接在计数器的 CU 脉冲输入端，出口处的传感器接在计数器的 CD 脉冲输入端，复位按钮 I0.2 接在复位输入端 R，预设值为 100。随着进、出口处人员的流动，博物馆内的人数就会随之变动。

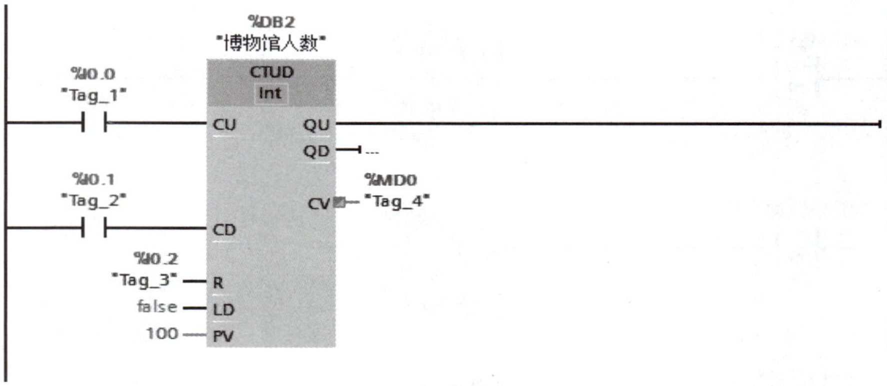

图 8-25　加减计数器指令统计人数变化

（2）红、绿、黄 3 盏灯的控制程序（图 8-26）。借助比较指令，实现红、黄、绿 3 盏灯的控制。博物馆内的人数在 90 以内时绿灯亮，用加减计数器的 CV 值分别与 0 和 90 相比，当 CV 值大于等于 0，同时小于等于 90 时，驱动绿灯线圈 Q0.1 得电。同理，加减计数器的 CV 值大于等于 90，小于 100 时，驱动黄灯线圈 Q0.2 得电。加减计数器的 CV 值等于 100 时表示博物馆限定人数已满，此时驱动红灯线圈 Q0.3 得电。

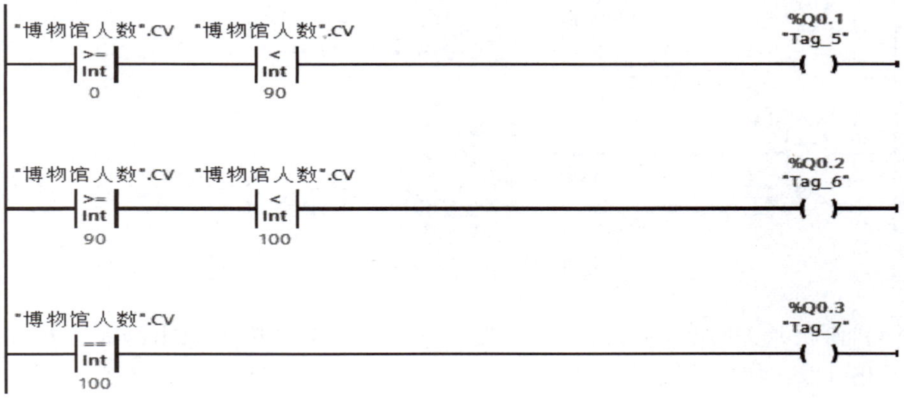

图 8-26　红、黄、绿灯显示方法

（3）空余人数的数字显示程序。系统要求博物馆内人数超过 90 时显示空余人数的数量，即当博物馆内人数为 91 时，七段数码管要显示数字"9"，博物馆内人数为 92 时，七段数码管要显示数字"8"。七段数码管采用共阳极接法。可以分别用十六进制的 90、80、F8、82、92 等依次采用移动值指令传送给 QB2。编程方法如图 8-27、图 8-28 所示。

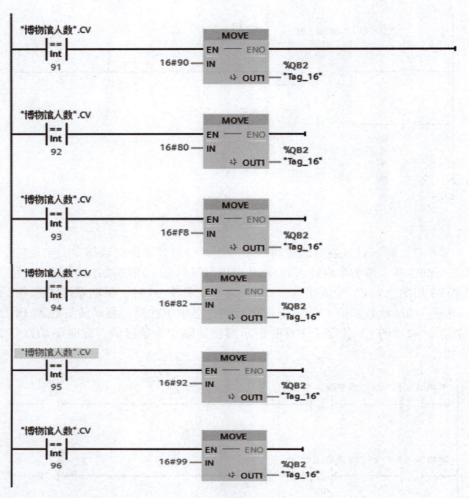

图 8-27　数字显示程序（1）

（4）闸机开关时长控制程序。首先，只有当博物馆内人数未满时闸机才能打开，因此可以在加减计数器的 CV 值小于 100，同时当进口处检测到有人员进入时，驱动一个 TP 定时器，TP 定时器的预设值为 5 s，TP 定时器的输出端 Q 驱动控制闸机的交流接触器线圈 Q0.0，以实现闸机开闸时长的控制。编程方法如图 8-29 所示。

**5. 程序下载和调试**

程序编写完成后，单击工具栏中的"编译"按钮，进行程序编译，编译无误后，将程序下载至 PLC，可以利用按钮的闭合来模拟人员的进入和离开，观察七段数码管的显示情况和指示灯的工作情况，直至程序运行完全正确。

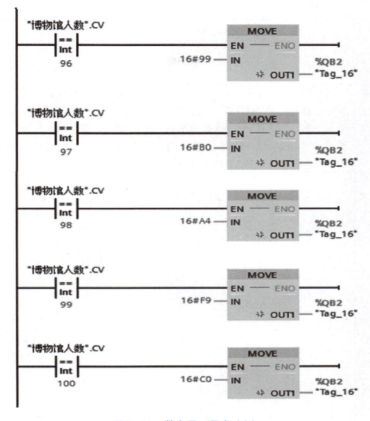

图 8-28　数字显示程序（2）

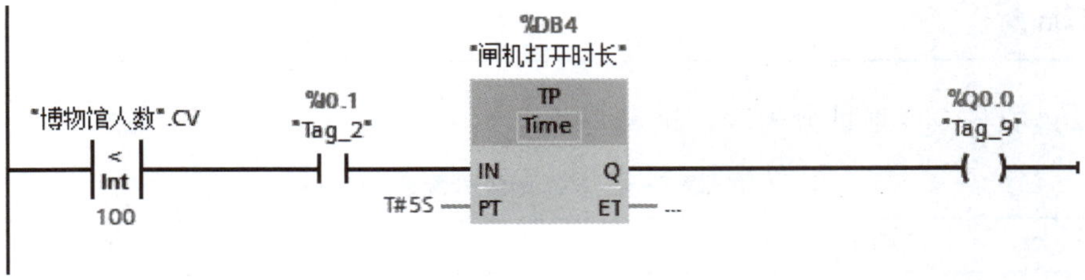

图 8-29　闸机开关时长控制程序

## 任务拓展

七段数码管的显示可以采用多种方法，例如可以使用基本指令和移动值指令，某些类型的 PLC 甚至有专门用于控制数码管的指令，但 S7-1200 PLC 没有专门指令用于控制数码管。同学们可以使用用基本指令编程，但需要注出现双线圈问题。

利用本任务所学知识，完成以下任务拓展。

（1）填写任务工单，见表 8-3。

表 8-3　任务工单

| 任务名称 | 智能车库控制系统 PLC 设计 | | 实训教师 | |
|---|---|---|---|---|
| 学生姓名 | | | 班级名称 | |
| 学号 | | | 组别 | |
| 任务要求 | 某小型停车场最多可以停放 50 辆车，停车场的出入口分别安装一个传感器，对出入车辆进行统计或计数，当停车场的停车数量少于 40 辆时，绿色指示灯亮，表示车位充足，当停车的停车数量车辆多于 45 辆时，黄色指示灯亮，当停车的停车数量多于 48 辆时，黄色指示灯以 2 Hz 的频率闪烁，当停车的停车数量等于 50 辆时，红色指示灯点亮，此时车辆不能进入停车场 | | | |
| 材料、工具清单 | | | | |
| 实施方案 | | | | |
| 步骤记录 | | | | |
| 实训过程记录 | | | | |
| 问题及处理方法 | | | | |
| 检查记录 | | | 检查人 | |
| 运行结果 | | | | |

（2）填写 I/O 地址分配表，见表 8-4。

表 8-4　I/O 地址分配表

| 输入 | | 输出 | |
|---|---|---|---|
| | | | |
| | | | |
| | | | |
| | | | |
| | | | |
| | | | |
| | | | |
| | | | |
| | | | |

（3）绘制 PLC 接线图。

（4）程序记录。

（5）程序调试。

可以利用十六进制和十进制的不同方法进行程序设计。

（6）任务评价。

可以参考下方职业素养与操作规范评分表、智能车库控制系统 PLC 设计任务考核评分表。

## 任务评价

### 职业素养与操作规范评分表
### （学生自评和互评）

| 序号 | 主要内容 | 说明 | 自评 | 互评 | 得分 |
|---|---|---|---|---|---|
| 1 | 安全操作（10分） | 没有穿戴工作服、绝缘鞋等防护用品扣5分 | | | |
| | | 在实训过程中将工具或元件放置在危险的地方造成自身或他人人身伤害，取消成绩 | | | |
| | | 通电前没有进行设备检查引起设备损坏，取消成绩 | | | |
| | | 没经过实验教师允许而私自送电引起安全事故，取消成绩 | | | |
| 2 | 规范操作（10分） | 在安装过程中，乱摆放工具、仪表、耗材，乱丢杂物扣5分 | | | |
| | | 在操作过程中，恶意损坏元件和设备，取消成绩 | | | |
| | | 在操作完成后不清理现场扣5分 | | | |
| | | 在操作前和操作完成后未清点工具、仪表扣2分 | | | |

| 序号 | 主要内容 | 说明 | 自评 | 互评 | 得分 |
|---|---|---|---|---|---|
| 3 | 文明操作<br>（10分） | 在实训过程中随意走动影响他人扣2分 | | | |
| | | 完成任务后不按规定处置废弃物扣5分 | | | |
| | | 在操作结束后将工具等物品遗留在设备或元件上扣3分 | | | |
| 职业素养总分 | | | | | |

### 智能车库控制系统 PLC 设计任务考核评分表
### （教师和工程人员评价）

| 序号 | 考核内容 | 说明 | 得分 | 合计 |
|---|---|---|---|---|
| 1 | 机械与<br>电气安装<br>（25分） | 所有具有垫片的螺钉必须用垫片，若未达到要求，则每处扣0.5分 | | |
| | | 所有螺钉必须全部固定并不能松动，若未达到要求，则每处扣0.5分 | | |
| | | 多股电线必须绑扎，若未达到要求，则每处扣0.5分 | | |
| | | 相邻扎带的间距≤50 mm，若未达到要求，则每处扣0.5分 | | |
| | | 扎带切割后剩余长度≤1 mm，若未达到要求，则每处扣0.5分 | | |
| | | 所有线缆必须使用绝缘冷压端子，若未达到要求，则每处扣0.5分 | | |
| | | 冷压端子处不能看到明显外露的裸线，若未达到要求，则每处扣0.5分 | | |
| | | 接线端子连接牢固，不得拉出接线端子，若未达到要求，则每处扣0.5分 | | |
| | | 传感器安装位置必须正确，若未达到要求，则每处扣0.5分 | | |
| | | 传感器连接方法正确，若未达到要求，则每个扣1分 | | |
| | | 传感器护套线不能伸出线槽，只有芯线从槽孔伸出，若未达到要求，则每处扣0.5分 | | |
| | | 线槽到接线端子的接线不得有缠绕现象，若未达到要求，则每处扣0.5分 | | |
| | | 七段数码管电源接法正确，若未达到要求，则扣2分 | | |

| 序号 | 考核内容 | 说明 | | 得分 | 合计 |
|---|---|---|---|---|---|
| 2 | I/O 地址分配（10分） | 说明 | 分值 | | |
| | | 输入点数正确 | 每个1分（扣完为止） | | |
| | | 输出点数正确 | 每个1分（扣完为止） | | |
| 3 | PLC 功能（25分） | 计数器指令使用正确 | 3分 | | |
| | | 比较指令使用正确 | 3分 | | |
| | | 闸机打开程序正确 | 3分 | | |
| | | 绿、黄、红灯工作正确 | 3分 | | |
| | | 黄灯闪烁频率正确 | 3分 | | |
| | | 数值显示正确，若未达到要求，则每个扣1分 | 10分 | | |
| 4 | 程序下载和调试（10分） | 程序下载方法正确 | 2分 | | |
| | | I/O 检查方法正确 | 3分 | | |
| | | 能分辨硬件和软件故障 | 2分 | | |
| | | 调试方法正确 | 3分 | | |
| 任务评价总分 | | | | | |

## 任务九　生产线计件系统设计

### 任务目标

**知识目标**

（1）准确识别四则运算指令、CALCULATE 等数学运算指令。

（2）熟悉浮点数运算指令及其编程方法。

（3）掌握 S7-1200 PLC 编程软件中的数据类型及分类方法。

**技能目标**

（1）能准确进行生产线计件系统的 PLC 接线。

（2）能利用数学函数编写控制程序。

（3）进一步熟悉 TIA Portal V15 软件的使用方法。

**素养目标**

（1）培养学生严谨的工作态度。

（2）培养学生的劳动精神与合作意识。

华翔集团股份有限公司是国内领先的空调压缩机零件生产企业，该企业拥有多条空调压缩机零件的生产线，每天会有成千上万的产品被不同的机器生产出来，不同生产线的工艺有所不同，包装箱的规格也不同，如何对产品进行自动计件和计数，是一个需要技术人员解决的问题。每学会解决一个问题，就能进步一点，知识积累越多，解决问题的方法也就越多。

> **理想信念**
>
> 目前，中国智能制造行业正在持续发展。我国正在从世界第一制造大国向世界第一制造强国迈进。现在我们韬光养晦，厚积薄发，打下良好的学习基础，与我们的祖国共同成长。

**任务要求**

要求在自动生产线上合理安装和调试传感器，使之能够正确辨识不同规格的包装箱，并学会利用 S7-1200 PLC 编程软件中的数学函数指令，对不同生产线生产的包装箱进行计数，最终统计空调压缩机零件的产量。

本任务需要完成以下工作。

（1）准确进行生产线计件系统的 PLC 接线。

（2）在 TIA Portal V15 软件中编写生产线计件系统的控制程序。

（3）会使用 TIA Portal V15 软件的模拟仿真功能。

（4）正确连接生产设备，实现工件计数功能。

**知识链接**

PLC 为了实现比较复杂的控制功能（如模拟量的控制），需要进行一些数学和逻辑计算。S7-1200 PLC 的数学运算功能比较多，有四则运算、对数运算、三角函数运算等。在选择相应运算功能时，需要注意正确选择参与运算的数据类型。

数学函数

### 知识点 1 数学运算指令

#### 1. 四则运算指令

四则运算指令包括 ADD 指令（加）、SUB 指令（减）、MUL 指令（乘）和 DIV 指令（除）。其梯形图格式和描述见表 9-1。它们执行的操作数的数据类型可选各种类型整数或浮点数，输入端也可以是常数。输入和输出端的数据类型应相同。

表 9-1　四则运算指令的梯形图格式和描述

| 梯形图格式 | 描述 | 梯形图格式 | 描述 |
|---|---|---|---|
| ADD<br>Auto (???)<br>EN — ENO<br>IN1 — OUT<br>IN2 ✻ | OUT=IN1+IN2 | SUB<br>Auto (???)<br>EN — ENO<br>IN1 — OUT<br>IN2 | OUT=IN1−IN2 |
| MUL<br>Auto (???)<br>EN — ENO<br>IN1 — OUT<br>IN2 ✻ | OUT=IN1×IN2 | DIV<br>Auto (???)<br>EN — ENO<br>IN1 — OUT<br>IN2 | OUT=IN1/IN2 |

下面介绍四则运算指令的应用。

【例题 9-1】 计算梯形的面积 $S$。

$$S=(a+b)×h/2 \quad (a \text{ 为上底，} b \text{ 为下底，} h \text{ 为高})$$

梯形面积计算程序如图 9-1 所示，在使用 ADD（SUB、MUL、DIV）等指令时，首先要选择指令下方问号处的数据类型，数据类型确定后，才能根据数据类型输入相应的数值。

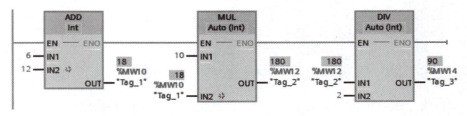

图 9-1　梯形面积计算程序

ADD 指令的输入端分别为 6 和 12，运算的结果暂存于 MW10。在 MUL 指令中，将 MW10 与数字 10 进行乘法运算。运算的结果暂存在 MW12 中，MW12 和数字 2 作为 DIV 指令的输入端，运算结果存放在 MW14 中。

程序编写完成后进行编译，通过程序监控可以看出，最终梯形面积的计算结果为 90。单击加法指令和乘法指令输入端 IN2 右侧的星号，可以添加输入端。

图 9-2 所示是加法、减法、乘法指令的综合运算。

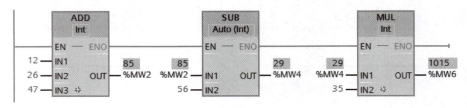

图 9-2　加法、减法、乘法指令的综合运算

### 2. CALCULATE 指令

CALCULATE 指令也叫作万能公式,其梯形图格式和描述见表9-2。可以使用CALCULATE 指令执行自定义的数学表达式,并根据所选的数据类型进行复杂的数学运算或逻辑运算。

表 9-2　CALCULATE 指令的梯形图格式和描述

| 梯形图格式 | 描述 |
| --- | --- |
| 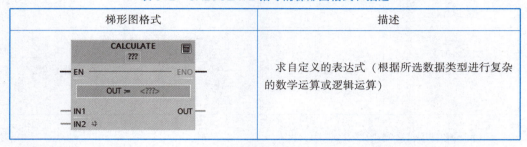 | 求自定义的表达式(根据所选数据类型进行复杂的数学运算或逻辑运算) |

图 9-3 所示是 CALCULATE 指令可以选择的数据类型。

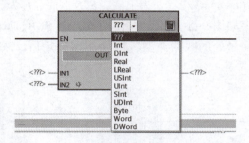

图 9-3　CALCULATE 指令可以选择的数据类型

双击指令框中间的数学表达式方框,打开图9-4所示的对话框。图中给出了所选数据类型可以使用的指令,在该对话框中输入待计算的表达式,表达式可以包含输入参数的名称和运算符。

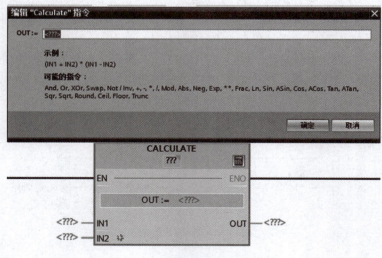

图 9-4　计算公式可以使用的指令

请思考：如何利用 CALCULATE 指令进行梯形面积的计算？

### 3. 浮点数运算指令

浮点数（实数）运算指令的操作数 IN 和 OUT 的数据类型为 Real。浮点数运算指令有计算指数值指令 EXP、计算自然对数指令 LN（指数和对数的底数 e≈2.718 282）、计算平方根指令 SQRT 和求平方指令 SQR，还包括各类三角函数和反三角函数运算指令。此类指令中的角度均为以弧度为单位的浮点数。如果输入值是以度为单位的浮点数，则使用三角函数指令之前应先将角度值乘以 π/180.0，转换为弧度值。

计算反正弦值指令 ASIN 和计算反余弦值指令 ACOS 的输入值的允许范围为 −1.0~+1.0，ASIN 和 ACOS 指的运算结果的取值范围为 0~π。计算反正切值指令 ATAN 的运算结果的取值范围为−π/2~+π/2，单位为弧度。

浮点数运算指令的梯形图格式和描述见表 9-3。

表 9-3　浮点数运算指令的梯形图格式和描述

| 梯形图格式 | 描述 | 梯形图格式 | 描述 |
| --- | --- | --- | --- |
| EXP | 求 IN 的指数值 | LN | 求 IN 的自然对数 |
| SQRT | 求 IN 的平方根 | SQR | 求 IN 的平方 |
| SIN | 求 IN 的正弦值 | COS | 求 IN 的余弦值 |
| TAN | 求 IN 的正切值 | ASIN | 求 IN 的反正弦值 |
| ACOS | 求 IN 的反余弦值 | ATAN | 求 IN 的反正切值 |

求以 10 为底的对数时，需要将自然对数值除以 2.302 585（10 的自然对数值），即

$$\lg X = \ln X / \ln 10$$

**4. 其他数学运算指令**

递增指令 INC 与递减指令 DEC 用于将参数 IN/OUT 的值分别加 1 和减 1。其数据类型为整数。

计算绝对值指令 ABS 用于求输入 IN 中的有符号整数或实数的绝对值，将结果保存在输出 OUT 中。IN 和 OUT 的数据类型应相同。

设置限值指令 LIMIT 用于将输入 IN 的值限制在输入 MIN 与 MAX 值的范围内。

获取最大值指令 MAX 和获取最小值指令 MIN 用于比较输入 IN1 和 IN2 的值，将其中较小或较大的值送给输出 OUT。可增加输入个数。

返回除法的余数指令 MOD 用于求各种整数除法的余数。输出 OUT 中的运算结果为除法运算的余数。

返回小数指令 FRAC 用于将输入 IN 的小数部分传送到输出 OUT。求二进制补码（取反）指令 NEG 用于将输入 IN 的值的符号取反后，保存在输出 OUT 中。

取幂指令 EXPT 用于计算以输入 IN1 为底、以输入 IN2 为指数的幂。

他数学运算指令的梯形图格式和描述见表 9-4。

**表 9-4  其他数学运算指令的梯形图格式和描述**

| 梯形图格式 | 描述 | 梯形图格式 | 描述 |
|---|---|---|---|
| INC ??? EN ENO IN/OUT | 将参数 IN/OUT 的值加 1 | DEC ??? EN ENO IN/OUT | 将参数 IN/OUT 的值减 1 |
| LIMIT ??? EN ENO MN OUT IN MX | 将输入 IN 的值限制在指定的范围内 | EXPT ??? ** ??? EN ENO IN1 OUT IN2 | 求以输入 IN1 为底、以输入 IN2 为指数的幂 |
| MAX ??? EN ENO IN1 OUT IN2 ❋ | 求两个及以上输入中的最大值 | MIN ??? EN ENO IN1 OUT IN2 ❋ | 求两个及以上输入中的最小值 |

| 梯形图格式 | 描述 | 梯形图格式 | 描述 |
|---|---|---|---|
| **MOD** Auto (???) EN — ENO IN1 OUT IN2 | 求整数除法的余数 | **FRAC** ??? EN — ENO IN OUT | 求输入 IN 的小数点后的值 |
| **NEG** ??? EN — ENO IN OUT | 将输入值的符号取反 | **ABS** ??? EN — ENO IN OUT | 求有符号数的绝对值 |

#### 5. 转换指令

转换指令的梯形图格式如图 9-5 所示。转换指令的功能是将数据从一种数据类型转换为另外一种数据类型。单击图中问号的位置，可以从下拉列表中选择输入数据类型和输出数据类型（图9-6）。转换指令还包括模拟量编程中最常见的标准化指令和缩放指令，这将在后续的内容中讲解。

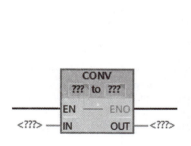

图 9-5 转换指令的梯形图格式

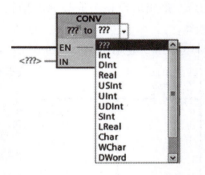

图 9-6 转换指令的数据类型

### 知识点 2 逻辑运算指令

#### 1. 与运算

将输入 IN1 与输入 IN2 的值逐位做 AND 运算，在输出 OUT 中输出结果。

#### 2. 或运算

将输入 IN1 与输入 IN2 的值逐位做 OR 运算，在输出 OUT 中输出结果。

#### 3. 异或运算

将输入 IN1 与输入 IN2 的值逐位做 XOR 运算，在输出 OUT 中输出结果。

#### 4. 取反运算

将输入 IN 的信号状态取反，在输出 OUT 中输出结果。

逻辑运算指令的梯形图格式和描述见表 9-5。

表 9-5　逻辑运算指令的梯形图格式和描述

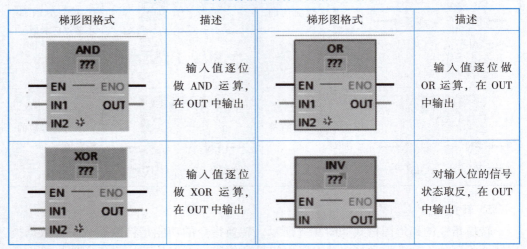

| 梯形图格式 | 描述 | 梯形图格式 | 描述 |
|---|---|---|---|
| AND | 输入值逐位做 AND 运算，在 OUT 中输出 | OR | 输入值逐位做 OR 运算，在 OUT 中输出 |
| XOR | 输入值逐位做 XOR 运算，在 OUT 中输出 | INV | 对输入位的信号状态取反，在 OUT 中输出 |

逻辑运算指令的数据类型通过单击指令下方的问号选择，"与""或""异或"等逻辑运算的数据类型有 3 种，分别是字节型（BYTE）、字型（WORD）和双字型（DWORD）。逻辑取反指令的数据类型较多，读者可以根据编程软件提供的数据类型进行选择。

逻辑运算指令应用示例如图 9-7 所示。

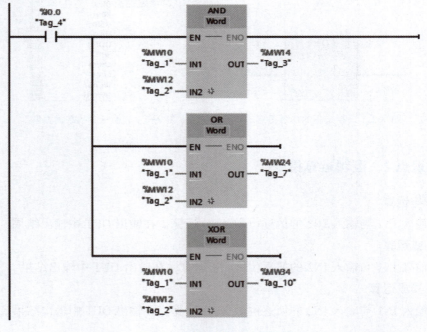

图 9-7　逻辑运算指令应用示例

使能端信号有效时，各存储单元的值如图 9-8 所示。

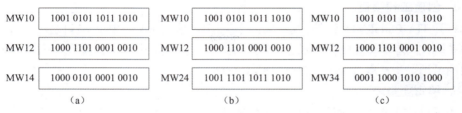

| MW10 | 1001 0101 1011 1010 |
| MW12 | 1000 1101 0001 0010 |
| MW14 | 1000 0101 0001 0010 |

(a)

| MW10 | 1001 0101 1011 1010 |
| MW12 | 1000 1101 0001 0010 |
| MW24 | 1001 1101 1011 1010 |

(b)

| MW10 | 1001 0101 1011 1010 |
| MW12 | 1000 1101 0001 0010 |
| MW34 | 0001 1000 1010 1000 |

(c)

图 9-8　逻辑运算结果

(a) 与；(b) 或；(c) 异或

## 任务实施

近几年，我国制造业增值迅猛，占全球比重近 30%，自 2010 年以来连续 11 年位居世界第一，制造业增速更是达到历史最高水平。根据现状和趋势分析，预计未来几年我国智能制造行业将持续发展。中国正在从世界第一制造大国向世界第一制造强国迈进。本任务的学习使同学们领会更多自动控制系统的内容。通过 PLC 程序的控制，可以实现自动计件功能。

计件系统设计

### 1. 任务分析

某条生产空调压缩机零件的生产线上，生产的产品会按照 60 件一箱、80 件一箱、100 件一箱的规格打包装箱。打包完成的产品下线前会通过传送带输送到仓库，在传送带的合适位置安装不同的传感器，传感器可以分辨不同规格的包装箱，检测到包装箱时会产生相应的计数脉冲。不同规格的箱数用不同的计数器统计，计数器的 CV 值分别乘以 60，80，100，可以得出不同包装箱规格的产品数量。求和后可以得到产品的总数。程序需要调用乘法指令和加法指令。计件系统有启停控制，且每隔 20 s 数据刷新一次。

### 2. I/O 地址分配

根据生产线计件系统的特点以及任务控制要求，分配 I/O 地址，见表 9-6。

表 9-6　生产线计件系统 I/O 地址分配表

| 输入 | |
| --- | --- |
| I/O 地址 | 输入元件 |
| I0.0 | 系统启动按钮 |
| I0.1 | 60 件包装检测传感器 |
| I0.2 | 80 件包装检测传感器 |
| I0.3 | 100 件包装检测传感器 |
| I0.4 | 复位按钮 |

### 3. PLC 接线图

根据控制要求和 I/O 地址分配表，生产线计件系统的 PLC 接线图如图 9-9 所

示。安装和接线时注意区别 3 种不同的传感器。

#### 4. 创建工程项目

打开 TIA Portal V15 软件，在 Portal 视图中创建新项目，输入项目名称"生产线计件系统"，选择项目保存路径，单击"创建"按钮完成创建，并在项目视图中进行硬件组态。PLC 类型选择 1214C DC/DC/DC。

#### 5. 编辑变量表

在项目树中双击"添加新变量表"选项，打开并编辑变量表_1，为了方便读者理解控制程序，在变量表的名称栏，将默认符号名称修改为易于分辨的字段，如图 9-10 所示。这样，程序的符号名会显示在触点的上方。

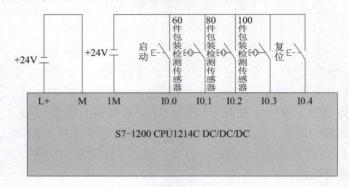

图 9-9　生产线计件系统的 PLC 接线图

| | | 名称 | 变量表 | 数据类型 | 地址 |
|---|---|---|---|---|---|
| | PLC 变量 | | | | |
| 1 | | 60件包装检测传感器 | 默认变量表 | Bool | %I0.1 |
| 2 | | 80件包装检测传感器 | 默认变量表 | Bool | %I0.2 |
| 3 | | 100件包装检测传感器 | 默认变量表 | Bool | %I0.3 |
| 4 | | 启动按钮 | 默认变量表 | Bool | %I0.0 |
| 5 | | 复位按钮 | 默认变量表 | Bool | %I0.4 |
| 6 | | 60件装箱数 | 默认变量表 | DWord | %MD100 |
| 7 | | 80件装箱数 | 默认变量表 | DWord | %MD104 |
| 8 | | 100件装箱数 | 默认变量表 | DWord | %MD108 |
| 9 | | 60件装产品数 | 默认变量表 | DWord | %MD112 |
| 10 | | 80件装产品数 | 默认变量表 | DWord | %MD116 |
| 11 | | 100件装产品数 | 默认变量表 | DWord | %MD120 |
| 12 | | 产品总数 | 默认变量表 | DWord | %MD124 |
| 13 | | 60件装箱数溢出 | 默认变量表 | Bool | %M128.0 |
| 14 | | 80件装箱数溢出 | 默认变量表 | Bool | %M128.1 |
| 15 | | 100件装箱数溢出 | 默认变量表 | Bool | %M128.2 |
| 16 | | 数据溢出 | 默认变量表 | Bool | %M128.3 |
| 17 | | 启动标志 | 默认变量表 | Bool | %M5.0 |
| 18 | | 20S脉冲 | 默认变量表 | Bool | %M5.1 |
| 19 | | Tag_1 | 默认变量表 | Bool | %M5.2 |

图 9-10　生产线计件系统控制变量表

#### 6. 编写程序

按表 9-6 所示的 I/O 地址分配表编写本任务的控制程序。用启动按钮的常开触点驱动带有自锁结构的启动标志 M5.0，用复位按钮的常闭触点断开启动标志，形成系统的启停控制。

在按下启动按钮后，用预设置为 10 s 的定时器 T1 和 T2 形成振荡电路，由此产生 20 s 的周期性的脉冲信号 M5.1，如图 9-11 所示。

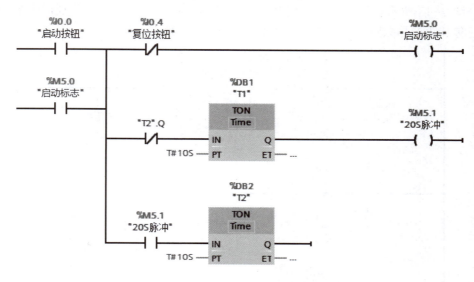

图 9-11　启停和脉冲信号电路

图 9-12 所示程序实现的是传感器检测 60 件、80 件、100 件 3 种包装箱规格的箱数，并进行统计及溢出检测。

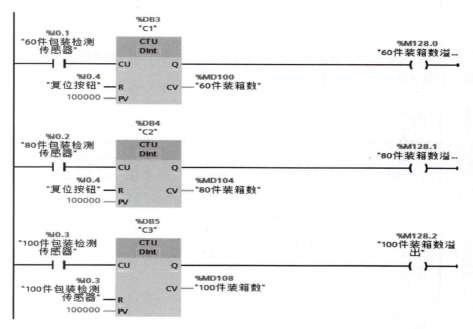

图 9-12　不同箱体统计和溢出检测

　　3 种包装箱规格的检测传感器作为各自计数器 CU 的输入端，复位按钮接在计数器的复位端 R，预设值在这里均设为 10 万。3 类包装箱规格的箱数依次存放在 MD100、MD104、MD108 中，同时当 3 个计数器计数值达到预设值时，驱动各自的包装箱数溢出线圈。

　　图 9-13 所示程序是对 3 种包装箱规格产品的数量进行计算，分别调用乘法指令。包装箱产品数量分别存放在 MD112、MD116 和 MD120 中。

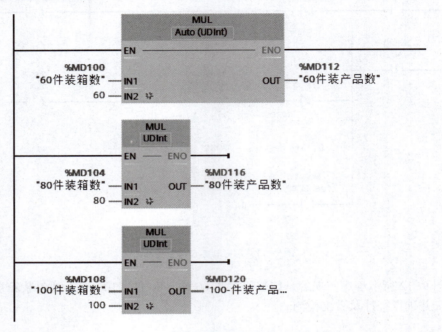

图 9-13　乘法运算控制

　　图 9-14 所示程序是通过加法指令对 3 类产品的数量进行加法计算，计算出产品总数并存放在地址 MD124 中。

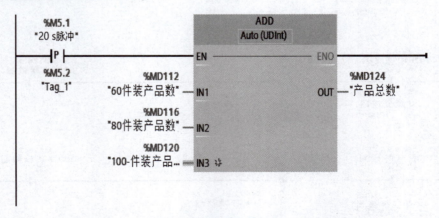

图 9-14　加法运算控制

　　无论 60 件装、80 件装、100 件装中哪一类的包装箱数超过预设值，都会驱动

M128.3 数据溢出标志位，如图 9-15 所示。

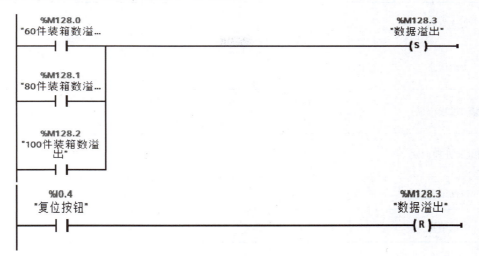

图 9-15　数据溢出复位

编写程序时，复位按钮 I0.4 用于复位计数系统，包括 3 个计数器和数据溢出标志位。

### 7. 程序调试

将编辑好的程序和设备组态进行编译并下载至 PLC，先进行仿真调试。调试时，用强制的方式模拟 3 个传感器不定时接通，观察计件总数的变化。模拟调试成功后，按照图 9-7 所示的 PLC 接线图连接好 PLC，最后接入实际电路运行。

## 任务拓展

数学运算指令在模拟量的处理中有着重要的应用，尤其是进行数字量和模拟量的转换时需要用到乘法和除法等指令。有关模拟量的应用，在项目四中有详细的讲解。根据本任务所学的知识，完成以下任务拓展。

（1）填写任务工单，见表 9-7。

表 9-7　任务工单

| 任务名称 | 生产线计件系统的 PLC 控制 | | 实训教师 | |
|---|---|---|---|---|
| 学生姓名 | | | 班级名称 | |
| 学号 | | | 组别 | |
| 任务要求 | 某自动化生产企业有多条饮料加工生产线，由于营销需求，饮料包装方式分为 3 种，分别为 6 瓶装、12 瓶装、24 瓶装，不同包装产品经 3 条运输线输送到同一条传送带，试统计该生产线的饮料生产量，要求系统数据每 10 s 刷新一次，系统启动后自动计数，也可以按下启动按钮计数。产品总数超过 6 万瓶时，重新开始计数 | | | |
| 材料、工具清单 | | | | |

续表

| | |
|---|---|
| 实施方案 | |
| 步骤记录 | |
| 实训过程记录 | |
| 问题及处理方法 | |

| 检查记录 | | 检查人 | |
|---|---|---|---|
| 运行结果 | | | |

（2）填写 I/O 地址分配表，见表 9-8。

表 9-8  I/O 地址分配表

| 输入 | | 输出 | |
|---|---|---|---|
| | | | |
| | | | |
| | | | |
| | | | |
| | | | |
| | | | |
| | | | |
| | | | |
| | | | |
| | | | |

（3）绘制 PLC 接线图。

（4）程序记录。

（5）程序调试。

将程序下载至 PLC 并调试，直到能够正确运行。

（6）任务评价。

可以参考下方职业素养与操作规范评分表、生产线计件系统的 PLC 控制任务考核评分表。

## 任务评价

职业素养与操作规范评分表
（学生自评和互评）

| 序号 | 主要内容 | 说明 | 自评 | 互评 | 得分 |
|------|---------|------|------|------|------|
| 1 | 安全操作（10分） | 没有穿戴工作服、绝缘鞋等防护用品扣 5 分； | | | |
| | | 在实训过程中将工具或元件放置在危险的地方造成自身或他人人身伤害，取消成绩 | | | |
| | | 通电前没有进行设备检查引起设备损坏，取消成绩 | | | |
| | | 没经过实验教师允许而私自送电引起安全事故，取消成绩 | | | |
| 2 | 规范操作（10分） | 在安装过程中，乱摆放工具、仪表、耗材，乱丢杂物扣 5 分 | | | |
| | | 在操作过程中，恶意损坏元件和设备，取消成绩 | | | |
| | | 在操作完成后不清理现场扣 5 分 | | | |
| | | 在操作前和操作完成后未清点工具、仪表扣 2 分 | | | |

| 序号 | 主要内容 | 说明 | 自评 | 互评 | 得分 |
|---|---|---|---|---|---|
| 3 | 文明操作<br>（10分） | 在实训过程中随意走动影响他人扣2分 | | | |
| | | 完成任务后不按规定处置废弃物扣5分 | | | |
| | | 在操作结束后将工具等物品遗留在设备或元件上扣3分 | | | |
| 职业素养总分 | | | | | |

### 生产线计件系统的 PLC 控制任务考核评分表
### （教师和工程人员评价）

| 序号 | 考核内容 | 说明 | | 扣分 | 合计 |
|---|---|---|---|---|---|
| 1 | 机械与<br>电气安装<br>（20分） | 传感器安装位置正确，若未达到要求，则每个扣1分 | | | |
| | | 传感器的连接方法正确，若未达到要求，则每个扣1分 | | | |
| | | 传感器护套线应放在槽内，只有线芯从线槽孔内穿出，若未达到要求，则每个扣0.5分 | | | |
| | | 相邻扎带的间距≤50 mm，若未达到要求，则每处扣0.5分 | | | |
| | | 扎带切割后剩余长度≤1 mm，若未达到要求，则每处扣0.5分 | | | |
| | | 冷压端子不能看到明显外露的裸线，若未达到要求，则每处扣0.5分 | | | |
| | | 接线端子连接牢固，不得拉出接线端子，若未达到要求，则每处扣0.5分 | | | |
| | | 多股电线必须绑扎，若未达到要求，则每处扣0.5分 | | | |
| | | 线槽到接线端子的接线不得有缠绕现象，若未达到要求，则每处扣0.5分 | | | |
| 2 | I/O 地址<br>分配（10分） | 说明 | 分值 | 得分 | |
| | | 检测传感器3个 | 每个2分 | | |
| | | 按钮两个 | 每个2分 | | |
| 3 | PLC 功能<br>（25分） | 乘法指令应用正确 | 5分 | | |
| | | 加法指令应用正确 | 5分 | | |
| | | 复位按钮使用方法正确 | 5分 | | |
| | | 溢出功能使用方法正确 | 5分 | | |
| | | 计数器使用方法正确 | 5 | | |

续表

| 序号 | 考核内容 | 说明 | | 扣分 | 合计 |
|------|---------|------|---|------|------|
| 4 | 程序下载和调试（15分） | 传感器调试方法正确 | 3分 | | |
| | | 输入点检查方法正确 | 3分 | | |
| | | 能分辨硬件和软件故障 | 3分 | | |
| | | 在线仿真调试方法正确 | 3分 | | |
| | | 程序调试方法正确 | 3分 | | |
| | 任务评价总分 | | | | |

## 任务十　机械手的编程与调试

## 任务目标

**知识目标**

（1）准确理解顺序控制功能图的使用方法。

（2）准确理解顺序功能图的4个要素。

（3）熟悉利用启-保-停电路和置、复位指令实现顺序功能的编程方法。

**技能目标**

（1）准确进行机械手控制系统的PLC端子接线。

（2）能够把顺序控制功能图正确转换为PLC程序。

（3）熟悉TIA Portal V15软件中顺序功能图的使用方法。

**素养目标**

（1）培养学生分析、解决问题的能力。

（2）培养学生的创新意识和精益求精的工匠精神。

## 任务引入

目前国内制造业出现了人工成本快速膨胀、招工相对困难的情况，某些企业工人流失严重，对一线工人的管理难度也越来越大，有些企业甚至难以保障稳定的生产效率。如果不改变这种现状，企业会逐渐丧失市场竞争力。

在工业生产中，有这样一些流水线，其加工工艺运动方式单一、重复，可以针对此类生产线配置机械手实现自动化、智能化生产。在解决人员短缺问题的同时，还可以实现24小时不间断生产，避免人工操作误差大，保障产品品质稳定。机械手的优点是能代替人工完成简单、重复的劳动，提升劳动效率、增加企业利润、避免工伤事故发生，降低企业生产风险。

机械手装置上配备了较多的传感器和电磁阀，还配备了气动元件，以完成直线

气缸、气动手爪的驱动。尤其是一些复杂的机械手，具有比较多的输入/输出点数，总体编程比较复杂。经过认真学习，相信同学们一定能够完成相关任务。

> **立德树人**
>
> 　　复杂的程序由简单的程序组合而成，正如复杂的控制系统由简单的系统组合而成一样。学习过程刚开始简单，越往后难度越大，需要创新精神和坚持的毅力。只要坚持下来，就会有所收获。

## 任务要求

　　目前国内很多生产厂家都在生产线上配备了机械手，华翔集团股份有限公司的自动生产线也不例外。机械手的工作要求是，按下启动按钮，当料台上的传感器检测到料台上有料时，机械手抓取工件，并将其搬运到固定的位置，释放工件后，再回复到初始位置，等待料台放料。本任务学习机械手的编程控制，需要完成以下工作。

　　（1）根据机械手的实物图认识机械手搬运机构的元件。
　　（2）按照设备的气路图连接机械手气动回路。
　　（3）按照设备的电路图连接机械手电气回路。
　　（4）编写机械手控制程序，调试机械手机构，实现搬运功能。

## 知识链接

### 知识点 1　顺序功能图

　　在工业应用现场，很多控制系统的加工工艺都有一定的顺序性，它们都是由若干个功能相对独立但各部分之间又有关联的工

顺序功能图设计法

序构成的。按照生产工艺预先设定的顺序，在各个输入信号的作用下，根据内部状态和时间顺序，在生产过程中各个执行机构之间自动、有序地进行操作，这样的控制系统称为顺序控制系统。

　　使用基本指令或经验编程法对该类系统进行编程时会存在以下问题：编程没有固定的方法、步骤，具有很大的试探性和随意性；需要用大量的中间单元来完成记忆和互锁等功能；分析困难，容易出现遗漏；程序的可读性差；在编程的过程中容易耗费大量的精力；程序易出错等。因此，PLC 专门设计了顺序控制程序来解决这类问题。其中，顺序功能图可以用于辅助顺序控制程序的设计。

#### 1. 顺序功能图

　　顺序功能图简称为顺序流程图，是用图解的方式描述顺序控制程序的一种功能性说明语言。构成顺序功能图的要素有 4 个。

1）步

顺序控制设计法将系统的一个工作周期划分为若干个顺序相连的阶段，这些阶段称为步，用加上编号的编程元件（例如 M）来表示各步，如图 10-1 所示。

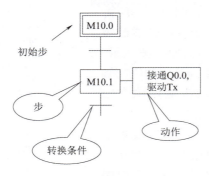

图 10-1　顺序功能图要素

系统的初始状态对应的步称为初始步，初始步通常用双线方框表示。初始状态一般是系统等待启动命令的相对静止状态。可以用初始化脉冲或启–保–停等方式来激活。

2）活动步

系统正在执行某一步时，称该步为活动步，其执行相应的非存储型动作；系统处于不活动状态时，则停止执行非存储型动作。

3）动作或命令

系统每一步中输出的状态或者执行的操作，标注为步对应的动作或命令。在步的右侧用短线连接一个矩形框，框中用文字或符号表示，如驱动线圈 Q0.0 同时驱动定时器 TX。

4）转换条件

在顺序控制中，系统输出状态的变化过程按照规定的程序进行，在顺序功能图中，利用有向线段的方向表示步运行的顺序。有向连线的方向若是从上至下或从左至右，则有向连线上的箭头可以省略；否则，应在有向连线上用箭头注明步的运行方向。

以组合机床动力头的进给运动为例（图 10-2），动力头初始位置在左边，由限位开关 I0.3 指示，按下启动按钮 I0.0，动力头向右快进，动力头快进时，电磁阀 Q0.0 和 Q0.1 同时动作，到达限位开关 I0.1 后，转为工作进给，此时电磁阀 Q0.0 断电，Q0.1 继续工作，完成加工后，动力头到达限位开关 I0.2，电磁阀 Q0.1 断电，Q0.2 动作，动力头快速返回至初始位置停下。再按一次启动按钮，以上动作过程重复进行。

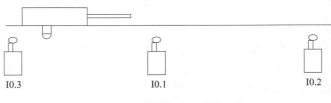

图 10-2　组合机床动力头示意

图 10-3 所示是结合 PLC 的软元件来描述组合机床动力头的顺序控制过程的图形。这种图解方法就叫作顺序功能图。从上一步转换到下一步所需的条件叫作转换条件。在顺序功能图中，用垂直于有向连线的短横线（旁边加注转换条件的文字）来表示。例如 I0.0 表示其常开触点，而在对应的触点上方加一横线，则表示该触点的常闭触点。

需要注意的一点是，在选择转换条件时，为了保证顺序功能图按设定的顺序执行，转换条件必须是动作完成后才实现的条件，若转换条件是一个不需要执行步动作就能达到的条件，则顺序功能图可能跳过该动作，直接执行下一个动作。

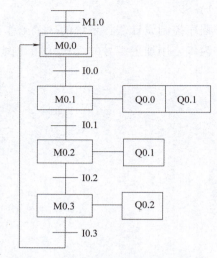

图 10-3　顺序功能图（组合机床动力头）

组合机床动力头的顺序功能图包括初始步 M0.0 在内共 4 步。从 M0.0 到 M0.1 的转换条件为限位开关 I0.0 常开触点闭合，从 M0.1 到 M0.2 的转移条件为限位开关 I0.1 常开触点闭合，从 M0.2 到 M0.3 的转换条件为限位开关 I0.2 常开触点闭合，从 M0.3 到 M0.0 的转移条件为限位开关 I0.3 常开触点闭合。步 M0.1 执行的动作是驱动 Q0.0、Q0.1 线圈得电，步 M0.2 执行的动作是驱动线圈 Q0.1 得电，步 M0.3 执行的动作是驱动线圈 Q0.2 得电。

绘制顺序功能图时要遵循以下规则。

首先，在顺序功能图中，步的活动状态的进展是由转换的实现来完成的。转换实现必须同时满足以下两个条件。

（1）该转换所有的前级步都是活动步。

（2）相应的转换条件得到满足。

其次，转换实现时应完成以下两个操作。

（1）使所有由有向线段与相应转换符号相连的后续步都变为活动步。

（2）使所有由有向线段与相应转换符号相连的前级步都变为不活动步。

同时，绘制顺序功能图时还应该注意：顺序功能图中两个步必须用一个转换将它们隔开；两个转换必须用一个步将它们隔开；顺序功能图中的初始步必不可少；实际控制系统应能多次重复执行同一工艺过程，因此在顺序功能图中一般应有由步和有向线段组成的闭环回路；在顺序功能图中，只有当某一步的前级步是活动步时，该步才有可能变成活动步。

**2. 程序编写**

有些软件提供专门用于顺序控制的指令，但 S7-1200 PLC 编程软件中没有专门用于顺序控制的指令，实现顺序功能图到 PLC 程序的转换可以采用两种方法。

**1）保-停设计法**

如图 10-4 所示，初始步 M0.0 的转换条件有两个，从步 M0.3 到步 M0.0 转移

条件 I0.3 和初始化脉冲 M1.0，两个条件并联是 M0.0 的启动条件，M0.0 需要自锁。当 M0.0 的下一步 M0.1 变为活动步时，M0.0 的动作结束。步 M0.1 的启动是 M0.0 的结束条件，在 M0.0 线圈前，串联 M0.1 的常闭触点来断开 M0.0，这就完成了 M0.0 这一步的启停控制的程序编写。

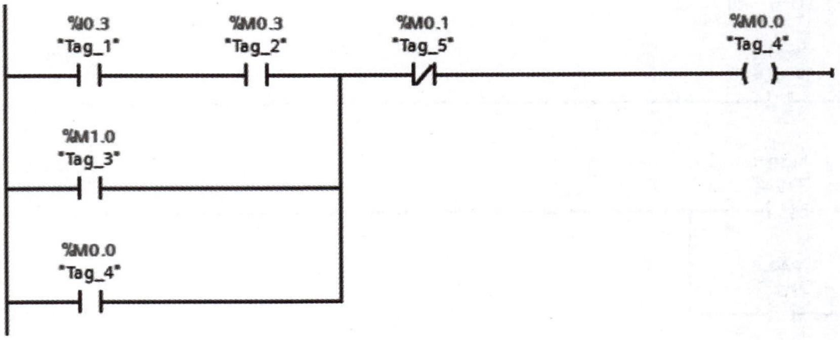

图 10-4　步 M0.0 程序转换方法

　　同理，M0.1 的启动条件是 M0.0 和 I0.0 常开触点导通，停止条件是 M0.2，即用 M0.0 的常开触点和 I0.0 的常开触点串联驱动 M0.1 线圈，而用 M0.2 的常闭触点断开线圈，M0.1 常开触点实现自锁。程序转换方法如图 10-5 所示。

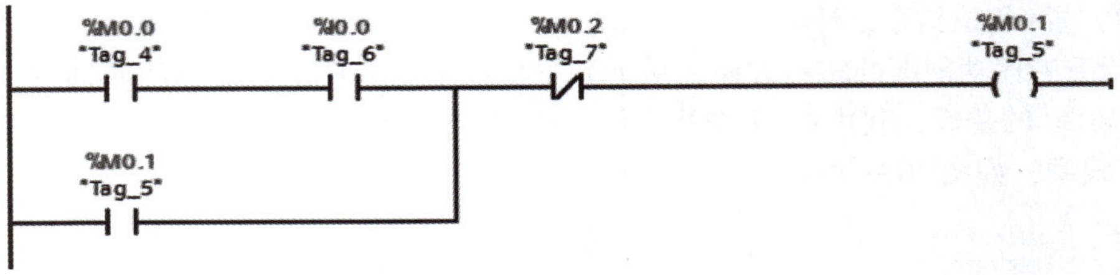

图 10-5　步 M0.1 程序转换方法

　　M0.2 的启动条件是 M0.1 和 I0.1，停止条件是 M0.3。M0.3 的启动条件是 M0.2 和 I0.2，停止条件是 M0.4。程序转换方法如图 10-6 所示。

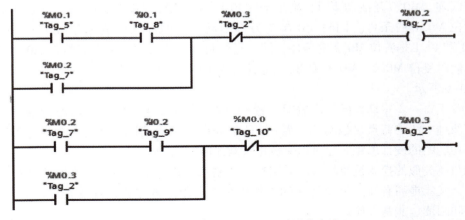

图 10-6　步 M0.2 和 M0.3 程序转换方法

以上方法只是实现了步与步之间的转换，并没有完成每一步的动作，每一步执行的动作程序编写如下。Q0.0 仅在 步 M0.1 中有效，用 M0.1 的常开触点驱动 Q0.0 线圈。Q0.1 在 M0.1 和 M0.2 两步中均有效，可以把两者的常开触点并联起来作为启动 Q0.1 线圈的条件。Q0.2 在步 M0.3 有效，即用 M0.3 的常开触点驱动 Q0.2 线圈，如图 10-7 所示。

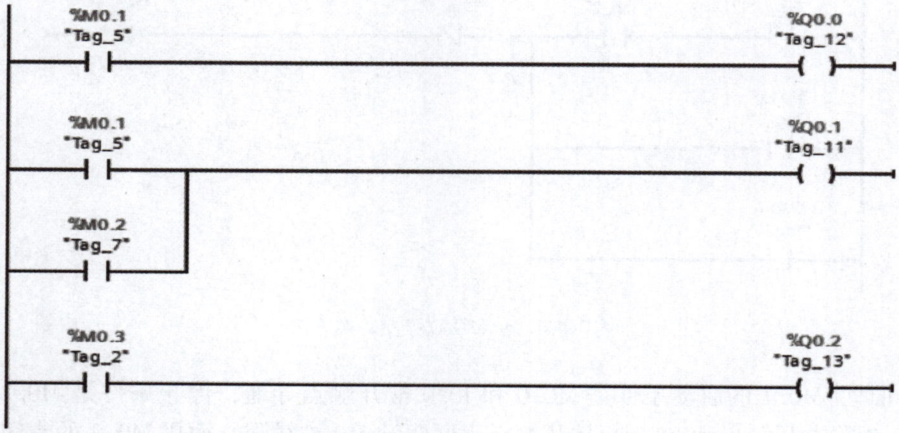

图 10-7　执行动作程序转换方法

2）置-复位指令设计法

沿着顺序功能图的转移方向，从上到下依次编写程序。首次扫描脉冲 M1.0 是驱动 M0.0 的条件，利用置-复位指令设计法编写的程序是用 M1.0 的常开触点置位 M0.0 线圈，如图 10-8 所示。

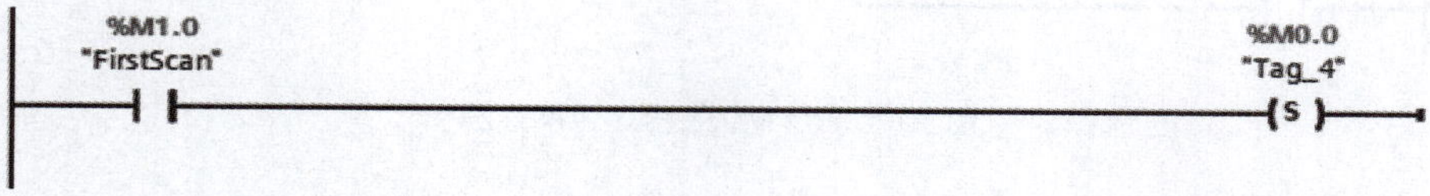

图 10-8　初始步的激活

同理，M0.0 是活动步时，满足条件 I0.0 则会跳转到步 M0.1，即 M0.0 加 I0.0 是置位 M0.1 的条件。同时 M0.0 变为不活动步，即程序中要复位 M0.0。同理，M0.1 和 I0.1 是置位 M0.2 的条件，同时复位 M0.1。M0.2 和 I0.2 是置位 M0.3 的条件，同时复位 M0.2。M0.3 加 I0.3 是置位 M0.0 的条件，同时复位 M0.3。程序如图 10-9 所示。

关于每一步中动作的程序编写，置-复位指令设计法与保-停设计法是相同的。比较两种方法的特点可以得出，置-复位指令设计法的逻辑关系更为简单，更符合顺序功能图的设计思路，还可以避免出现双线圈问题。

与此类似的控制系统均可以采用顺序控制系统设计法。该方法既易于被初学者接受，又能提高有经验的设计者的工作效率，利用这种方法设计的程序，其调试、修改和阅读也非常方便。

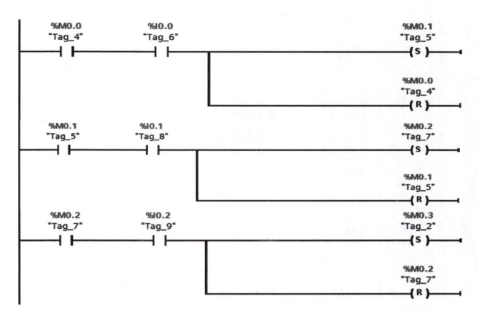

图 10-9　置-复位指令设计方法

## 知识点 2　多流程顺序控制

组合机床动力头的动作执行过程，根据动作顺序绘制出来的顺序功能图均没有分支与合并的特点。这种类型的顺序功能图称为单流程顺序控制。

顺序控制可以方便地实现单流程控制、分支控制和循环控制及其组合控制。前面介绍的是单流程控制，下面介绍多流程控制。多流程控制主要有选择分支控制和并行分支控制。

**选择与并行序列**

### 1. 选择分支控制

图 10-10 所示是某物料传送和分拣机构的顺序功能图，根据分配好的 I/O 地址和顺序功能图的绘制方法，可以绘制出整个物料传送和分拣机构的顺序功能图。

在满足不同条件的情况下，跳转到不同步中的顺序功能图称为选择分支控制。选择序列的开始称为分支。如图 10-10 所示，如果步 M10.1 是活动步，且转换条件 I0.1 为 ON，则步 M10.1 跳转到步 M10.2。如果步 M10.1 是活动步，且 I0.4 为 ON，则跳转到步 M10.4。在这种情况下，即使有 $n$ 条分支，要保证转换条件，也只能有一个分支可以被激活。选择分支开始处的程序编写如图 10-11 所示。

选择分支的结束称为合并。如图 10-12 所示，步 M10.6 为合并步。若步 M10.3 或步 M10.5 是活动步，则它们均可转移到步 M10.6。选择分支合并处的程序编写如图 10-12 所示。

学习笔记

```
          │
        ──┴── M1.0
      ┌─────────┐
  ┌──▶│  M10.0  │
  │   └─────────┘
  │       │
  │     ──┼── I0.0
  │     ──┼── M5.0
  │   ┌─────────┐        ┌──────────┐
  │   │  M10.1  │────────│ 置位Q0.0 │
  │   └─────────┘        └──────────┘
  │       │
  │     ──┼── I0.1              ──┬── I0.4
  │   ┌─────────┐   ┌──────┐   ┌─────────┐   ┌──────┐
  │   │  M10.2  │───│ Q0.1 │   │  M10.4  │───│ Q0.2 │
  │   └─────────┘   └──────┘   └─────────┘   └──────┘
  │       │                        │
  │     ──┼── I0.2              ──┼── I0.5
  │   ┌─────────┐              ┌─────────┐
  │   │  M10.3  │              │  M10.5  │
  │   └─────────┘              └─────────┘
  │       │                        │
  │     ──┼── I0.3              ──┼── I0.6
  │   ┌─────────┐   ┌──────────┐
  │   │  M10.6  │───│ 复位Q0.0 │
  │   └─────────┘   └──────────┘
  │       │
  │     ──┴── ‾I0.0‾
  └─────────┘
```

图 10-10　选择分支控制

**程序段 1：** ....

注释

```
   %M10.1        %I0.1                              %M10.2
   "Tag_1"       "Tag_2"                            "Tag_3"
────┤ ├──────────┤ ├──────────┬───────────────────────( S )──┤

                              │               %M10.1
                              │               "Tag_1"
                              └───────────────────────( R )──┤
```

**程序段 2：** ....

注释

```
   %M10.1        %I0.4                              %M10.4
   "Tag_1"       "Tag_4"                            "Tag_5"
────┤ ├──────────┤ ├──────────┬───────────────────────( S )──┤

                              │               %M10.1
                              │               "Tag_1"
                              └───────────────────────( R )──┤
```

图 10-11　选择分支开始处的程序编写

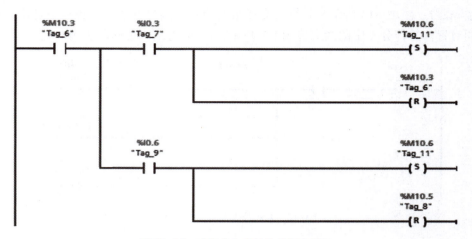

图 10-12　选择分支合并处的程序编写

### 2. 并行分支控制

一个控制流程需要分成两个或两个以上的控制流程同时动作，在各自控制流程完成自己的工作后，所有控制流程最终合并成一个控制流程继续向下运行，这种运行方式称为并行分支控制。

图 10-13 所示为另一个生产实例——某自动剪板机的顺序功能图。

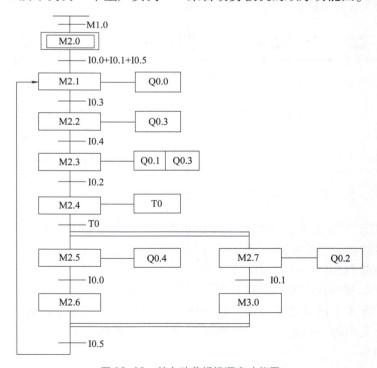

图 10-13　某自动剪板机顺序功能图

当步 M2.4 是活动步，且转换条件 T0 为 ON 时，从步 M2.4 同时转换到步 M2.5

和步 M2.7。图 10-14 所示是并行分支开始处的程序编写方法。在转换条件满足时，会同时置位并行分支中的两个步 M2.5 和 M2.7，同时结束之前的步 M2.4。

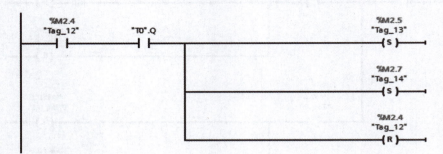

图 10-14　并行分支开始处的程序编写

并行序列的结束称为合并，当步 M2.6 和步 M3.0 都处于活动状态，且转换条件 I0.5 为 ON 时，从步 M2.6 和步 M3.0 转换到步 M2.1。

在并行分支控制中，若某一个分支执行的速度快，其他分支执行的速度慢，快的分支会继续等待，在多个分支到达最后一步以及转移条件同时满足的情况下，系统结束并行分支并进行下一步动作。为了强调转换的同步实现，分支与合并的水平连线用双线表示。

并行分支合并处的程序编写如图 10-15 所示。

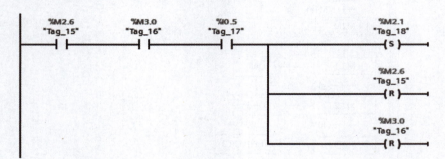

图 10-15　并行分支合并处的程序编写

在采用顺序功能图进行 PLC 编程的过程中，经常会遇到一些比较复杂的加工工艺，根据加工工艺绘制出的顺序功能图既包含并行分支，又包含选择分支，但根据顺序功能图进行程序编写的方法总是上述方法的综合。调试复杂的顺序功能图时，应充分考虑各种可能出现的情况，对系统的工作方式、顺序功能图中的每一条支路、各种不同的进展线路，都应该认真检查，不能出现遗漏，特别要注意的是并行分支的第一步是否同时被激活，最后一步跳转至其他步时，是否结束或变成不活动步。

## 任务实施

### 1. 任务分析

机械手的结构虽然比较复杂，但其动作过程却是单一、重复的，可以通过顺序功能图的思路解决机械手的编程。机械手完成一次搬运动作，可以称为一个周期，将机械手一个周期的动作分解为若干个不同的步，每一步完成一个动作，只有上一个动作完成后，满足特定的条件，才能进入下一步的动作，依此类推，直到完成最后一个动作，又回到初始状态。这就是顺序功能图的绘制过程。多数编程软件都会提供状态器 S 以实现顺序功能图的编程，在 S7-1200 PLC 编程软件中可以利用辅助继电器 M 实现顺序功能图的编程。

机械手

### 2. I/O 地址分配

根据机械手控制系统的要求，结合本任务的特点，PLC 的 I/O 地址分配表见表 10-1。

表 10-1　机械手控制系统 I/O 地址分配表

| 输入元件 | | 输出元件 | |
| --- | --- | --- | --- |
| I0.0 | 启动按钮 | Q0.0 | 气缸缩回电磁阀 |
| I0.1 | 停止按钮 | Q0.1 | 气缸伸出电磁阀 |
| I0.2 | 左限位传感器 | Q0.2 | 气缸上升电磁阀 |
| I0.3 | 右限位传感器 | Q0.3 | 气缸下降电磁阀 |
| I0.4 | 上升限位传感器 | Q0.4 | 手爪抓紧电磁阀 |
| I0.5 | 下降限位传感器 | Q0.5 | 手爪放松电磁阀 |
| I0.6 | 手爪抓紧传感器 | | |
| I0.7 | 工件检测传感器 | | |

### 3. PLC 接线图

本任务采用的 PLC 的 CPU 类型为 S7-1214 DC/DC/DC，根据 I/O 地址分配表，绘制机械手控制系统的 PLC 接线图，如图 10-16 所示。

### 4. 创建工程项目

双击桌面上的 "TIA Portal V15" 图标，打开 TIA Portal V15 软件，在博途视图中创建新项目，输入项目名称 "机械手控制"，选择默认的保存路径，也可以更改保存路径。单击 "创建" 按钮。创建完成后，选择设备组态并按上述 PLC 类型要求完成设备组态。

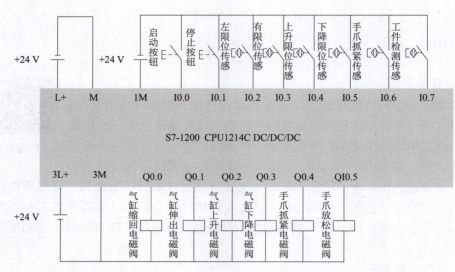

图 10-16　机械手控制系统硬件接线图

### 5. 编辑变量表

在项目树中，选择"PLC_1〔CPU 1214C DC/DC/DC〕"→"PLC 变量"选项，双击"添加新变量表"选项，添加机械手控制系统的变量表，按图 10-17 所示的内容编辑本任务的变量表。

| | | 名称 | 数据类型 | 地址 | 保持 | 可从 _ | 从 H_ | 在 H_ | 注释 |
|---|---|---|---|---|---|---|---|---|---|
| 1 | | 启动按钮 | Bool | %I0.0 | | ✓ | ✓ | ✓ | |
| 2 | | 停止按钮 | Bool | %I0.1 | | ✓ | ✓ | ✓ | |
| 3 | | 左限位传感器 | Bool | %I0.2 | | ✓ | ✓ | ✓ | |
| 4 | | 右限位传感器 | Bool | %I0.3 | | ✓ | ✓ | ✓ | |
| 5 | | 上升限位 | Bool | %I0.4 | | ✓ | ✓ | ✓ | |
| 6 | | 下降限位 | Bool | %I0.5 | | ✓ | ✓ | ✓ | |
| 7 | | 手爪抓紧 | Bool | %I0.6 | | ✓ | ✓ | ✓ | |
| 8 | | Tag_8 | Bool | %M5.0 | | ✓ | ✓ | ✓ | |
| 9 | | Tag_9 | Bool | %M10.0 | | ✓ | ✓ | ✓ | |
| 10 | | Tag_10 | Bool | %M10.1 | | ✓ | ✓ | ✓ | |
| 11 | | Tag_11 | Bool | %M10.2 | | ✓ | ✓ | ✓ | |
| 12 | | Tag_12 | Bool | %M10.3 | | ✓ | ✓ | ✓ | |
| 13 | | Tag_13 | Bool | %M10.4 | | ✓ | ✓ | ✓ | |
| 14 | | Tag_14 | Bool | %M10.5 | | ✓ | ✓ | ✓ | |
| 15 | | Tag_15 | Bool | %M10.6 | | ✓ | ✓ | ✓ | |
| 16 | | Tag_16 | Bool | %M10.7 | | ✓ | ✓ | ✓ | |
| 17 | | Tag_17 | Bool | %M11.0 | | ✓ | ✓ | ✓ | |
| 18 | | 气缸缩回电磁阀 | Bool | %Q0.0 | | ✓ | ✓ | ✓ | |
| 19 | | 气缸伸出电磁阀 | Bool | %Q0.1 | | ✓ | ✓ | ✓ | |
| 20 | | 上升电磁阀 | Bool | %Q0.2 | | ✓ | ✓ | ✓ | |
| 21 | | 下降电磁阀 | Bool | %Q0.3 | | ✓ | ✓ | ✓ | |
| 22 | | 手爪抓紧电磁阀 | Bool | %Q0.4 | | ✓ | ✓ | ✓ | |
| 23 | | 手爪放松电磁阀 | Bool | %Q0.5 | | ✓ | ✓ | ✓ | |
| 24 | | <添加> | | | | ✓ | ✓ | ✓ | |

图 10-17　机械手控制系统的 PLC 变量表

### 6. 编写程序

1）绘制顺序功能图

根据机械手的动作顺序和控制要求，绘制图 10-18 所示的顺序功能图。

图中的转换条件 M1.0 为 S7-1200 PLC 系统存储器，因此需启动系统存储器字节。方法是在项目树中选择"PLC_ 1〔CPU 1214C DC/DC/DC〕"→"属性"→

"常规"→"系统和时钟存储器"选项,勾选"启用系统存储器字节"复选框。

M5.0 为机械手启动标志,在按下启动按钮后,利用自身常开触点实现自锁。按下停止按钮,启动标志 M5.0 解除自锁。

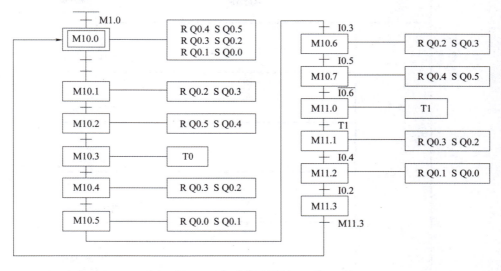

图 10-18  机械手顺序功能图

2)转换梯形图程序

根据单流程顺序功能图转换方法,可以将顺序功能图转化为图 10-19~图 10-31 所示的 PLC 程序,程序实现的功能是启停控制、初始状态的激活和循环控制。

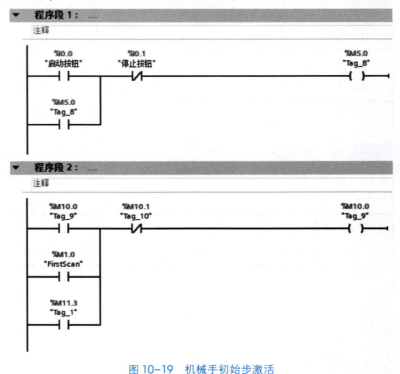

图 10-19  机械手初始步激活

学习笔记

程序段 3：

注释

```
    %M10.0                                          %Q0.4
    "Tag_9"                                       "手爪抓紧电磁阀"
      ┤├──────┬─────────────────────────────────────( R )

                                                     %Q0.5
                                                  "手爪放松电磁阀"
                ├─────────────────────────────────────( S )

                                                     %Q0.3
                                                   "下降电磁阀"
                ├─────────────────────────────────────( R )

                                                     %Q0.2
                                                   "上升电磁阀"
                ├─────────────────────────────────────( S )

                                                     %Q0.1
                                                  "气缸伸出电磁阀"
                ├─────────────────────────────────────( R )

                                                     %Q0.0
                                                  "气缸缩回电磁阀"
                └─────────────────────────────────────( S )
```

图 10-20　机械手复位

程序段 4：

注释

```
  %M10.0        %Q0.7        %M5.0        %M10.2        %M10.1
  "Tag_9"      "Tag_4"      "Tag_8"      "Tag_11"      "Tag_10"
    ┤├────────────┤├────────────┤├──────┬────┤/├──────────( )

  %M10.1
  "Tag_10"
    ┤├──────────────────────────────────┘
```

程序段 5：

注释

```
    %M10.1                                          %Q0.2
    "Tag_10"                                       "上升电磁阀"
      ┤├──────┬─────────────────────────────────────( R )

                                                     %Q0.3
                                                   "下降电磁阀"
                └─────────────────────────────────────( S )
```

图 10-21　机械手下降

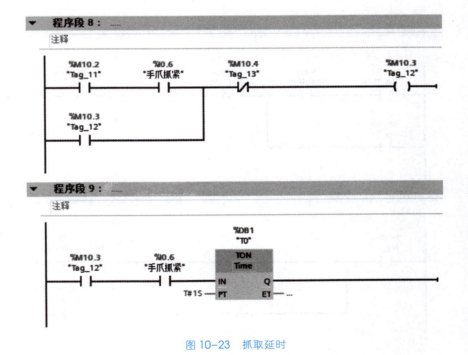

▼  程序段 6：___

注释

```
    %M10.1        %Q0.5        %M10.3                            %M10.2
    "Tag_10"      "下降限位"     "Tag_12"                          "Tag_11"
──────┤├──────────┤├──────────┤/├──────────────────────────────( )──────

    %M10.2
    "Tag_11"
──────┤├──────────┘
```

▼  程序段 7：___

注释

```
    %M10.2                                                       %Q0.5
    "Tag_11"                                              "手爪放松电磁阀"
──────┤├──────────┬──────────────────────────────────────────( R )──────
                  │
                  │                                            %Q0.4
                  │                                      "手爪抓紧电磁阀"
                  └──────────────────────────────────────────( S )──────
```

图 10-22  机械手抓取

▼  程序段 8：___

注释

```
    %M10.2        %Q0.6        %M10.4                            %M10.3
    "Tag_11"      "手爪抓紧"     "Tag_13"                          "Tag_12"
──────┤├──────────┤├──────────┤/├──────────────────────────────( )──────

    %M10.3
    "Tag_12"
──────┤├──────────┘
```

▼  程序段 9：___

注释

```
                              %DB1
                              "T0"
    %M10.3        %Q0.6        TON
    "Tag_12"      "手爪抓紧"    Time
──────┤├──────────┤├────────IN        Q────────────────────────────────
                    T#1S ───PT       ET ───
```

图 10-23  抓取延时

**程序段 10 : ....**

注释

```
   %M10.3                %M10.5                                    %M10.4
   "Tag_12"    "T0".Q    "Tag_14"                                  "Tag_13"
   ──┤ ├────────┤ ├────────┤/├────────────────────────────────────( )──
   %M10.4
   "Tag_13"
   ──┤ ├──────────────┘
```

**程序段 11 : ....**

注释

```
   %M10.4                                              %Q0.3
   "Tag_13"                                            "下降电磁阀"
   ──┤ ├─────────────────────────────────────────────( R )──
                                                       %Q0.2
                                                       "上升电磁阀"
            └──────────────────────────────────────────( S )──
```

图 10-24  机械手上升

**程序段 12 : ....**

注释

```
   %M10.4                %I0.4                %M10.6               %M10.5
   "Tag_13"              "上升限位"           "Tag_15"             "Tag_14"
   ──┤ ├──────────────────┤ ├──────────────────┤/├────────────────( )──
   %M10.5
   "Tag_14"
   ──┤ ├──────────────┘
```

**程序段 13 : ....**

注释

```
   %M10.5                                              %Q0.0
   "Tag_14"                                            "气缸缩回电磁阀"
   ──┤ ├─────────────────────────────────────────────( R )──
                                                       %Q0.1
                                                       "气缸伸出电磁阀"
            └──────────────────────────────────────────( S )──
```

图 10-25  机械手右移

**程序段 14：** ___

注释

```
   %M10.5         %I0.3          %M10.7                      %M10.6
   "Tag_14"      "右限位传感器"    "Tag_16"                    "Tag_15"
   ──┤ ├─────────┤ ├───────┬──────┤/├──────────────────────( )──
                                  │
   %M10.6                         │
   "Tag_15"                       │
   ──┤ ├──────────────────────────┘
```

**程序段 15：** ___

注释

```
   %M10.6                                              %Q0.2
   "Tag_15"                                          "上升电磁阀"
   ──┤ ├──────┬────────────────────────────────────────( R )──
              │
              │                                         %Q0.3
              │                                        "下降电磁阀"
              └────────────────────────────────────────( S )──
```

图 10-26　机械手下降

**程序段 16：** ___

注释

```
   %M10.6         %I0.5          %M11.0                      %M10.7
   "Tag_15"      "下降限位"       "Tag_17"                    "Tag_16"
   ──┤ ├─────────┤ ├───────┬──────┤/├──────────────────────( )──
                                  │
   %M10.7                         │
   "Tag_16"                       │
   ──┤ ├──────────────────────────┘
```

**程序段 17：** ___

注释

```
   %M10.7                                              %Q0.4
   "Tag_16"                                         "手爪抓紧电磁阀"
   ──┤ ├──────┬────────────────────────────────────────( R )──
              │
              │                                         %Q0.5
              │                                       "手爪放松电磁阀"
              └────────────────────────────────────────( S )──
```

图 10-27　机械手放松

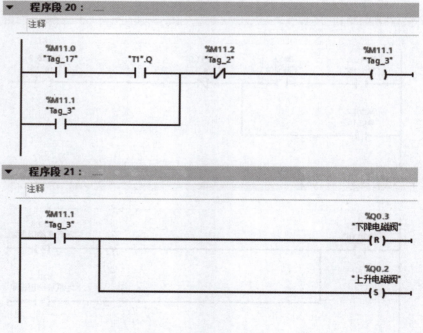

图 10-28　放松延时

图 10-29　机械手上升

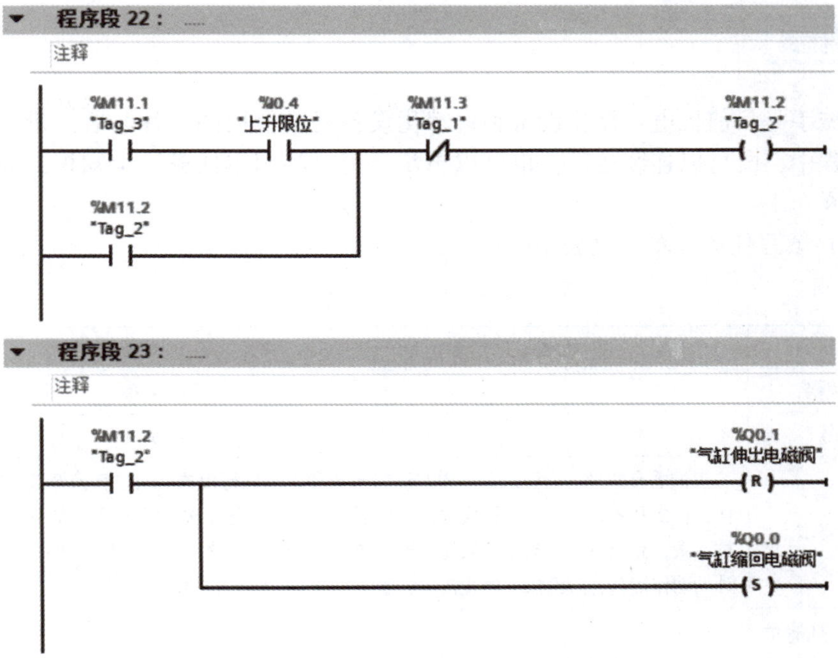

程序段 22：

注释

程序段 23：

注释

图 10-30　机械手缩回

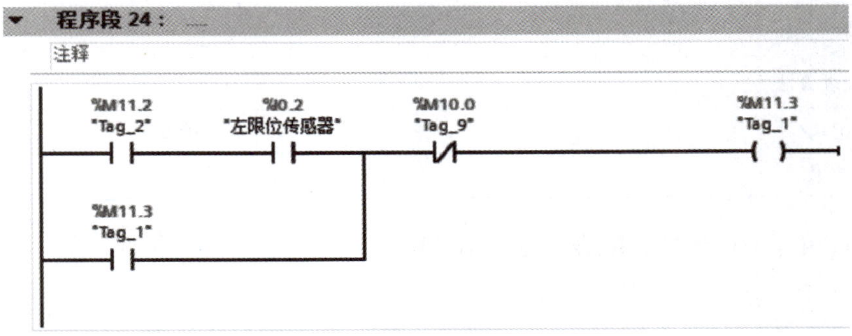

程序段 24：

注释

图 10-31　回初始状态

程序段 3 实现的功能是机械手复位，当步 M10.0 被激活时，系统自动将手爪置于放松状态，手臂处于缩回位置，机械手置于上升位置。通过这几个动作，可以使机械手回到初始位置。本程序段也可以使用线圈指令编写，但要注意，当多次利用机械手完成相同的动作时，容易出现双线圈问题。双线圈问题可以通过使用辅助继电器 M 避免，但程序稍复杂。

**7. 程序调试**

将编辑好的程序和设备组态进行编译并下载至 PLC，进行调试。按下启动按钮并在料台上放置工件，观察机械手的动作情况，边调试边监控程序的执行情况，直到机械手的动作完全符合要求。按下停止按钮，机械手完成本轮工作循环后停止运行。在调试过程中一定要注意安全，防止气动部件动作导致人员受伤。

## 任务拓展

机械手是目前机电一体化设备和自动化设备经常使用的一种装置。机械手在调试的过程中，既可以连续运行，也可以单步运行。利用本任务所学知识，完成以下任务拓展。

（1）填写任务工单，见表 10-2。

表 10-2　任务工单

| 任务名称 | 机械手搬运系统 | | 实训教师 | |
|---|---|---|---|---|
| 学生姓名 | | | 班级名称 | |
| 学号 | | | 组别 | |
| 任务要求 | 机械手有两种运行模式——单步运行模式和连续运行模式。通过转换开关 SA 实现转换，转换开关转至单步运行模式，每按下单步运行按钮一次，机械手完成一个动作，再按一次，完成下一个动作，依此类推。转换开关转至连续运行状态后，机械手按事先设计的动作运行，直到按下停止按钮，系统完成一个周期的动作后停止工作 | | | |
| 材料、工具清单 | | | | |
| 实施方案 | | | | |
| 步骤记录 | | | | |
| 实训过程记录 | | | | |
| 问题及处理方法 | | | | |
| 检查记录 | | | 检查人 | |
| 运行结果 | | | | |

（2）填写 I/O 地址分配表，见表 10-3。

表 10-3　I/O 地址分配表

| 输入 | | 输出 | |
|---|---|---|---|
| | | | |
| | | | |
| | | | |
| | | | |
| | | | |
| | | | |
| | | | |
| | | | |
| | | | |

（3）绘制 PLC 接线图。

（4）程序记录。

（5）程序调试。

将程序下载至 PLC，将气动回路压力调整到合适的数值，进行单步运行和连续运行调试，直到机械手运行无误。

（6）任务评价。

可以参考下方职业素养与操作规范评分表、机械手搬运系统任务考核评分表。

## 任务评价

### 职业素养与操作规范评分表
（学生自评和互评）

| 序号 | 主要内容 | 说明 | 自评 | 互评 | 得分 |
|---|---|---|---|---|---|
| 1 | 安全操作<br>（10分） | 没有穿戴工作服、绝缘鞋等防护用品扣5分 | | | |
| | | 在实训过程中将工具或元件放置在危险的地方造成自身或他人人身伤害，取消成绩 | | | |
| | | 通电前没有进行设备检查引起设备损坏，取消成绩 | | | |
| | | 没经过实验教师允许而私自送电引起安全事故，取消成绩 | | | |

| 序号 | 主要内容 | 说明 | 自评 | 互评 | 得分 |
|---|---|---|---|---|---|
| 2 | 规范操作（10分） | 在安装过程中，乱摆放工具、仪表、耗材，乱丢杂物扣5分 | | | |
| | | 在操作过程中，恶意损坏元件和设备，取消成绩 | | | |
| | | 在操作完成后不清理现场扣5分 | | | |
| | | 在操作前和操作完成后未清点工具、仪表扣2分 | | | |
| 3 | 文明操作（10分） | 在实训过程中随意走动影响他人扣2分 | | | |
| | | 完成任务后不按规定处置废弃物扣5分 | | | |
| | | 在操作结束后将工具等物品遗留在设备或元件上扣3分 | | | |
| 职业素养总分 | | | | | |

## 机械手搬运系统任务考核评分表
### （教师和工程人员评价）

| 序号 | 考核内容 | 说明 | 扣分 | 合计 |
|---|---|---|---|---|
| 1 | 机械与电气安装（25分） | 机械手抓取和释放元件位置正确，若未达到要求，则每处扣0.5分 | | |
| | | 传感器安装位置正确，若未达到要求，则每个扣0.5分 | | |
| | | 所有使用垫片的螺钉必须用垫片，若未达到要求，则每处扣0.5分 | | |
| | | 所有螺钉必须全部固定并不能松动，若未达到要求，则每处扣0.5分 | | |
| | | 所有线缆必须使用绝缘冷压端子，若未达到要求，则每处扣0.5分 | | |
| | | 冷压端子不能看到明显外露的裸线，若未达到要求，则每处扣0.5分 | | |
| | | 接线端子连接牢固，不得拉出接线端子，若未达到要求，则每处扣0.5分 | | |
| | | 多股电线必须绑扎，若未达到要求，则每处扣0.5分 | | |
| | | 气管与电缆应分开绑扎，若未达到要求，则每处扣0.5分 | | |
| | | 相邻扎带的间距≤50 mm，若未达到要求，则每处扣0.5分 | | |

| 序号 | 考核内容 | 说明 | | 扣分 | 合计 |
|---|---|---|---|---|---|
| 1 | 机械与电气安装（25分） | 扎带切割后剩余长度≤1 mm，若未达到要求，则每处扣0.5分 | | | |
| | | 线槽到接线端子的接线不得有缠绕现象，若未达到要求，则每处扣0.5分 | | | |
| | | 传感器连接方法正确，若未达到要求，则每处扣0.5分 | | | |
| | | 气缸伸出、缩回速度适宜，若未达到要求，则每处扣0.5分 | | | |
| 2 | I/O地址分配（10分） | 说明 | 分值 | 得分 | |
| | | 输入点数正确 | 每个0.8分 | | |
| | | 输出点数正确 | 每个0.8分 | | |
| 3 | PLC功能（25分） | 搬运机构动作顺序正确 | 10分 | | |
| | | 机械手单步运行方式正确 | 6分 | | |
| | | 机械手连续运行方式正确 | 6分 | | |
| | | 转换开关设置正确 | 3分 | | |
| 4 | 程序下载和调试（10分） | 传感器调试方法正确 | 2分 | | |
| | | I/O检查方法正确 | 2分 | | |
| | | 能分辨硬件和软件故障 | 2分 | | |
| | | 气动回路压力调节正确 | 2分 | | |
| | | 程序调试方法正确 | 2分 | | |
| 任务评价总分 | | | | | |

## 项目小结

（1）触点、线圈指令、置复位指令、沿指令、触发器指令。

（2）定时器、计数器及其背景数据块。

（3）移位指令、循环指令、移动值指令。

（4）比较指令。

（5）数学运算指令。

（6）数学函数指令。

（7）逻辑运算指令。

（8）顺序功能图。

（9）顺序控制编程方法。

思考与练习

**一、单选题**

1. 如 I0.1 没有得到信号，则梯形图中 I0.1 的常开触点处于（　　　）状态。

A. 断开　　　　　　　　B. 闭合　　　　　　　　C. 不定

2. I0.0 常开触点与 I0.1 常闭触点串联，驱动线圈 Q0.0，要使 Q0.0 = 1，则（　　　）。

A. I0.0 = 1 同时 I0.1 = 1　　　　　　　　B. I0.0 = 1 同时 I0.1 = 0

C. I0.0 = 0 同时 I0.1 = 1　　　　　　　　D. I0.0 = 0 同时 I0.1 = 0

3. 置位指令是将某个输出强制为（　　　）的操作。

A. ON　　　　　　　　　　　　　　　　B. OFF

4. 上升沿是指某个波形（　　　）的时刻。

A. 从 "0" 变为 "1"　　　　　　　　　　B. 从 "1" 变为 "0"

C. 为 "1"　　　　　　　　　　　　　　D. 为 "0"

5. 将指定的某一位操作数变为 "1" 状态并保持的指令是（　　　）。

A. 置位指令　　　　　　　　　　　　　B. 复位指令

C. 置位域指令　　　　　　　　　　　　D. 复位域指令

6. 定时器的 ET 端显示的是该定时器的（　　　）。

A. 定时器的预设值　　　　　　　　　　B. 定时器的当前值

C. 状态值　　　　　　　　　　　　　　D. 定时器的输出值

7. 题图 2-1 所示为（　　　）指令的梯形图格式。

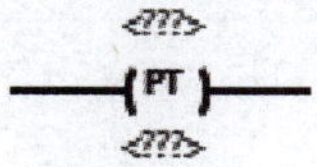

题图 2-1

A. 复位定时器指令　　　B. 加载定时器指令　　　C. 脉冲定时器

8. 在计时期间，即使检测到 IN 端有新的信号上升沿，输出端 Q 的信号状态也不会受到影响的是以下哪种定时器？（　　　）

A. TP　　　　　　　B. TON　　　　　　　C. TONR　　　　　　　D. TOF

9. 时钟存储器 M0.5 的周期是（　　　），频率是（　　　）。

A. 0.5 s，2 Hz　　　　B. 2 s，0.5 Hz　　　　C. 1 s，1 Hz

10. 右移指令 SHR 是将输入参数 IN 指定的存储单元的整个内容逐位右移若干位，移位结果保存在输出参数 OUT 指定的地址中。其中输入参数 N 的作用是（　　　）。

A. 存储单元的长度　　　　　　　　　　B. 移位数据的位数

C. 移位的位数　　　　　　　　　　　　D. 移位数据的个数

**二、多选题**

1. 下面不属于位逻辑指令的是（　　　）。

A. 置/复位指令　　　B. 定时器指令　　　C. 计数器指令　　　D. 触发器指令

2. S7-1200 PLC 的沿指令包括（　　）。

A. 触点指令 P/N

B. 线圈指令 P/N

C. 触发器指令 P/N

D. 触发器指令 RS

3. 题图 2-2 所示指令的输出结果中，是"0"的位有（　　）。

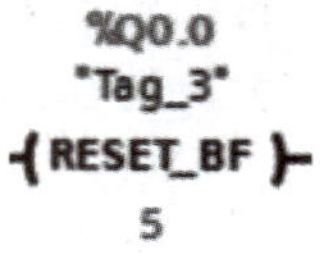

%Q0.0
"Tag_3"
-( RESET_BF )-
5

题图 2-2

A. Q0.0　　　　　B. Q0.5　　　　　C. Q0.1　　　　　D. Q0.2

4. 下列可以用来实现振荡电路的有（　　）。

A. 定时器的自复位

B. TP 定时器

C. TON 定时器

D. 时钟存储器

### 三、填空题

1. 将指定的位操作数变为"0"状态并保持的指令是_____。

2. 将从指定的地址开始的连续若干个位地址复位的指令是_____。

3. 电动机的启停按钮可以是_____，也可以是_____；如果是点动按钮，而要实现电动机的长动控制，则程序中必须有_____环节。

4. S7-1200 CPU 1214C DC/DC/DC 中，L+和 M 是它的_____端，L+和 M 需要连接一个_____V 电源。

5. 自锁环节是在启动按钮两侧_____一个线圈的_____触点。

6. 使用定时器指令可创建编程的_____。

7. 每个定时器都使用一个存储在数据块中的结构来保存_____。在编辑器中放置定时器指令时可分配该数据块。

8. 定时器的数据类型为_____。

9. 8 个时钟存储器分别对应不同的频率，既可作为_____，也可作为_____。

10. 选择巡视窗口中的"属性"→"常规"→_____，用复选框启用系统存储器字节和时钟存储器字节，一般采用它们的默认地址_____和_____，应避免同一地址同时两用。

11. 移动指令包括_____、_____、_____。

12. 块移动指令的数据类型必须是_____。

13. 移位指令包括_____和_____。

14. 移位指令右移 $n$ 位相当于_____$2^n$，左移 $n$ 位相当于_____$2^n$。

15. 在填充指令 FILL-BLK 中，IN 端的数据类型必须为_____，OUT 端的数据类型必须为_____。

### 四、判断题

1. 输出指令可以用于输入映像寄存器。　　　　　　　　　　　　　（　　）

2. PLC 的外部输入电路接通时，对应的输入映像寄存器为 "1"，梯形图中对应的常开触点闭合，常闭触点断开。（　　）

3. 若梯形图中某位输出映像寄存器的线圈 "断电"，对应的输出映像寄存器为 "0" 状态，则在输出刷新后，继电器输出模块中对应的硬件继电器的线圈失电，其常开触点断开。（　　）

4. 在同一个程序中，同一编程元件的触点可以重复使用任意次。（　　）

5. 对位元件来说，它一旦被置位就保持在接通状态，除非用复位指令清零。（　　）

6. 当检测到信号的上升沿时，产生一个扫描周期宽度脉冲的指令是 EU。（　　）

7. 边沿触发指令 EU、ED 均无操作数，其使用次数受到限制。（　　）

8. 对于反向输出线圈指令，能流流过线圈时，线圈指令上的位地址为 0，反之为 1。（　　）

9. 取反指令是用来转换能流流入的逻辑状态的。（　　）

10. SR 复位优先触发器是在置位（S）和复位（R1）信号同时为 1 时，方框上的位地址被置位为 1，且当前信号状态被传送到输出端 Q。（　　）

11. 关断延时定时器输出端 Q 在预设的延时过后重置为 OFF。（　　）

12. 保持型接通延时定时器输出端在预设的延时过后设置为 ON，并且定时时段会一直累加，直到复位端有效。（　　）

13. 脉冲定时器的特点是只要被触发了，一旦开始计时就无法中途停下来。（　　）

14. 振荡电路实际上是一个有负反馈的电路。（　　）

15. 西门子 S7-1200 PLC 系统存储器字节的地址不是固定的，可任意选择。（　　）

16. 移动值指令输出参数的个数可调。（　　）

17. 在移动值指令中，如果 IN 数据类型的位长度超出 OUT1 数据类型的位长度，则源值的高位丢失；如果 IN 数据类型的位长度小于输出 OUT1 数据类型的位长度，则目标值的高位被改写为 0。（　　）

18. 移位指令可以把一个具体的数字移位给某个地址，但不能把一个地址中存储的数据移动到另一地址中。（　　）

19. 块移动指令只能在同一个数据块中建立两个数组进行数据传送，不能在两个数据块中分别建立一个数组进行数据传送。（　　）

20. 只要移位信号为 "1" 状态，在每个扫描周期就都要移位一次。（　　）

## 五、简答题

1. 3 台电动机的顺序启动应如何实现？

2. 三级带式输送机必须采用 "顺启逆停" 的启停方式的原因是什么？

3. 要求实现正反转循环控制：按下 I0.0，电动机正转，然后反转，5 s 后电动机又开始正转，如此循环。按下 I0.1，电动机停机。

4. 使用辅助继电器 M 实现灯亮和灯闪两种功能。

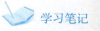

## 项目三　块编程及应用

### 项目说明

在 S7-1200 PLC 编程中经常用到块的概念。块类似于子程序，但比子程序的功能更加强大。S7-1200 PLC 中的块类型有组织块（OB）、函数块（FB）、函数（FC）和数据块（DB）。

本项目分为 3 个任务模块，首先是组织块的应用，利用组织块实现天塔之光系统的编程，与本任务相关的知识为组织块的应用和 PLC 对事件的处理；然后利用函数实现多台电动机 Y-△降压启动的编程，与本任务相关的知识为函数的接口变量编辑方法和函数的调用方法；最后利用函数块实现交通信号灯的分时段控制的编程，与本任务相关的知识为函数块中初始值、静态变量和背景数据块的使用。整个项目实施过程中涉及电气原理图的识读，PLC 硬件的连接，块的生成、编辑和调用，安全生产等方面的内容。

### 任务十一　天塔之光系统的 PLC 控制

### 任务目标

**知识目标**

（1）熟练识别 S7-1200 PLC 的程序结构。

（2）准确理解组织块的使用和编程方法。

**技能目标**

（1）独立完成天塔之光系统的 PLC 硬件接线。

（2）熟悉利用 TIA Portal V15 软件进行仿真和调试的方法。

**素养目标**

（1）培养学生的创新精神和逻辑思维能力。

（2）提升学生的美学辨识能力，促使学生树立正确的审美观。

### 任务引入

城市中随处可见的天塔之光可以利用 PLC 完成控制。PLC 控制的这些天塔之光给城市中的人们带来了一道亮丽的风景，为城市中的人们在闲暇时间增添了许多乐趣。

## 任务要求

　　利用启动组织块和循环中断组织块，以及主程序组织块，实现天塔之光系统的模拟控制。要求系统开始工作后，中心指示灯点亮，1 s后，中心指示灯熄灭，同时内圈的4个指示灯点亮，1 s后，内圆的4个指示灯熄灭，同时外圈的4个指示灯点亮，1 s后，外圈的4个指示灯熄灭，同时中心指示灯点亮，如此循环往复。

　　本任务需要完成以下工作。

　　（1）熟悉TIA Portal V15软件中组织块的调用和编程方法。

　　（2）按照设备电路图连接天塔之光系统的电气回路。

　　（3）利用启动组织块和循环中断组织块实现天塔之光系统的程序编写。

　　（4）输入设备控制程序并调试设备，直到设备正常运行。

## 知识链接

S7-1200的
程序结构

### 知识点1　S7-1200 PLC的程序结构

S7-1200 PLC支持3种编程方法：线性化编程、模块化编程和结构化编程。

**1. 线性化编程**

　　线性化编程类似继电器-接触器的控制电路编程，按照逻辑要求及连接规律进行组合和排列，构成了表示PLC输入、输出之间控制关系的图形，然后将这些表示连接关系的图形（即程序）全部放在循环组织块OB1中，如图11-1所示。循环扫描时不断地依次执行OB1中的全部指令。线性化编程结构简单，没有分支，一个程序包含了系统的所有指令。编程时不涉及函数块、函数、局部变量和中断等复杂的功能，便于初学者接受。

　　线性化编程的所有指令都放在组织块OB1中，系统执行程序时采用循环扫描的方式，即使程序中的部分代码在大多数时间并不需要执行，但循环扫描的工作方式决定了每个扫描周期都要执行所有的指令，CPU的效率相对比较低，不能被充分利用。如果系统要多次执

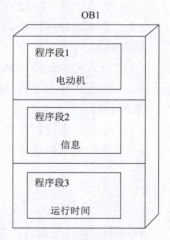

图11-1　线性化编程示意

行相同或类似的操作，则使用线性化编程方法时必须重复编写相同或类似的程序。

因此，在 S7-1200 PLC 系统中不建议采用线性化编程方法。

## 2. 模块化编程

模块化编程是将程序分为不同的逻辑块，每个逻辑块包含完成某部分任务的功能指令。组织块 OB1 中的指令决定程序块的调用和执行，被调用的程序块执行结束后，程序返回到 OB1 中的调用点，继续执行 OB1，如图 11-2 所示。也可以进行程序块的嵌套调用，实现更加合理的程序结构。在模块化编程中，OB1 起主程序的作用，函数 FC1、FC2、FC3 控制着不同的任务，类似主程序的子程序。模块化编程中调用块和被调用块之间没有数据的交换。

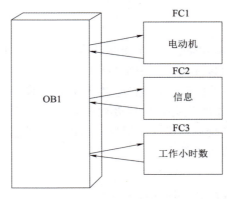

图 11-2　模块化编程示意

## 3. 结构化编程

结构化编程是通过抽象的方式将复杂的任务分解成一些能够反映过程的工艺、功能或可以反复使用的可单独解决的任务，这些任务由相应的程序块表示，程序运行时所需要的大量数据存储在数据块中。某些程序块可以实现相同或相似的功能，这些程序块是相对独立的，它们被 OB1 或其他代码块调用，如图 11-3 所示。

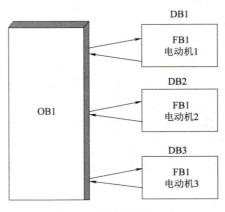

图 11-3　结构化编程示意

OB1 在调用函数块时，系统自动分配给函数块一个背景数据块，背景数据块随

着函数块的调用自动打开，调用结束后自动关闭，并且背景数据块的数据不会丢失。其他程序块也可以访问背景数据块的变量。

结构化编程和模块化编程有所不同，结构化编程中通用的数据可以共享。结构化编程具有以下优点。

（1）每个任务的创建和测试可以相互独立地进行。

（2）通过使用参数，可以将程序块设计得十分灵活。

（3）可以根据需要在不同的程序段以不同的参数记录数据并进行调用。

建议读者在编程时使用结构化编程方法，通过传递参数使程序块被重复调用，其结构更清晰，调试更方便。

### 知识点 2　组织块

组织块（Organization Block，OB）是操作系统与用户程序的接口，由操作系统调用。可以在组织块中编写程序，也可以在组织块中调用其他程序块的程序。组织块可以实现 PLC 的扫描循环控制，完成 PLC 的启动、中断程序的执行和错误处理等功能。出现启动组织块的事件时，由操作系统调用对应的组织块。因此，熟悉组织块的使用对于提高编程效率有较大的帮助。

组织块概述

#### 1. 程序循环组织块

需要连续执行的程序放在程序循环组织块 OB1 中，OB1 就是在前面学习到的主程序，CPU 在运行模式下循环执行主程序 OB1，可以在 OB1 中调用其他函数和函数块。

一般程序中只有一个程序循环组织块，但也可以有两个甚至两个以上程序循环组织块，CPU 按编号的大小执行它们。首先执行主程序 OB1，然后执行编号大于 123 的循环程序组织块。

打开 TIA Portal V15 软件，在博途视图中生成名为"程序循环组织块示例"的新项目，打开项目视图，双击项目树中的"添加新设备"选项，添加一个控制器，CPU 型号为 1214C DC/DC/DC。

在项目树中双击"PLC_1［CPU 1214C DC/DC/DC］"→"程序块"→"添加新块"选项，在弹出的对话框中单击"组织块"按钮，如图 11-4 所示，选择列表中的"Program cycle"选项，生成一个程序循环组织块，块的名称默认为"Main_1"，可以修改其名称，编程语言为梯形图（LAD），默认编号 123，可以手动修改其编号，若修改组织块编号，应尽量使编号的数值大于 123，编号最大值为 32 767。图中文字部分为对程序循环组织块的简单描述。勾选左下方的"新增并打开"复选框，单击"确认"按钮，自动生成编号为 123 的程序循环组织块，并打开其编辑窗口。可以在程序列表中看到"OB123"。

与 OB1 的编辑方法相同，可以在打开的编辑窗口中编辑组织块 OB123 的程序。

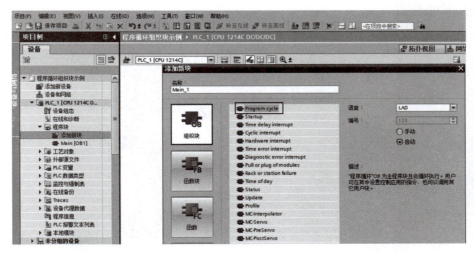

图 11-4　生成程序循环组织块的方法

## 2. 启动组织块

启动组织块用于系统的初始化，CPU 由 STOP 模式转换至 RUN 模式时，执行一次启动组织块，执行完成后，再执行 OB1。通过编写启动组织块，可以在启动程序中给 OB1 指定一些初始的变量，或给某些变量赋值。一般只需要一个启动组织块，也可以生成多个启动组织块，其默认编号是 100，而其他组织块的编号应大于等于 123。

启动组织块的生成方法与程序循环组织块相似，只是在图 11-4 所示的对话框中选择"Startup"选项，即可生成一个启动组织块，其名称可以默认，也可以修改其名称，编程语言为梯形图（LAD），默认编号为 123，可以手动修改其编号。图中文字部分是对启动组织块的简单描述。单击"确认"按钮，自动生成编号为 123 的启动组织块。可以在程序列表中看到"OB123"。在打开的编辑窗口中可以编辑启动组织块的程序。

## 3. 循环中断组织块

在设定的时间间隔内，循环中断组织块被周期性地执行，循环中断组织块的默认编号为 30~38，或者≥123。中断程序不是由用户程序调用的，而是在中断事件发生时，由操作系统调用的。中断程序是由用户编写的，尽量使中断程序短小精悍，以免执行中断程序的时间过长而产生错误。循环中断是按照设定的时间产生的中断事件。

通过循环中断组织块，可以定期启动程序，而无须执行循环程序。可以在该组织块的设定对话框或属性对话框中定义时间间隔。

循环中断组织块的生成方法与程序循环组织块相似，在图 11-5 所示的对话框中选择"Cyclic interrupt"选项，即可生成循环中断组织块。在循环中断组织块的选项中，注意设定循环时间，单位为 ms。

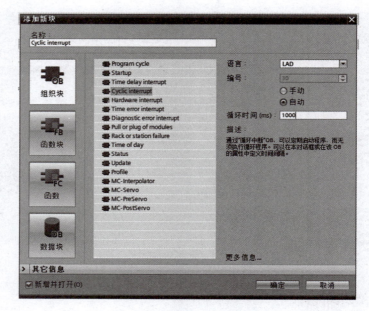

图 11-5　生成循环中断组织块的方法

也可以在 OB30 编辑窗口中单击"属性"按钮，打开循环中断组织块的属性对话框，在"常规"选项卡中可以更改循环中断组织块的时间和编号，在"循环中断"选项卡中可以修改已生成循环中断组织块的循环时间和相移。

相移用于错开不同时间间隔的几个循环中断组织块，使它们不会被同时执行，以缩短连续执行循环中断组织块的时间。相移的默认值为 0，设置范围为 1～100 ms。

### 4. 中断事件

S7-1200 PLC 的中断事件有延时中断、循环中断、硬件中断、诊断错误中断和时间错误中断等。中断事件一般按优先级的高低来处理，先处理优先级高的中断事件，优先级相同的中断事件按"先到先服务"的原则处理。中断事件的优先级组见表 11-1。

表 11-1　中断事件的优先级组

| 事件类型 | 组织块编号 | 优先级 | 优先级组 |
|---|---|---|---|
| 程序循环 | 1 或 ≥123 | 1 | 1 |
| 启动 | 100 或 ≥123 | 1 | |
| 延时中断 | 20～23 或 ≥123 | 3 | 2 |
| 循环中断 | 30～38 或 ≥123 | 4 | |
| 硬件中断 | 40～47 或 ≥123 | 5 | |
| 诊断错误中断 | 82 | 6 | |
| | | 9 | |
| 时间错误中断 | 80 | 26 | 3 |

优先级组高的中断事件可以中断优先级组低的中断事件的处理。例如，时间错误中断优先级组为 3，可以中断正在执行的其他任何中断事件，而优先级组为 2 的所有中断事件，都可以中断程序循环组织块的执行。

一个中断事件正在执行时，如果出现了另一个具有相同或较低优先级组的中断事件，则后者不会中断正在处理的组织块，并根据它的优先级组添加到对应的中断队列排队等待，当前的组织块执行完成后，再处理排队的事件。

当前的组织块执行完成后，CPU 将执行队列中优先级组最高的中断事件。优先级组相同的中断事件将按照出现的先后次序处理，如果高优先级组中没有排队的中断事件，那么 CPU 将返回较低优先级组的中断事件，从被中断的位置继续开始处理。

## 任务实施

**天塔之光**

### 1. 任务分析

使用 S7-1200 PLC 的组织块编程，实现天塔之光系统控制，利用启动组织块可以在 PLC 上电时自动执行程序的特点，给系统赋初值；再利用循环中断组织块，间隔一定的时间产生中断，在程序运行期间，利用 MOVE 指令，给系统赋予不同的数值，从而控制天塔之光系统的运行。

天塔之光系统指示灯的排列示意如图 11-6 所示，工作顺序是由内向外发散性闪烁，间隔时间为 1 s。PLC 间隔 1 s 时间产生中断，在第一个时间间隔内，给中心指示灯赋值为 1，其他均为 0，在第二个时间间隔内，给中心和外圈的指示灯赋值为 0，给中圈指示灯赋值为 1，依此类推，从而实现指示灯的控制。

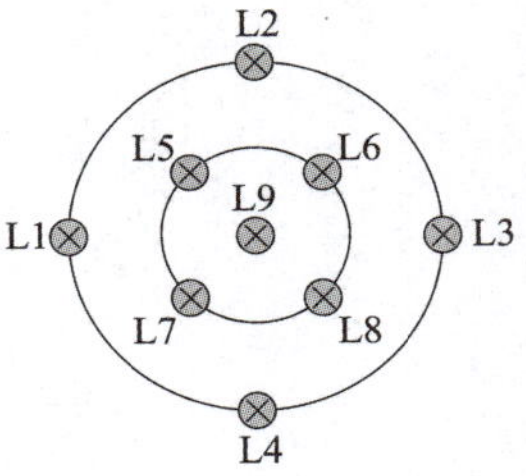

图 11-6 天塔之光系统指示灯的排列示意

根据上面的任务分析和任务要求，填写 I/O 地址分配表。

### 2. 填写 I/O 地址分配表

根据 PLC 输入/输出点数分配原则及任务控制要求，本任务需要 2 个输入点，9 个输出点，学生可以自行调配 I/O 地址分配表的填写方法（表 11-2）。

表 11-2 天塔之光控制系统 I/O 地址分配表

| 输入 | | 输出 | |
| --- | --- | --- | --- |
| 输入继电器 | 元件 | 输出继电器 | 元件 |
| I0.0 | SB1 | Q0.0 | L1 |
| I0.1 | SB2 | Q0.1 | L2 |
| | | Q0.2 | L3 |
| | | Q0.3 | L4 |
| | | Q0.4 | L5 |

续表

| 输入 | | 输出 | |
|---|---|---|---|
| 输入继电器 | 元件 | 输出继电器 | 元件 |
| | | Q0.5 | L6 |
| | | Q0.6 | L7 |
| | | Q0.7 | L8 |
| | | Q1.0 | L9 |

### 3. PLC 接线图

根据控制要求和 I/O 地址分配表，绘制天塔之光系统的 PLC 接线图，如图 11-7 所示。注意电源采用直流 24 V 电源，输入公共端 1 M 与 24 V 电源正极连接，输出公共端 3 M 与 24 V 电源负极直接连接。

图 11-7　天塔之光系统的 PLC 接线图

### 4. 创建工程项目

双击桌面上的"TIA Portal V15"图标，打开 TIA Portal V15 软件，在博途视图中创建新项目，输入项目名称"天塔之光"，选择项目保存路径，单击"创建"按钮完成创建，并在项目视图中进行硬件组态。

### 5. 编辑变量表

在项目树中双击"添加新变量表"选项，添加图 11-8 所示的变量表。

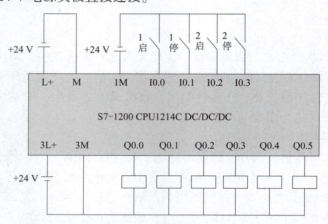

图 11-8　天塔之光系统程序变量表

#### 6. 编写程序

1）编写启动组织块程序

在项目树中双击"添加新块"选项，单击"组织块"按钮，出现图 11-9 所示的对话框，选择"Startup"选项，名称采用默认，编程语言选择梯形图（LAD），系统默认启动组织块编号为 100，方式为自动，并勾选左下方"新增并打开按钮"复选框，单击"确定"按钮，系统自动创建 OB100 并打开其编辑窗口，也可以在项目树中看到"OB100"。

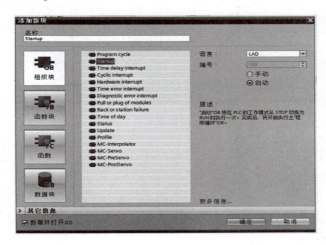

图 11-9　添加启动组织块

将图 11-10 所示的程序录入启动组织块的编辑窗口。

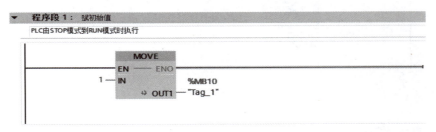

图 11-10　启动组织块程序

该程序使用 MOVE 指令将数字 1 赋给字节型数据 MB10。当 PLC 由 STOP 模式转换成 RUN 模式时，首先执行启动组织块的程序功能。

2）编写循环中断组织块程序

在项目树中双击"添加新块"选项，单击"组织块"按钮，出现图 11-11 所示的对话框，选择"Cyclic interrupt"选项，名称采用默认，编程语言选择梯形图（LAD），系统默认循环中断组织块编号为 30，将循环时间修改为 1 000 ms，勾选对话框左下角"新增并打开"复选框，单击"确定"按钮，系统自动创建 OB30 并打开其编辑窗口，也可以在项目树中看到"OB30"。循环中断组织块的循环时间也可以在其属性对话框中修改。

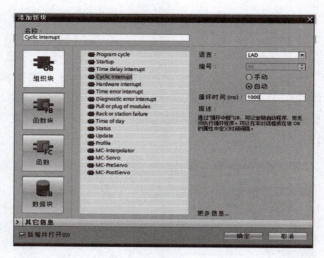

图 11-11  添加循环中断组织块

循环中断程序的功能是每隔一定时间产生一次中断。在本任务中，循环时间为 1 000 ms，即 1 s。

将图 11-12 所示的程序录入循环中断组织块的编辑窗口。该程序实现的功能是每产生一次中断，系统自动调用一次中断程序，中断程序执行的结果是字节型数据 MB10 的数值自动增加 1。

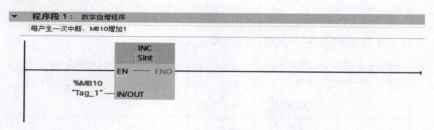

图 11-12  循环中断组织块程序

3）编写主程序

主程序使用 MOVE 指令，通过在不同时刻给 QW0 赋值的方法使对应的指示灯点亮。QW0 由两个字节组成，分别为 QB0 和 QB1，其中，QB0 为高字节地址，QB1 为低字节地址，但是在字节 QB0 中，Q0.7 为高位，Q0.0 为低位，如图 11-13 所示。因此，在利用 MOVE 指令给 QW0 赋值时，需要特别注意。

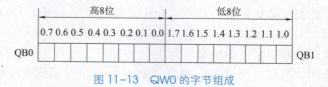

图 11-13  QW0 的字节组成

MOVE 指令具有保持功能，即在没有给 QW0 赋新值之前，QW0 之中的数值一直保持，直到给其赋新值之后，其中的数值才会被刷新。因此，在使用停止按钮时，要给 QW0 赋值为 0。

主程序的内容如图 11-14 所示。在系统初始化阶段，字节型数据 MB10 利用启动组织块赋初值为 1，启动组织块执行完成后，开始执行循环程序，程序段 3 利用比较指令，在 MB10 数值为 1 时，给字节型数据 QW0 赋值为 1，此时，中心指示灯 Q1.0 被点亮。

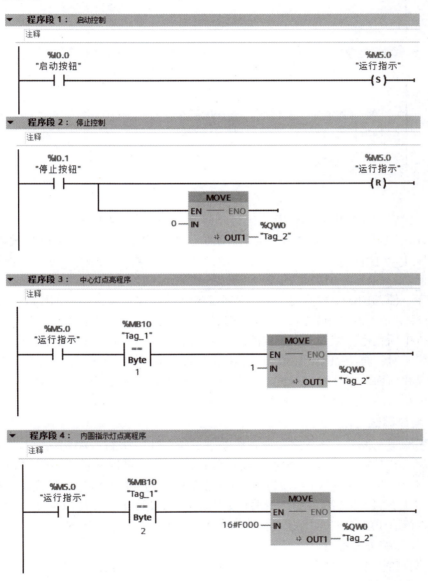

图 11-14 天塔之光系统主程序

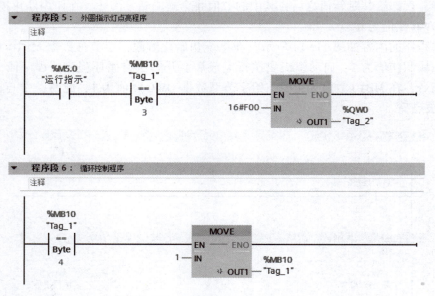

图 11-14　天塔之光系统主程序（续）

由于设置了循环中断，当系统运行时间为 1 s 时，产生中断，系统调用中断程序，MB10 的数值自动增加 1，变为 2。系统执行完中断程序后，又执行循环程序。在程序段 4，利用比较指令，当 MB10 数值为 2 时，给 QW0 赋值为十六进制数据 0F00，此时，内圆上的指示灯 L5～L8 点亮，维持时间为 1 s。1 s 后，系统再次执行中断程序，使 MB10 的数值变为 3。程序段 5 利用比较指令，当 MB10 数值为 3 时，给 QW0 赋值为十六进制数据 F000，此时，外圈指示灯 L1～L4 被点亮。1 s 后，系统再次执行中断程序，使 MB10 的数值变为 4。程序段 6 利用 MOVE 指令，当 MB10 数值增加到 4 时，再给 MB10 赋值为 1，由此开始指示灯的循环点亮。

如果在前面的 I/O 地址分配表中采用不同的 I/O 地址分配方式，利用 MOVE 指令传输的数值还能是以上数值吗？

### 7. 程序调试

程序编写完成后，将程序和设备组态下载至 PLC，进行程序调试。对于相对复杂的程序，有时需要反复调试才能确定其正确性，程序调试正确后方可投入使用（当然，使用 TIA Portal V15 软件的仿真功能也可以调试用户程序，但要求软件版本在 V13 以上，且 S7-1200 PLC 的硬件版本在 V4.0 及以上，才可以使用软件的仿真功能，在没有 PLC 硬件的情况下，使用 TIA Portal V15 软件的仿真功能非常方便）。

1）用监控表监视与修改变量

在项目树中单击"监控与强制表"按钮，添加新监控表，如图 11-15 所示。

2）程序下载

将调试好的用户程序下载到 PLC 中，并按照图 11-7 所示的 PLC 接线图连接好电路，按下启动按钮，观察天塔之光系统的指示灯能否发散形闪烁运行。按下停止按钮，系统停止运行。系统运行期间，可以打开图 11-15 所示的监控表，观察各输出点的运行结果。

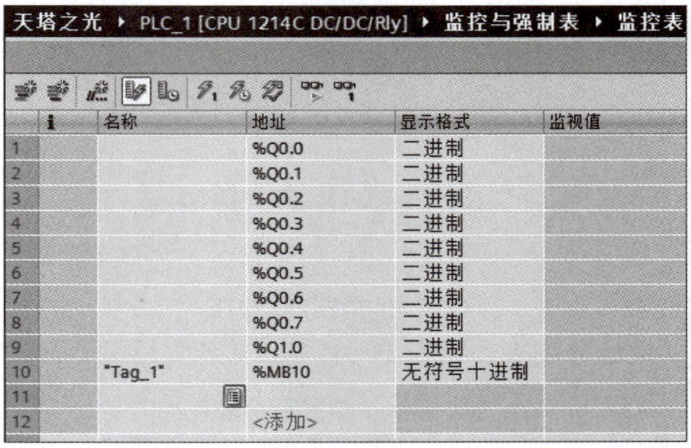

天塔之光 ▸ PLC_1 [CPU 1214C DC/DC/Rly] ▸ 监控与强制表 ▸ 监控表

| | i | 名称 | 地址 | 显示格式 | 监视值 |
|---|---|---|---|---|---|
| 1 | | | %Q0.0 | 二进制 | |
| 2 | | | %Q0.1 | 二进制 | |
| 3 | | | %Q0.2 | 二进制 | |
| 4 | | | %Q0.3 | 二进制 | |
| 5 | | | %Q0.4 | 二进制 | |
| 6 | | | %Q0.5 | 二进制 | |
| 7 | | | %Q0.6 | 二进制 | |
| 8 | | | %Q0.7 | 二进制 | |
| 9 | | | %Q1.0 | 二进制 | |
| 10 | | "Tag_1" | %MB10 | 无符号十进制 | |
| 11 | | | | | |
| 12 | | | <添加> | | |

图 11-15　天塔之光系统监控表

注意，当按下启动按钮时，系统不一定从中心指示灯开始点亮，因为按下启动按钮的时间不一定是程序运行的第 1 s，4 s，7 s……，停止按钮不能停止中断程序的运行，只是停止了指示灯的点亮，中断程序还在一直运行。

## 任务拓展

除了启动组织块、循环中断组织块、程序循环组织块外，组织块的类型还有很多，比如延时中断组织块、时间错误中断组织块、硬件中断组织块，诊断错误中断组织块等，其调用方法与启动组织块相同，只是其特点、编号和应用环境有所不同，读者可以自行学习其使用方法。

利用本任务所学知识，完成以下任务拓展。

（1）填写任务工单，见表 11-3。

表 11-3　任务工单

<table>
<tr><td>任务名称</td><td>天塔之光系统的 PLC 控制</td><td>实训教师</td><td></td></tr>
<tr><td>学生姓名</td><td></td><td>班级名称</td><td></td></tr>
<tr><td>学号</td><td></td><td>组别</td><td></td></tr>
<tr><td>任务要求</td><td colspan="3">利用启动组织块和循环中断组织块，以及主程序组织块，实现天塔之光系统的模拟控制，要求系统开始工作后，指示灯呈间隔型闪烁，按下启动按钮，指示灯 L1、L7、L9 同时点亮，2s 后熄灭，同时，L2、L3、L5 点亮，2s 后熄灭，同时 L4、L6、L8 点亮，如此循环往复，直到按下停止按钮，系统停止工作</td></tr>
<tr><td>材料、工具清单</td><td colspan="3"></td></tr>
<tr><td>实施方案</td><td colspan="3"></td></tr>
<tr><td>步骤记录</td><td colspan="3"></td></tr>
</table>

| 实训过程记录 | | | |
|---|---|---|---|
| 问题及处理方法 | | | |
| 检查记录 | | 检查人 | |
| 运行结果 | | | |

（2）填写 I/O 地址分配表，见表 11-4。

表 11-4　I/O 地址分配表

| 输入 | | 输出 | |
|---|---|---|---|
| | | | |
| | | | |
| | | | |
| | | | |
| | | | |
| | | | |
| | | | |
| | | | |
| | | | |

（3）绘制 PLC 接线图。

（4）程序记录。

（5）程序调试。

可以利用十六进制和十进制的不同方法进行程序设计。

（6）任务评价。

可以参考下方职业素养与操作规范评分表、天塔之光系统由 PLC 控制任务考核评分表。

## 任务评价

**职业素养与操作规范评分表**
**（学生自评和互评）**

| 序号 | 主要内容 | 说明 | 自评 | 互评 | 得分 |
|---|---|---|---|---|---|
| 1 | 安全操作（10分） | 没有穿戴工作服、绝缘鞋等防护用品扣 5 分 | | | |
| | | 在实训过程中将工具或元件放置在危险的地方造成自身或他人人身伤害，取消成绩 | | | |
| | | 通电前没有进行设备检查引起设备损坏，取消成绩 | | | |
| | | 没经过实验教师允许而私自送电引起安全事故，取消成绩 | | | |
| 2 | 规范操作（10分） | 在安装过程中，乱摆放工具、仪表、耗材，乱丢杂物扣 5 分 | | | |
| | | 在操作过程中，恶意损坏元件和设备，取消成绩 | | | |
| | | 在操作完成后不清理现场扣 5 分 | | | |
| | | 在操作前和操作完成后未清点工具、仪表扣 2 分 | | | |
| 3 | 文明操作（10分） | 在实训过程中随意走动影响他人扣 2 分 | | | |
| | | 完成任务后不按规定处置废弃物扣 5 分 | | | |
| | | 在操作结束后将工具等物品遗留在设备或元件上扣 3 分 | | | |
| 职业素养总分 | | | | | |

**天塔之光系统的 PLC 控制任务考核评分表**
**（教师和工程人员评价）**

| 序号 | 考核内容 | 说明 | 得分 | 合计 |
|---|---|---|---|---|
| 1 | 机械与电气安装（20分） | 所有具有垫片的螺钉必须用垫片，若未达到要求，则每处扣 0.5 分 | | |
| | | 所有螺钉必须全部固定并不能松动，若未达到要求，则每处扣 0.5 分 | | |

学习笔记

| 序号 | 考核内容 | 说明 | | 得分 | 合计 |
|---|---|---|---|---|---|
| 1 | 机械与电气安装（20分） | 所有线缆必须使用绝缘冷压端子，若未达到要求，则每处扣0.5分 | | | |
| | | 冷压端子处不能看到明显外露的裸线，若未达到要求，则每处扣0.5分 | | | |
| | | 接线端子连接牢固，不得拉出接线端子，若未达到要求，则每处扣0.5分 | | | |
| | | 多股电线必须绑扎，若未达到要求，则每处扣0.5分 | | | |
| | | 相邻扎带的间距≤50 mm，若未达到要求，则每处扣0.5分 | | | |
| | | 扎带切割后剩余长度≤1 mm，若未达到要求，则每处扣0.5分 | | | |
| | | 护套线的护套层应放在槽内，只有线芯从线槽孔内穿出，若未达到要求，则每处扣0.5分 | | | |
| | | 线槽到接线端子的接线不得有缠绕现象，若未达到要求，则每处扣0.5分 | | | |
| | | 走线槽盖住没有翘起和未完全盖住的现象，若未达到要求，则每处扣0.5分 | | | |
| 2 | I/O 地址分配（15分） | 说明 | 分值 | | |
| | | 输入点数为2个 | 每个1.5分（扣完为止） | | |
| | | 输出点数为9个 | 每个1.5分（扣完为止） | | |
| 3 | PLC 功能（25分） | 程序结构具有启动组织块 | 5分 | | |
| | | 程序结构具有循环中断组织块 | 5分 | | |
| | | 循环方式正确 | 4分 | | |
| | | 间隔时间正确 | 3分 | | |
| | | 指示灯点亮情况正常 | 5分 | | |
| | | 程序能正常循环 | 3分 | | |
| 4 | 程序下载和调试（10分） | 程序下载方法正确 | 2分 | | |
| | | I/O 检查方法正确 | 3分 | | |
| | | 能分辨硬件和软件故障 | 2分 | | |
| | | 调试方法正确 | 3分 | | |
| 任务评价总分 | | | | | |

## 任务十二　两台电动机的 Y-△ 降压启动控制

### 任务目标

**知识目标**

（1）准确理解函数局部变量的使用方法。

（2）熟悉利用函数实现结构化编程的方法。

（3）准确识别函数的形参和实参及使用方法。

**技能目标**

（1）准确进行电动机 Y-△ 降压启动的 PLC 接线。

（2）能利用函数的编程方式编写控制程序。

（3）熟悉 TIA Portal V15 软件的使用和程序调试方法。

**素养目标**

（1）加强学生注重安全生产的思想意识。

（2）培养学生的劳动精神和工匠精神。

### 任务引入

在生产实践中，车间或工厂使用大量的三相异步电动机，三相异步电动机的启动电流一般是额定电流的 5~7 倍。如果直接启动，由于启动电流大，电网电压波动大，可能影响其他正在工作的电气设备，故对于功率较大的电动机会采用降压的启动的方式。Y-△ 降压启动是常用的降压启动方式之一，它适用于额定接法为 △ 接法，且轻载或空载启动的三相异步电动机。

> **安全生产**
>
> 大功率电动机启动时会影响其他负载的正常工作，为了保护设备和延长设备的使用寿命，要采取相对安全的措施，以保证安全生产和降低生产成本。

### 任务要求

为了减小电动机的启动电流，两台电动机均采用 Y-△ 降压启动的方式。由于 Y 接法和 △ 接法的接触器不能同时接通，所以要求在硬件和软件方面都能实现互锁，并且每台电动机都能准确实现转换。实现降压启动的方法有多种，结合任务的内容和安排，要求用函数的方法解决编程问题，因为启动方法和所需元件均相同，控制程序近似。S7-1200 PLC 解决这类问题常用方法是建立一个函数，通过设置输入参

数、输出参数、输入/输出参数和内部程序，再连接的不同的实参，实现两台，甚至多台电动机的降压启动。

本任务需要完成以下工作。

（1）准确进行两台电动机 Y-△降压启动的 PLC 接线。

（2）能够在 TIA Portal V15 软件中利用函数进行结构化编程。

（3）会使用函数的形式参数和实际参数。

（4）进一步熟悉编程软件的仿真和调试方法。

## 知识链接

S7-1200 PLC 编程采用块的概念。块类似子程序的功能，但比子程序类型更多，功能更强大。采用块的概念便于程序的设计和理解，也可以设置标准化的块程序进行重复调用。采用块结构编程后，程序结构更清晰明了，修改和调试更加方便，调试工作更加简便。

函数 FC 的
使用方法

块的类型和简要描述见表 12-1。

表 12-1　块的类型和简要描述

| 块 | | 简要描述 |
|---|---|---|
| 组织块 | | 操作系统与用户程序的接口，决定用户程序的结构 |
| 函数块 | | 用户编写的包含常用功能的子程序，有专用的背景数据块 |
| 函数 | | 用户编写的包含常用功能的子程序，没有专用的背景数据块 |
| 数据块 | 背景数据块 | 用户保存函数块的输入变量、输出变量和静态变量，数据在编译时自动生成 |
| | 全局数据块 | 存储用户数据的数据区域，供所有的代码块共享 |

函数（Function，FC；又称为功能）是用户编写的没有专用存储区的程序块，类似子程序的功能，它们包含完成特定任务的代码和参数。函数是快速执行的程序块，用于完成标准的、可重复使用的操作或完成某种技术功能。

函数与调用它的块共享输入、输出参数，函数执行完后，将执行结果返回给调用它的程序块。函数没有固定的存储区，功能执行结束后，其局部变量中的临时数据就丢失了。如果有需要在执行完成后保存的参数，可以用全局变量来存储。

### 1. 生成函数

在 TIA Portal V15 软件的项目视图中生成一个名为"FC 应用示例"的新项目，双击项目树中的"添加新设备"选项，添加一个控制器，CPU 型号为 1214C AC/DC/RLY，版本为 V4.2。

双击"PLC_1［CPU 1214C AC/DC/RLY］"→"程序块"→"添加新块"选项，打开图 12-1 所示的对话框，在对话框中单击"函数"按钮，将块名称修改为"电动机控制"，也可以采用默认名称。编号方式为自动，勾选左下角"新增并打开"复选框，单击"确定"按钮，自动生成 FC1，并打开其编辑窗口。

图 12-1　添加函数示意

此时可以在项目树中看到新生成的函数 FC1，如图 12-2 所示。

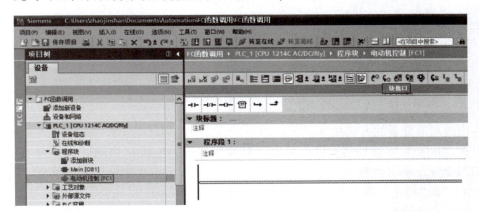

图 12-2　项目树中的函数 FC1

### 2. 编辑函数的局部变量

将光标放在程序编辑区最上方的"块接口"按钮处，用鼠标拖住水平分割条下移（或单击"块接口"按钮 块接口 ），可以方便地打开块接口区。将水平分割条拖拽至程序编辑区的顶部或单击块接口区隐藏按钮（在程序编辑区下方），则不再显示块接口区，但它依然存在。

在块接口区中生成函数块专用的局部变量，局部变量只能在它所在的函数块中使用。局部变量名称由字符、数字以及下划线组成。函数有图 12-3 所示的几种局部变量。

（1）输入参数（Input）：由调用它的块提供的输入数据。

（2）输出参数（Output）：返回给调用它的块的程序执行结果。

（3）输入/输出参数（InOut）：初值由调用它的块提供，块执行后返回给调用

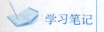

它的块。

（4）临时数据（Temp）：暂时保存在局部数据堆栈中的数据。只是在执行块时使用临时数据，执行完成后，不再保存临时数据的数值，它可能被别的块的临时数据覆盖。

（5）返回（Return）：Return 中的"电动机控制"（返回值）属于输出参数。

（6）常数（Constant）：在块中使用并且带有声明的符号名的常数。

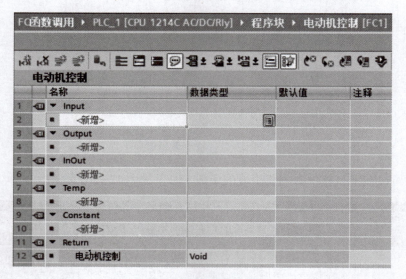

图 12-3　函数的局部变量

生成局部变量的方法如下。

在"Input"下面的名称栏中单击"新增"按钮，生成"启动"和"停止"两个局部变量。单击数据类型后的下拉按钮，可以选择新增变量的数据类型。这里"启动"和"停止"两个局部变量的数据类型均选为 Bool。

局部变量的名称可以由汉字、英文字母、数字和下划线组成，编程时，程序编辑器自动在局部变量名前加"#"号来标识，全局变量和符号地址使用双引号，绝对地址使用"%"号。

在"Output"下面的名称栏中单击"新增"按钮，生成名称为"电动机"的局部变量，局部变量的数据类型也为 Bool。

在"InOut"下面的名称栏中单击"新增"按钮，生成"运行指示"局部变量，局部变量的数据类型为 Bool，如图 12-4 所示。

生成局部变量时，不需要指定存储器地址，根据局部变量的数据类型，程序编辑器自动为所有局部变量指定存储器地址。

返回值"电动机控制"（函数的名称）属于输出参数，默认的数据类型为 Void，该数据类型不保存数据，用于函数不需要返回值的情况，在调用 FC1 时，看不到"电动机控制"。如果将其设置为 Void 以外的数据类型，在 FC1 内部编程时可以使用该变量，在调用 FC1 时可以在方框的右边看到作为输出参数的"电动机控制"。

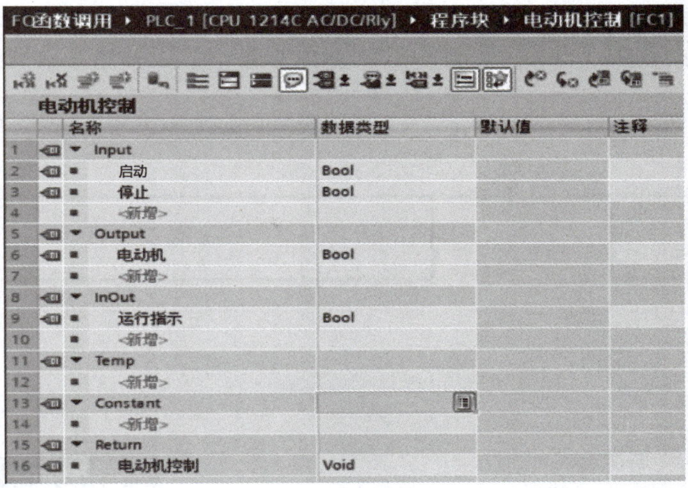

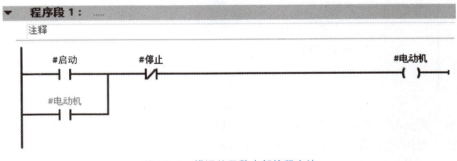

图 12-4　生成 FC1 局部变量

### 3. 编辑函数程序

在打开的 FC1 程序编辑窗口编写电动机启动控制程序，编辑方法与 OB1 程序编辑方法相同。

编程时单击触点或线圈上方的 "?? . ?" 时，可以手动输入其名称，也可通过单击下拉按钮，下拉列表中选择其变量，如图 12-5 所示。

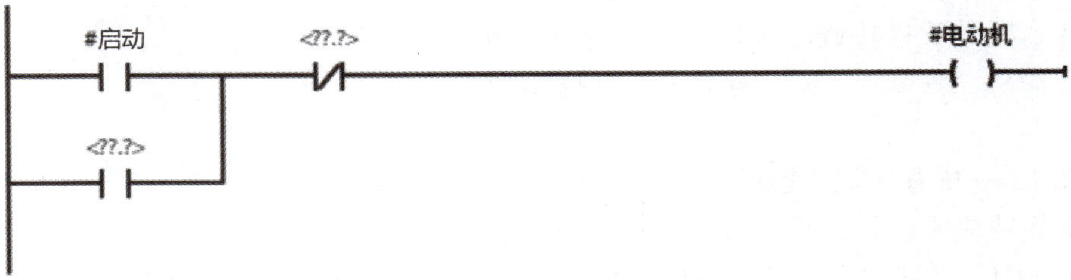

图 12-5　FC1 内部程序编写

在进行函数内部编程时，输出参数的触点不能作为自锁触点使用。图 12-6 所示是错误的函数内部编程方法。这样编程时，程序会提示电动机变量被声明为一个输出，不建议对该变量进行读取访问。

图 12-6　错误的函数内部编程方法

函数内部程序如果必须使用自锁触点，可以定义输入/输出参数，利用输入/输出参数的常开触点实现自锁，再将输出参数的线圈与输入/输出参数的线圈并联，如图 12-7 所示。

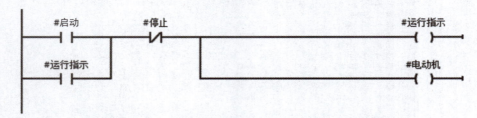

图 12-7　正确的编程方法

### 4. 调用函数程序

打开程序 OB1 的编辑窗口，在项目树中找到"电动机控制［FC1］"，如图 12-8 所示。

用鼠标将 FC1 直接拖放至某个程序段的水平线上，即可调用函数程序，如图 12-9 所示。在主程序中，函数以方框的形式出现，方框的内部是在函数程序接口区定义的变量，其中，输入参数、输入/输出参数出现在方框的左边，输出参数出现在方框的右边。它们都属于形式参数，简称"形参"。形参只能在函数的内部程序中使用。其他程序块调用函数时，要为形参指定实际的参数，简称"实参"。实参与形参的数据类型一定是相同的。

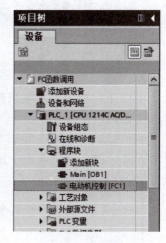

图 12-8　项目树中的 FC1

图 12-9 中程序段 1 前面的"×"图标表明程序段 1 尚未编辑或尚未编译，程序段 1 编辑完成后，选择项目树中的 FC1，单击"编译"按钮，即可将"×"图标去掉。实用中也可以等所有程序编辑完成后，最后再编译。

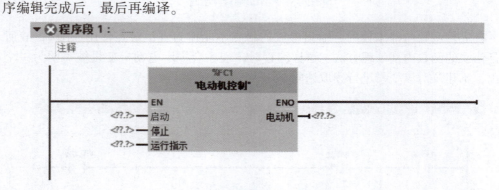

图 12-9　函数程序的调用

指定实参时，可以使用变量表和全局数据块中定义的符号地址或绝对地址，也可以使用调用 FC1 的局部变量，如图 12-10 所示。

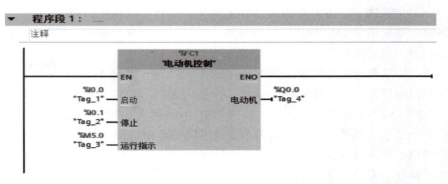

图 12-10    为形参指定实参

在 OB1 中已经调用完 FC1，若在 FC1 中增减某个参数或修改了某个参数名称，则在 OB1 中被调用的 FC1 的方框、字符、背景数据块将变成红色。这时单击程序编辑器的工具栏中的"更新不一致的块调用"按钮 ，FC1 中的红色错误标记将消失（图 12-11），或在 OB1 中删除 FC1 后重新调用亦可。

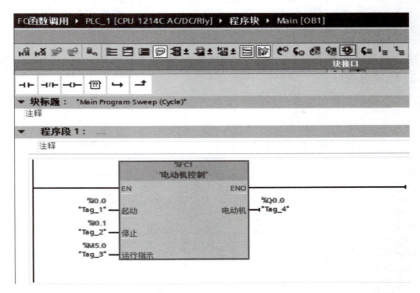

图 12-11    处理调用错误

如果在 FC1 内部程序中不使用局部变量，而直接使用符号地址或绝对地址进行编程，则其编程方法与 OB1 相同。

## 任务实施

### 1. 任务分析

三相异步电动机采用 Y-△ 降压启动时，需要一个启动按钮、一个停止按钮，分别控制电机的启停；需要 3 个交流接触

函数 FC（两台电动机星角降压启动）

器、一个主接触器，给主电路通入三相交流电；一个 Y 接法的接触器、一个 △ 接法的接触器，实现由 Y 接法到 △ 接法的转换；两种接法实现切换时，需要一个通电延时型定时器实现时间控制。

本任务需要两台电动机都采用 Y-△ 降压启动方法。由于两台电动机的启动模式相同，所以编程思路是，建立一个函数，在其内部编写由输入参数、输出参数、输入/输出参数等控制的程序，而在主程序 OB1 中，两次调用该函数，每次调用时，分别给形参赋予不同的实参，控制两台功率不同的电动机。

电动机的工作过程如下。按下启动按钮 SB1，电动机 1 启动，此时，主接触器 1 和星形接触器 1 吸合，电动机接成 Y 接法启动，当电动机的转速接近额定转速时（大约经过 8 s 时间），电动机转换成 △ 接法，此时星形接触器释放，角形接触器吸合，电动机转换成 △ 接法运行。第二台电动机与第一台电动机相似，按下启动按钮 SB3，电动机 2 启动，此时，主接触器 2 和星形接触器 2 吸合，电动机接成 Y 接法启动，当电动机的转速接近额定转速时（大约经过 5 s 时间），电动机转换成 △ 接法，此时星形接触器 2 释放，三角形接触器 2 吸合，电动机转换成 △ 接法运行。按下停止按钮 SB2，第一台电动机停止运行。按下停止按钮 SB4，第二台电动机停止运行。

说明：在本书中，只给出 PLC 控制回路的接线，电动机 Y-△ 运行的主电路在"电机与电气控制"课程中已经学习过，这里不作为重点内容，请同学们自行查阅。

### 2. I/O 地址分配

根据 PLC 输入/输出点数分配原则及本任务的控制要求，I/O 地址分配表见表 12-2。

表 12-2　两台电动机 Y-△ 降压启动控制 I/O 地址分配表

| 输入 | | 输出 | |
| --- | --- | --- | --- |
| 输入继电器 | 元件 | 输出继电器 | 元件 |
| I0. 0 | SB1 | Q0. 0 | 主接触器 1 （KM1） |
| I0. 1 | SB2 | Q0. 1 | 星形接触器 1 （KM2） |
| I0. 2 | SB3 | Q0. 2 | 三角形接触器 1 （KM3） |
| I0. 3 | SB4 | Q0. 3 | 主接触器 2 （KM4） |
| | | Q0. 4 | 星形接触器 2 （KM5） |
| | | Q0. 5 | 三角形接触器 2 （KM6） |

### 3. PLC 接线图

根据控制要求和 I/O 地址分配表，两台电动机 Y-△ 降压启动控制的 PLC 接线图如图 12-12 所示。

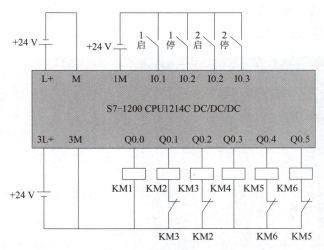

图 12-12　两台电动机 Y-△降压启动控制的 PLC 接线图

### 4. 创建工程项目

双击桌面上的“TIA Portal V15”图标，打开 TIA Portal V15 软件，在博途视图中创建新项目，输入项目名称“两台电动机 Y-△降压启动”，选择项目保存路径，单击“创建”按钮完成创建，并在项目视图中进行硬件组态。由于本任务控制三相异步电动机，需要用到交流接触器，所以 PLC 类型选择 1214C DC/DC/RLY。

### 5. 编辑变量表

在项目树中双击“添加新变量表”选项，打开并编辑变量表_1，如图 12-13 所示。

两台电动机Y-△降压启动 ▸ PLC_1 [CPU 1214C AC/DC/Rly] ▸ PLC 变量 ▸ 变量表_1 [12]

变量表_1

| | 名称 | 数据类型 | 地址 | 保持 | 可从 ... | 从 H... | 在 H... |
|---|---|---|---|---|---|---|---|
| 1 | Tag_1 | Bool | %I0.0 | ☐ | ☑ | ☑ | ☑ |
| 2 | Tag_2 | Bool | %I0.1 | ☐ | ☑ | ☑ | ☑ |
| 3 | Tag_3 | Bool | %I0.2 | ☐ | ☑ | ☑ | ☑ |
| 4 | Tag_4 | Bool | %I0.3 | ☐ | ☑ | ☑ | ☑ |
| 5 | Tag_5 | Bool | %Q0.0 | ☐ | ☑ | ☑ | ☑ |
| 6 | Tag_6 | Bool | %Q0.1 | ☐ | ☑ | ☑ | ☑ |
| 7 | Tag_7 | Bool | %Q0.2 | ☐ | ☑ | ☑ | ☑ |
| 8 | Tag_8 | Bool | %Q0.3 | ☐ | ☑ | ☑ | ☑ |
| 9 | Tag_9 | Bool | %Q0.4 | ☐ | ☑ | ☑ | ☑ |
| 10 | Tag_10 | Bool | %Q0.5 | ☐ | ☑ | ☑ | ☑ |
| 11 | Tag_11 | Bool | %M5.0 | ☐ | ☑ | ☑ | ☑ |
| 12 | Tag_12 | Bool | %M5.1 | ☐ | ☑ | ☑ | ☑ |
| 13 | <添加> | | | ☐ | ☑ | ☑ | ☑ |

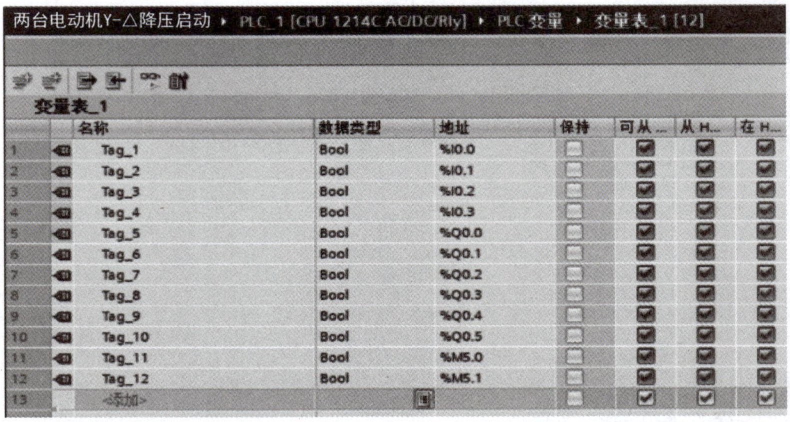

图 12-13　两台电动机 Y-△降压启动控制变量表

### 6. 编写程序

两台电动机的控制电路相似，可以生成一个函数 FC1，分两次调用。

1）生成函数

在项目树中双击“添加新块”选项，在弹出的对话框中单击“函数”按钮，

"名称"采用默认,编程语言为梯形图(LAD),"编号"选择"自动",勾选左下角"新建并打开"复选框,单击"确定"按钮,如图 12-14 所示。

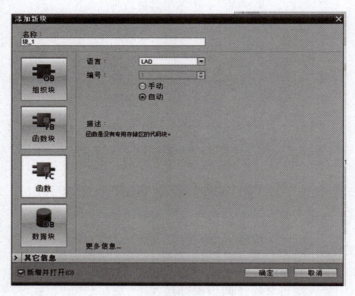

图 12-14　生成函数 FC1

2）生成函数局部变量

在出现的 FC1 内部程序编辑窗口中,单击窗口上方的"块接口"按钮，打开块接口区变量编辑窗口,按照图 12-15 所示的局部变量,添加输入参数、输出参数、输入/输出参数。

图 12-15　添加函数块接口区变量

　　在局部变量的输入/输出参数中，添加一个名称为"定时器"、数据类型为 IEC_TIMER 的局部变量，此定时器只是在 FC1 的内部程序中使用，不给出具体的延时时间，在两台电动机启动时，再利用全局变量 T1 和 T2 给出具体的延时时间，延时时间分别为两台电动机从开始启动到接近额定转速的时间。

　　3）生成全局变量

　　在项目树中双击"添加新块"选项，在弹出的对话框中单击"数据块"按钮，如图 12-16 所示。"名称"采用默认，"类型"为"全局 DB"，"编号"选择"自动"，勾选左下角的"新增并打开"复选框，单击"确定"按钮。在弹出的对话框中添加 T1 和 T2 两个静态变量，如图 12-17 所示。

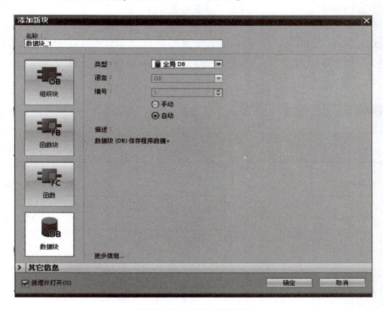

图 12-16　添加数据块

| | 名称 | 数据类型 | 起始值 | 保持 | 可从 HMI/... | 从 H... | 在 HMI ... | 设定值 | 注释 |
|---|---|---|---|---|---|---|---|---|---|
| 1 | ◄■▼ Static | | | | | | | | |
| 2 | ◄■ ▶ T1 | IEC_TIMER | | ☐ | ☑ | ☑ | ☑ | ☐ | |
| 3 | ◄■ ▶ T2 | IEC_TIMER | | ☐ | ☑ | ☑ | ☑ | ☐ | |
| 4 | ■ <新增> | | | ☐ | | | | ☐ | |

图 12-17　添加静态变量 T1、T2

　　单击静态变量 T1 和 T2 左侧的黑色三角按钮，打开图 12-18 所示的起始值设置窗口。将 T1 的延时时间 PT 设置为 8 s（取决于电动机 1 的启动时间），将 T2 的延时时间 PT 设置为 5 s（取决于电动机 2 的启动时间）。

　　4）编写函数程序

　　利用程序编辑功能编写图 12-19 所示的程序。

　　程序段 1，以启-保-停方式控制电路，使主接触器、星形接触器、"定时器"功能块和"运行指示"局部变量的线圈同时得电，保证电动机按 Y 接法启动。

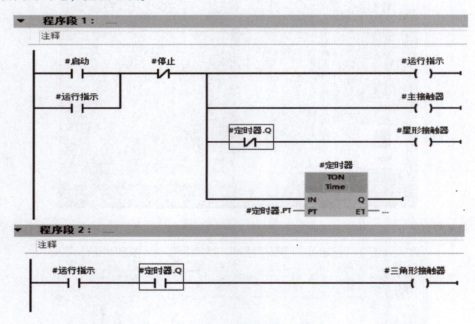

图 12-18　起始值设置窗口

程序段 2，延时时间到，△接法的接触器得电，图中的红色框为互锁功能，由于定时器的常开和常闭触点不会同时导通，所以可以保证 Y 接法和△接法的接触器不会同时得电，实现互锁。

图 12-19　函数内部程序

5）调用函数程序

双击项目树中的主程序 OB1，打开主程序编辑窗口，将项目树中的"块_1（FC1）"拖拽至程序段 1 的水平导线上，如图 12-20 所示。

按照电动机 1 的控制要求，给函数 FC1 的形参指定实参，第一台电动机的启动按钮为 SB1，对应地址为 I0.0，停止按钮为 SB2，对应地址为 I0.1。运行指示对应辅助继电器 M5.0，定时器对应全局数据块中的数据 T1。输出参数分别对应第一台电动机的 3 个控制接触器，如图 12-21 所示。

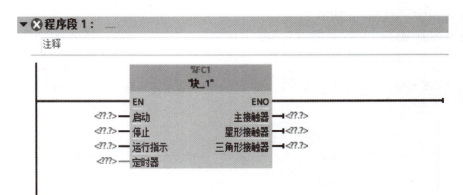

图 12-20　调用函数 FC1

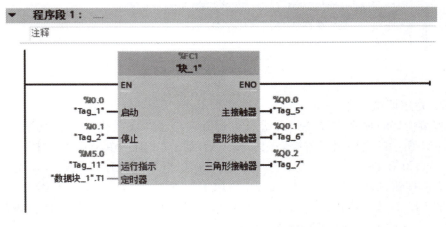

图 12-21　第一台电动机降压启动控制

将项目树中的"块_1（FC1）"拖拽至程序段 2 的水平导线上，如图 12-22 所示。

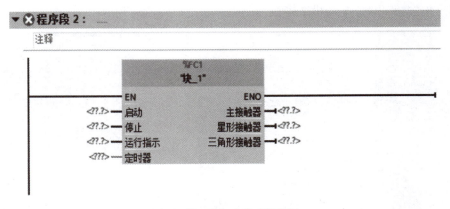

图 12-22　第二台电动机控制

按照电动机 2 的控制要求，给函数 FC1 的形参指定实参，第二台电动机的启动

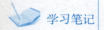

按钮为 SB3，对应地址为 I0.2，停止按钮为 SB4，对应地址为 I0.3。运行指示对应辅助继电器 M5.1，定时器对应全局数据块中的数据 T2。输出参数分别对应第二台电动机的 3 个控制接触器，如图 12-23 所示。

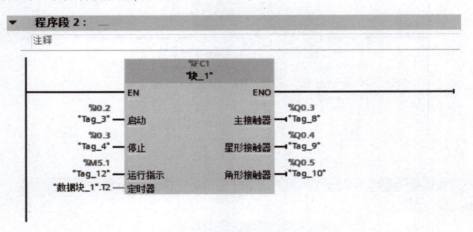

图 12-23　第二台电动机控制

### 7. 程序调试

将编辑好的程序和设备组态进行编译并下载至 PLC，先进行仿真调试。按照图 12-24 所示的表格编辑监控表_1，按下启动按钮 SB1，单击工具栏中的"监控"按钮，Q0.0 和 Q0.1 为"TRUE"，8 s 后，Q0.0 为"FALSE"，Q0.2 为"TRUE"。按下启动按钮 SB3，Q0.3 和 Q0.4 为"TRUE"，8 s 后，Q0.4 为"FALSE"，Q0.5 为"TRUE"。按下停止按钮 SB2，Q0.0~Q0.2 均为"FALSE"，按下停止按钮 SB4，Q0.3~Q0.5 均为"FALSE"。

仿真调试完全正确后，按图 12-12 所示的 PLC 接线图连接电路。按下启动按钮 SB1，电动机 1 按 Y 连接启动，8 s 后，转换成△连接运行。按下 SB2，电动机 1 停机。按下启动按钮 SB3，电动机 2 按 Y 连接启动，5 s 后，自动转换为△连接运行，按下停止按钮 SB4，电动机 2 停机。

两台电动机Y-△降压启动 ▶ PLC_1 [CPU 1214C AC/DC/Rly] ▶ 监控与强制表 ▶ 监控表_1

| i | 名称 | 地址 | 显示格式 | 监视值 | 修改值 |
|---|---|---|---|---|---|
| 1 | "Tag_5" | %Q0.0 | 布尔型 | | |
| 2 | "Tag_6" | %Q0.1 | 布尔型 | | |
| 3 | "Tag_7" | %Q0.2 | 布尔型 | | |
| 4 | "Tag_8" | %Q0.3 | 布尔型 | | |
| 5 | "Tag_9" | %Q0.4 | 布尔型 | | |
| 6 | "Tag_10" | %Q0.5 | 布尔型 | | |
| 7 | | <添加> | | | |

图 12-24　监控表_1

## 任务拓展

在实际应用中，生产企业需要用到 Y-△降压启动的电动机有很多，不仅限于两台，请利用本任务所学知识，完成以下任务拓展。

（1）填写任务工单，见表 12-3。

表 12-3　任务工单

| 任务名称 | 3 台电动机的 Y-△降压启动控制 | | 实训教师 | |
|---|---|---|---|---|
| 学生姓名 | | | 班级名称 | |
| 学号 | | | 组别 | |
| 任务要求 | 有 3 台功率较高的三相异步电动机，均要求采用 Y-△降压启动控制。利用函数编程，实现 3 台电动机的 Y-△降压启动控制。第一台电动机 Y-△转换时间为 6 s，第二台电动机 Y-△转换的时间为 5 s，第三台电动机 Y-△转换时间为 4 s。每台电动机都要求星形接触器和三角形接触器不能同时接通 | | | |
| 材料、工具清单 | | | | |
| 实施方案 | | | | |
| 步骤记录 | | | | |
| 实训过程记录 | | | | |
| 问题及处理方法 | | | | |
| 检查记录 | | | 检查人 | |
| 运行结果 | | | | |

（2）填写 I/O 地址分配表，见表 12-4。

表 12-4　I/O 地址分配表

| 输入 | | 输出 | |
|---|---|---|---|
| | | | |
| | | | |
| | | | |
| | | | |
| | | | |
| | | | |
| | | | |
| | | | |
| | | | |

（3）绘制 PLC 接线图。

（4）程序记录。

（5）程序调试。

先进行程序仿真调试，程序运行无误后，下载至 PLC，先进行无负载调试，即在无电动机的情形下使接触器运行顺序和转换时间正确，确保无误后，再连接电动机进行调试，直至带负载运行正确。

（6）任务评价。

可以参考下方职业素养与操作规范评分表、3 台电动机 Y-△降压启动控制任务考核评分表。

## 任务评价

**职业素养与操作规范评分表**
**（学生自评和互评）**

| 序号 | 主要内容 | 说明 | 自评 | 互评 | 得分 |
|------|----------|------|------|------|------|
| 1 | 安全操作（10分） | 没有穿戴工作服、绝缘鞋等防护用品扣 5 分 | | | |
| | | 在实训过程中将工具或元件放置在危险的地方造成自身或他人人身伤害，取消成绩 | | | |
| | | 通电前没有进行设备检查引起设备损坏，取消成绩 | | | |
| | | 没经过实验教师允许而私自送电引起安全事故，取消成绩 | | | |

续表

| 序号 | 主要内容 | 说明 | 自评 | 互评 | 得分 |
|------|----------|------|------|------|------|
| 2 | 规范操作（10分） | 在安装过程中，乱摆放工具、仪表、耗材，乱丢杂物扣5分 | | | |
| | | 在操作过程中，恶意损坏元件和设备，取消成绩 | | | |
| | | 在操作完成后不清理现场扣5分 | | | |
| | | 在操作前和操作完成后未清点工具、仪表扣2分 | | | |
| 3 | 文明操作（10分） | 在实训过程中随意走动影响他人扣2分 | | | |
| | | 完成任务后不按规定处置废弃物扣5分 | | | |
| | | 在操作结束后将工具等物品遗留在设备或元件上扣3分 | | | |
| 职业素养总分 | | | | | |

### 3台电动机 Y-△降压启动控制任务考核评分表
#### （教师和工程人员评价）

| 序号 | 考核内容 | 说明 | 得分 | 合计 |
|------|----------|------|------|------|
| 1 | 机械与电气安装（30分） | 工作完成时，桌面不得散落工具，若未达到要求，则每处扣0.5分 | | |
| | | 接线端子连接牢固，不得拉出接线端子，若未达到要求，则每处扣0.5分 | | |
| | | 所有螺钉必须全部固定并不能松动，若未达到要求，则每处扣0.5分 | | |
| | | 所有具有垫片的螺钉必须用垫片，若未达到要求，则每处扣0.5分 | | |
| | | 多股电线必须绑扎，若未达到要求，则每处扣0.5分 | | |
| | | 扎带切割后剩余长度≤1 mm，若未达到要求，则每处扣0.5分 | | |
| | | 相邻扎带的间距≤50 mm，若未达到要求，则每处扣0.5分 | | |
| | | 冷压端子处不能看到明显外露的裸线，若未达到要求，则每处扣0.5分 | | |
| | | 所有线缆必须使用绝缘冷压端子，若未达到要求，则每处扣0.5分 | | |

续表

| 序号 | 考核内容 | 说明 | | 得分 | 合计 |
|---|---|---|---|---|---|
| 1 | 机械与电气安装（30分） | 线槽到接线端子的接线不得有缠绕现象，若未达到要求，则每处扣0.5分 | | | |
| | | 3台电动机主电路连接正确，若未达到要求，则每个扣2分 | | | |
| | | Y接法与Δ接法之间硬件有电气互锁，若未达到要求，则每处扣1分 | | | |
| 2 | I/O地址分配（5分） | 说明 | 分值 | | |
| | | 输入点数正确 | 每个0.5分 | | |
| | | 输出点数正确 | 每个0..5分 | | |
| 3 | PLC功能（25分） | 正确使用、命名函数 | 5分 | | |
| | | 输入、输出参数设置正确 | 5分 | | |
| | | 定时器使用方法正确 | 3分 | | |
| | | 形参、实参设置正确 | 3分 | | |
| | | 电动机能Y连接启动 | 3分 | | |
| | | 电动机能△连接运行 | 3分 | | |
| | | 3台电动机都能正常运行 | 3分 | | |
| 4 | 程序下载和调试（10分） | 程序方法仿真正确 | 2分 | | |
| | | I/O检查方法正确 | 3分 | | |
| | | 能分辨硬件和软件故障 | 2分 | | |
| | | 调试方法正确 | 3分 | | |
| | 任务评价总分 | | | | |

## 任务十三　交通信号灯分时段控制

### 任务目标

**知识目标**

（1）准确理解函数块接口变量的使用方法。

（2）熟悉利用函数块实现结构化编程的方法。

（3）准确理解函数块的静态变量和初始值。

**技能目标**

（1）准确进行交通信号灯控制板与 PLC 的输入/输出端口接线。

（2）能利用函数块的编程方式编写控制程序。

（3）熟悉 TIA Portal V15 软件的使用和程序调试方法。

**素养目标**

（1）培养学生遵守交通规则的意识。

（2）培养学生遵纪守法和人性化管理的意识。

## 任务引入

交通信号灯是在十字路口经常见到的交通设备，交通信号灯的设置方便了人们的通行。在实际生活中经常能见到这种情况，十字路口某一个方向有很多车辆在等待通行，而另一个方向车辆却很少，车辆多的方向形成了交通拥堵，而车辆少的方向却几乎无车辆通行，交通效率较低，造成交通资源的浪费。这就要求合理设置交通信号灯，交通信号灯的设置应考虑合理分配路口通行需求，减少违章行为发生，提升车辆通行效率，节约社会资源，提高社会效益。前面介绍过交通信号灯的 PLC 控制方法，本任务介绍一种新的控制方法。

> **立德树人**
>
> 交通信号灯的设置提高了十字路口的通行效率，每个交通参与者都应该遵守交通规则。人生何尝不是如此，不以规矩不成方圆，只要每个人都能遵守人生的"交通信号灯"，我们就能生活在一个安定有序的和谐社会。

## 任务要求

十字路口车辆较多的方向绿灯应该设置时间较长，另一方向车辆较少，则绿灯时间较短。要求交通信号灯系统启动后有两种工作方式。在第一种方式下，东西和南北两个方向的绿灯时间相同，都是 15 s。绿灯闪烁 3 s，黄灯闪烁 2 s。在第二种方式下，南北方向在某个时间段车流量大，绿灯时间较长，为 25 s，绿灯闪烁 3 s，黄灯闪烁 2 s，东西方向绿灯时间仍为 15 s。本任务利用基本指令实现比较烦琐，而利用函数块可以轻松解决相关问题。

本任务需要完成以下工作。

（1）准确进行交通信号灯控制板与 PLC 输入/输出端口的连接。

（2）能够在 TIA Portal V15 软件中利用函数块构建结构化编程方法。

（3）会使用函数块的静态变量和初始值。

（4）会管理函数块的背景数据块。

## 知识链接

### 知识点 1　函数块的应用

函数块（Function Block，FB；又称为功能块）也是用户编写的

函数 FC 的
使用方法

程序块，类似子程序功能，包含完成特定任务的程序。函数块有自己专用的存储区，称为背景数据块。函数块与调用它的程序块共享输入、输出参数，程序执行完函数块后，将执行结果返回给调用它的程序块。函数块的典型应用是执行不能在一个扫描周期结束的操作。

每次调用函数块时，都需要指定一个背景数据块，背景数据块随函数块的调用而打开，在调用结束时，自动关闭。函数块与函数有相似之处，它们都有输入参数（Input）、输出参数（Output）、输入/输出参数（InOut）、临时局部变量（TEMP）。但函数块有静态变量（Static）而函数没有，这些参数和变量都保存在函数块的背景数据块中，函数块执行完成后，背景数据块的数据不会丢失。

### 1. 生成函数块

打开 TIA Portal V15 软件，打开编程界面，在博图视图中添加"FB 应用示例"新项目。打开项目视图，首先进行设备组态。选择"添加新设备"→PLC 类型"CPU 1214C DC/DC/DC"。

在项目树中双击"程序块"→"添加新块"选项，出现图 13-1 所示的界面，单击"函数块"按钮，将名称修改为"YYSL_1"，也可以采用默认名称。编程语言选择梯形图（LAD），也可以选择 FBD 或 SCL。"编号"选择"自动"。

勾选左下角的"新增并打开"复选框。可以打开函数块程序编辑窗口。也可以在项目树中看到"YYSL_1［FB1］"，如图 13-2 所示

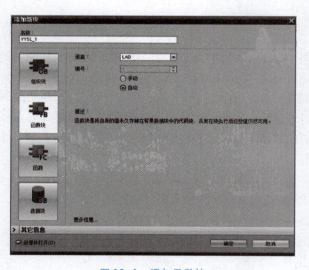

图 13-1　添加函数块　　　　　图 13-2　项目树中的函数块 FB1

### 2. 生成函数块的局部变量

打开的 FB1 编辑窗口，把光标放在编辑窗口的上部的"块接口"按钮处，如图 13-3 所示，单击"块接口"按钮或向下拖拽分割条，可以打开接口变量。利用鼠标向上拖动分割条，直至编辑窗口的顶部，将不再显示块接口区，但块接口区依然存在。

图 13-3　接口变量打开方法

接口变量打开后，可以对其进行编辑，如图 13-4 所示。

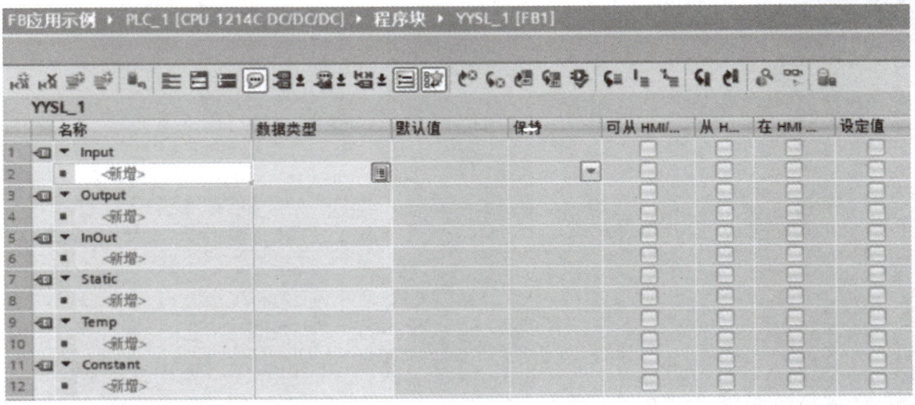

图 13-4　编辑接口变量

接口变量的编辑方法与函数相同，在输入参数、输出参数、静态变量等对应的下方表格中单击"新增"按钮，首先给变量命名，给变量命名的规则与函数相同，然后选择变量数据类型。

这些起始值和变量均保存在函数块的背景数据块中，其他程序块可以访问这些参数，但不能修改和删除背景数据块中的变量，只能在函数块的接口变量编辑区中删除和修改这些变量或数值。

图 13-5 所示是某三相异步电动机定时运行的控制程序接口参数。接口参数需要设定 Input "启动按钮"和"停止按钮"、Output "电动机"、InOut "辅助继电器_1"和"辅助继电器_2"。另外，需要设置两个静态变量"T1"和"T2"。

注意，在函数块接口参数中，每一个参数都有其默认的起始值，可以修改这些默认的起始值。例如，可以将"启动按钮"的起始值修改为"TRUE"（或"1"），当修改的数值超出范围（比如"2"）时显示为粉色，同时显示"该数值可能超出范围"。

在静态变量（Static）中，T1 和 T2 的数据类型为 IEC_TIMER，单击其列表左侧的黑色三角按钮，打开其参数表，将"PT"栏的起始值设置为 T#10M（电动机运行时间为 10 min），同样，将 T2 参数表"PT"栏的起始值设置为 T#5M（电动机休息时间为 5 min），如图 13-6 所示。

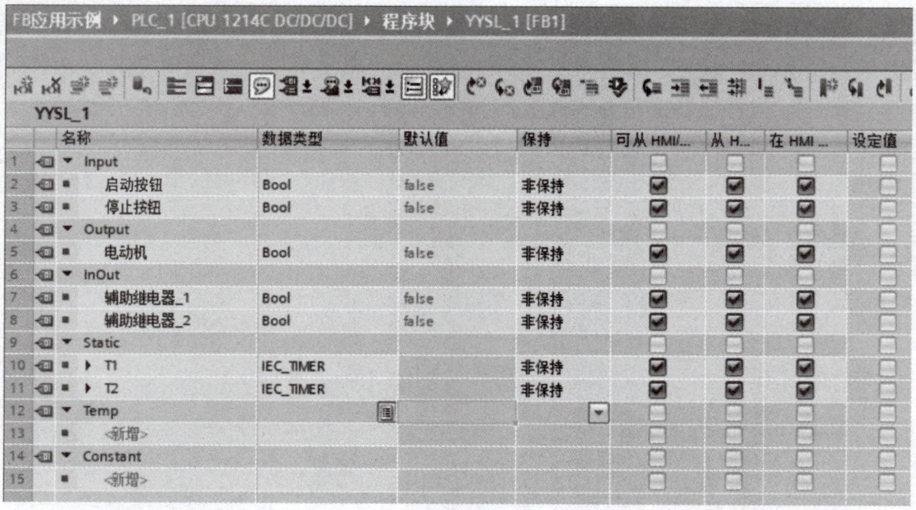

图 13-5　生成 FB1 接口变量

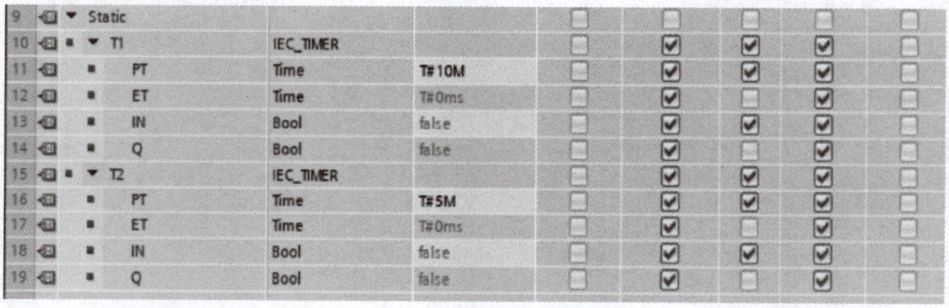

图 13-6　设置 T1、T2 起始值

### 3. 编写函数块内部程序

程序要求按下启动按钮后电动机开始运行，10 min 后自动停止，5 min 后再自行启动，周而复始，按下停止按钮后，电动机立即停止运行。

用鼠标将分隔条拖拽至编辑窗口的顶部，可以隐藏接口参数编辑区。在下方的程序编辑区按图 13-7 所示的内容将程序录入"YYSL_1[FB1]"内部程序。

程序段 1，利用脉冲定时器控制电动机的运行时间。当按下启动按钮或接通延时定时器 T2.Q 延时时间到时，脉冲定时器开始计时，其输出端导通，电动机启动，同时辅助继电器_1 被置位。当 T1 的定时时间到时，其常闭触点 T1.Q 复位，电动机停止运行。

程序段 2，辅助继电器_2 常开触点闭合，同时 T1.Q 常闭触点复位时，接通延时定时器开始计时。延时时间到时，位于程序段 1 的常开触点 T2.Q 闭合，再次接通电动机。

程序段 3，利用启-保-停电路控制辅助继电器_2，复位辅助继电器_1。利用辅助继电器_2 的常闭触点断开电动机输出线圈，停止电动机的运行。在电动机停止运行期间，辅助继电器_2 一直处于保持状态，直到按下启动按钮。

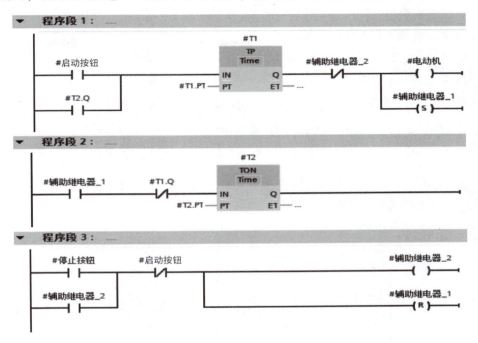

图 13-7　FB1 内部程序

注意，在程序段 1 和程序段 2 中。调用脉冲定时器 T1 和接通延时定时器 T2 时，其背景数据块不是系统自动指定的，而是在接口变量中定义的静态变量 T1 和 T2，变量表中 T1、T2 的类型为 IEC_TIMER，如图 13-8 所示。在调用选项中，一定要单击"取消"按钮。如果单击"确定"按钮，则系统自动指定背景数据块。

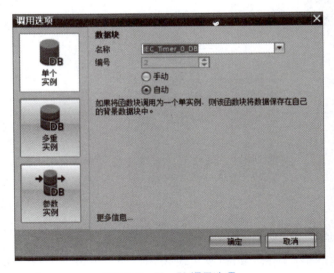

图 13-8　T1、T2 调用选项

### 4. 在 OB1 中调用函数块

在项目树中将 YYSL_1[FB1]拖拽至某程序段的水平导线上，即可实现对 FB1 程序的调用。拖拽到位时松开鼠标左键，会弹出"调用选项"对话框，如图 13-9 所示。在"名称"框中输入"第一次调用背景数据块"（也可以选择默认名称），单击"确定"按钮，自动生成函数块的背景数据块。

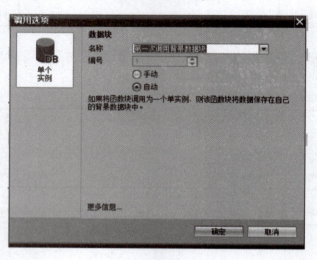

图 13-9　背景数据块调用选项

调用函数块时，出现在函数块方框左边的"启动按钮""辅助继电器_1"是在接口变量表中定义的输入参数和输入/输出参数。右边的"电动机"是在接口变量表中定义的输出参数，如图 13-10 所示。

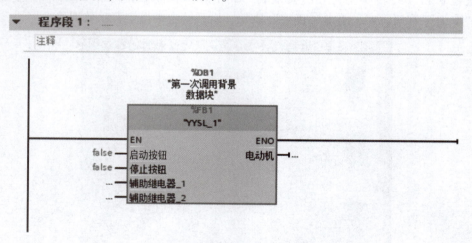

图 13-10　FB1 函数块的调用

与函数不同的是，函数块可以为形参指定实参，也可以不指定实参。在接口变量表中，系统给每个参数自动设定一个起始值，可以更改这些起始值，调用函数块时，不指定实参的参数，采用事先设定的起始值。在本任务中，若不给启动按钮和停止按钮指定实参，则"启动按钮"和"停止按钮"采用起始值"FALSE"。

本任务中给形参指定实参，如图 13-11 所示。启动按钮 I0.0、停止按钮 I0.1、辅助继电器_1 和辅助继电器_2 分别指定 M2.0 和 M2.1，电动机指定为输出点 Q0.0 。

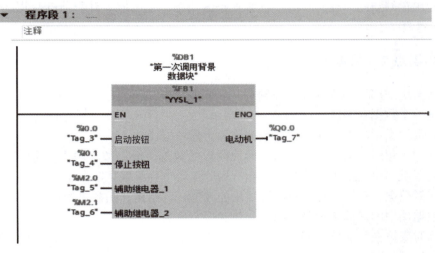

图 13-11　给形参指定实参

主程序或其他程序块每调用一次 FB1 函数块，系统都会自动生成一个背景数据块。函数块的背景数据块中保存的变量，就是其接口参数的输入参数、输出参数、输入/输出参数和静态变量等，如图 13-12 所示。函数块的数据永久性地保存在它的背景数据块中，函数块执行完成后，背景数据块的数据不会丢失，以供下次调用时使用。

图 13-12　函数块的背景数据块

### 5. 多重背景数据块

在使用定时器和计数器指令时，每个定时器、计数器都需要指定一个背景数据块。如果在一个程序中使用定时器和计数器较多，将会产生大量的数据块碎片，导致 CPU 存储空间应用不合理，同时 CPU 处理数据的时间增加。为了解决这个问题，在函数块中使用定时器、计数器指令时，可以在函数块的块接口区定义数据类型为 IEC_TIMER 或 IEC_COUNTER 的静态变量，如图 13-5 所示，用这些静态变量来提

供定时器和计数器的背景数据块。这种函数块的背景数据块称为多重背景数据块，如图 13-7 所示的局部变量"#T1"和"#T2"。

这样多个定时器或计数器的背景数据块被包含在它们所在的背景数据块中，而不需要为每个定时器设置一个单独的背景数据块，减少了数据处理的时间，能更合理地利用存储空间。在共享的多重背景数据块中，定时器、计数器的数据结构之间不会产生相互作用。

### 知识点 2　数据块

数据块是用于存放执行程序块时所需数据的数据区。数据块中没有任何指令，它只是一个数据存储区。

有两种类型的数据块：全局数据块和背景数据块。

在用户程序中创建数据块以存储代码块的数据。全局数据块中的数据，用户程序中的所有程序块都可以访问，因此全局数据块也称为共享数据块。

背景数据块仅用于存储特定函数块的数据。其结构和函数块的接口规格一致。

数据块中的局部变量分为临时变量和静态变量。

临时变量在块的接口变量表中定义，在"Temp"行中输入变量名和数据类型。临时变量不能赋初值。块保存后，地址栏中将显示该临时变量在局部数据堆栈中的位置，可以采用符号地址和绝对地址来访问临时变量，为了使程序的可读性更强，最好使用符号地址来访问临时变量。

如果用户程序的其他元素需要使用临时变量的输出值，则需使用全局数据块或存储器。将这些值写入存储器地址或全局数据块中。

如果在块调用结束后还需要保持原值的变量，则必须存储为静态变量，静态变量只能用于函数块中。

### 任务实施

#### 1. 任务分析

使用基本指令对交通信号灯编程的思路是利用定时器，通过定时器在不同的时间使不同颜色的交通信号灯点亮，需要用到较多的定时器，其逻辑关系也比较复杂。简单的方法是利用比较指令，只要一个定时器，通过比较决定不同颜色的交通信号灯的点亮时段。

**函数块 FB
控制交通灯**

利用函数块，给形参设定起始值，而不是指定实参，在不同的时间段调用函数块，执行函数块内部的程序，使不同时间段交通信号灯的工作时长不同，可以方便地实现高峰时段交通信号灯和其他时段不同的工作状态，以满足不同时段、不同路口交通参与者的个性化需求。

#### 2. I/O 地址分配

根据 PLC 输入/输出点数分配原则及本任务的控制要求，I/O 地址分配表见表 13-1。

表 13-1  交通信号灯分时段控制 I/O 地址分配表

| 输入 | | 输出 | |
|---|---|---|---|
| I0.0 | 启动按钮 | 输出点 | 元件 |
| I0.1 | 停止按钮 | Q0.0 | 东西向红灯 |
| | | Q0.1 | 东西向绿灯 |
| | | Q0.2 | 东西向黄灯 |
| | | Q0.3 | 南北向红灯 |
| | | Q0.4 | 南北向绿灯 |
| | | Q0.5 | 南北向黄灯 |

### 3. PLC 接线图

本任务中采用的 PLC 的 CPU 类型为 S7-1214 DC/DC/DC，根据控制要求及 I/O 地址分配表，交通信号灯分时段控制的 PLC 接线图如图 13-13 所示。

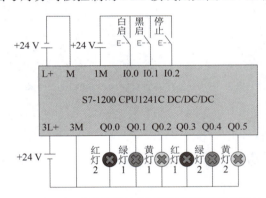

图 13-13  交通信号灯分时段控制 PLC 接线图

### 4. 创建工程项目

双击桌面上的 "TIA Portal V15" 图标，打开 TIA Portal V15 软件，在博途视图中创建新项目，输入项目名称 "交通信号灯分时段控制"，选择默认的保存路径，也可以更改保存路径。单击 "创建" 按钮。创建完成后，选择设备组态并按上述 PLC 类型要求完成设备组态。

### 5. 编辑变量表

在项目树中，双击 "PLC_1[CPU 1214C DC/DC/DC]" → "PLC 变量" → "添加新变量表" 选项，找到交通信号灯分时段控制的变量表，如图 13-14 所示。

按照上述方法，添加变量表_1，双击并打开变量表_1，按图 13-15 所示的内容编辑变量表_1。

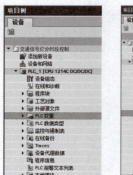

图 13-14　添加变量表

图 13-15　交通信号灯分时段控制的 PLC 变量表

### 6. 编写程序

1）生成函数块

在图 13-14 所示的项目树中双击"程序块"→"添加新块"选项，单击"函数块"按钮，如图 13-16 所示，名称为默认，也可以根据需要修改。"语言"选择"LAD"，"编号"选择"自动"，勾选左下角的"新增并打开"复选框，可以新建函数块并直接打开其编辑窗口。

2）编辑接口变量

在编辑窗口的上部单击"块接口"按钮 块接口 ，打开块接口区编辑窗口，并按图 13-17 所示编辑接口变量。

在输入参数中，添加 A、B、C、D、E、F 六个变量，数据类型为 Dint，在输出参数中，添加各个方向的不同颜色的交通信号灯，数据类型为 Bool，添加静态变量 T1，数据类型为 IEC_TIMER。

3）编写函数块程序

由于在程序中要用到 1Hz 时钟存储器，所以需启用时钟存储器字节。方法是在项目树中选择"PLC_1［CPU 1214C DC/DC/DC］"→"属性"→"常规"选项卡，选择"系统和时钟存储器"选项，勾选"启用系统存储器字节""启用时钟存储器字节"复选框，如图 13-18 所示。

学习笔记

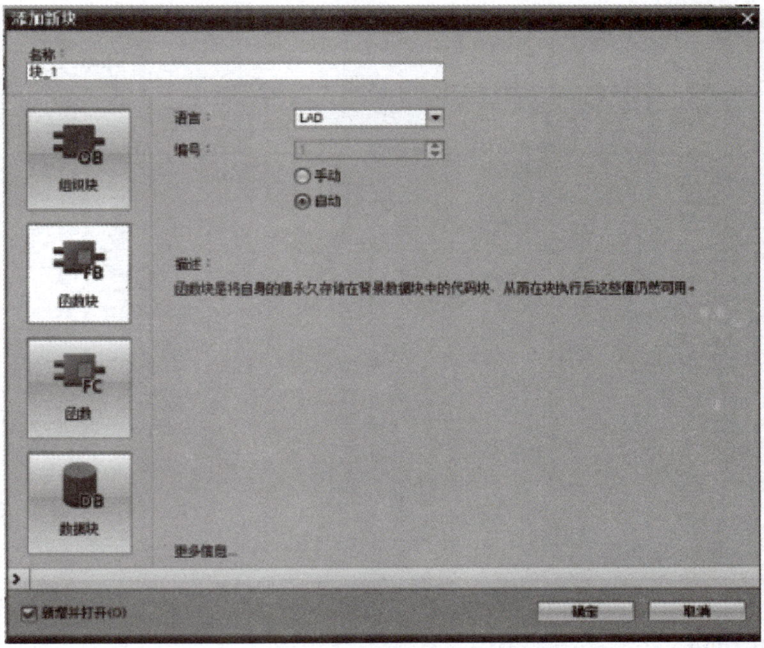


图 13–16　生成函数块

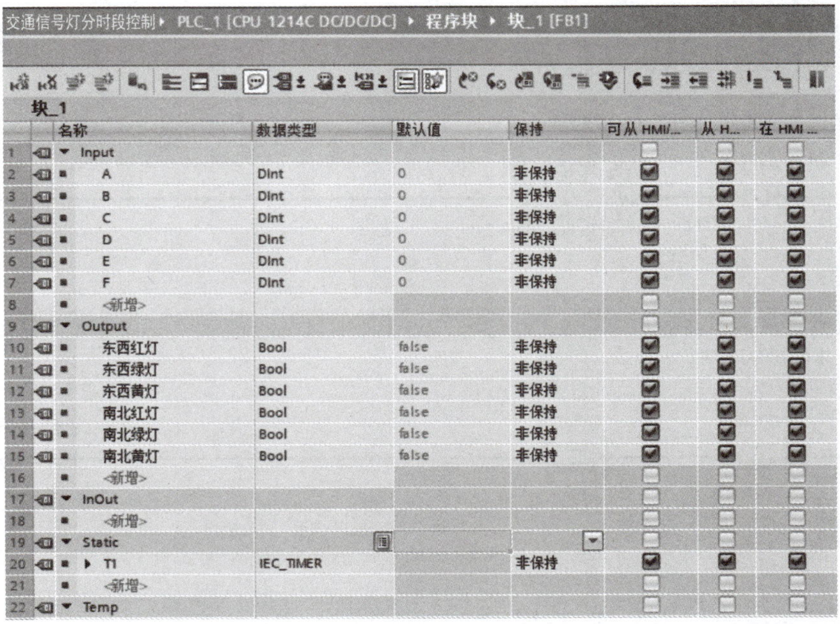


图 13–17　交通信号灯分时段控制接口变量表

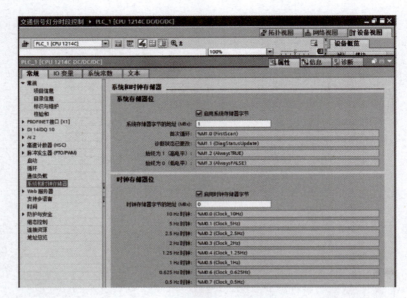

图 13-18　启用系统和时钟存储器字节

按照图 13-19 所示的内容编辑函数块内部程序。

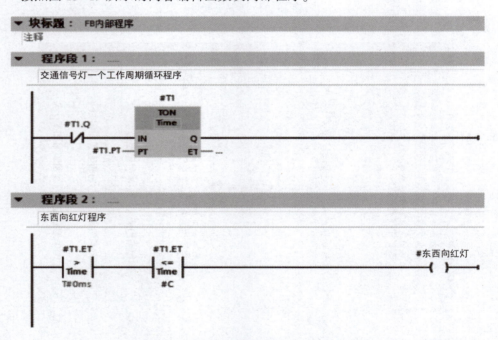

图 13-19　循环周期和东西向红灯控制

程序段 1 的功能是在完成一个周期的工作循环后，利用自身的常闭触点，断开定时器 T1。T1 采用多重背景数据块，在块接口区的静态变量中设置类型为 IEC_TIMER 的数据，定时器 T1 的类型选择 TON。在调用 T1 时，不设置 T1 的背景数据块，方法是在设置 T1 数据块时，单击"取消"按钮，如图 13-20 所示。

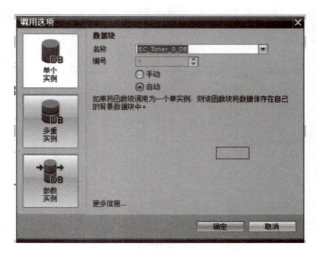

图 13-20  多重背景数据块

给数据块命名时，单击定时器方框上方的 ，单击右侧下拉按钮 ，先选择数据"#T1"，再双击选择"无"，如图 13-21 所示。

图 13-21  数据块 T1 选择方法

程序段 2 利用比较指令实现东西向红灯的控制，在系统开始循环时和定时器 T1 的当前值小于双整数 C 时，实现东西向红灯的常亮（即当前值大于 0 小于 C 时）。其中比较指令的上方是定时器 T1 的当前值，下方是双整数 C 的预设值，C 的值在调用函数块时由背景数据块赋初始值。在这段时间内，东西向红灯常亮。

南北向绿灯的控制如图 13-22 所示，在程序段 3 的第一行，当定时器 T1 的当前值大于 0 小于双整数 A 时，南北向绿灯常亮。绿灯除了常亮方式外，还要具备闪烁的功能，在程序段 3 的第二行，当在定时器 T1 的当前值大于双整数 A，小于双整数 B 时，结合 M0.5 的 1 Hz 时钟脉冲，使南北向绿灯常亮。

程序段 4 控制南北向黄灯的闪烁，方法与南北向绿灯的闪烁相似。

其余方向交通信号灯的控制可以参考上述控制方式，编辑图 13-23 所示的程序。

4）编写主程序 OB1

主程序编写思路是在不同的时间段调用函数块 FB1。在正常时间段，两个方向的车流量大体相同，调用工作方式 1。此时，两个方向的绿灯时间一样长。在高峰时段，调用工作方式 2，其间南北向绿灯多工作 10 s，以满足车流量大的需求。

双击项目树中的"Main[OB1]"选项，打开主程序编辑窗口。

在程序段 1、2 中，利用启动按钮和停止按钮置位和复位 M2.0，起到启停控制作用。

**程序段 3：**____

南北向绿灯程序

```
     #T1.ET           #T1.ET                                                      #南北向绿灯
     ┤ > ├            ┤ <= ├                                                      ─( )─
      Time             Time
      T#0ms            #A

     #T1.ET           #T1.ET          %M0.5
     ┤ > ├            ┤ <= ├       "Clock_1Hz"
      Time             Time         ┤ ├
      #A               #B
```

**程序段 4：**____

南北向黄灯程序

```
     #T1.ET           #T1.ET          %M0.5                                       #南北向黄灯
     ┤ > ├            ┤ <= ├       "Clock_1Hz"                                    ─( )─
      Time             Time         ┤ ├
      #B               #C
```

图 13-22　南北向绿灯和南北向黄灯控制

**程序段 5：**____

南北向红灯程序

```
     #T1.ET           #T1.ET                                                      #南北向红灯
     ┤ > ├            ┤ <= ├                                                      ─( )─
      Time             Time
      #C               #F
```

**程序段 6：**____

东西向绿灯程序

```
     #T1.ET           #T1.ET                                                      #东西向绿灯
     ┤ > ├            ┤ <= ├                                                      ─( )─
      Time             Time
      #C               #D

     #T1.ET           #T1.ET          %M0.5
     ┤ > ├            ┤ <= ├       "Clock_1Hz"
      Time             Time         ┤ ├
      #D               #E
```

**程序段 7：**____

东西向黄灯程序

```
     #T1.ET           #T1.ET          %M0.5                                       #东西向黄灯
     ┤ > ├            ┤ <= ├       "Clock_1Hz"                                    ─( )─
      Time             Time         ┤ ├
      #E               #F
```

图 13-23　南北向红灯和东西向绿灯、黄灯控制

在程序段 3 中，生成一个 TON 定时器，定时时间到后，自动断开，实现一个总周期的工作循环，如图 13-24 所示。

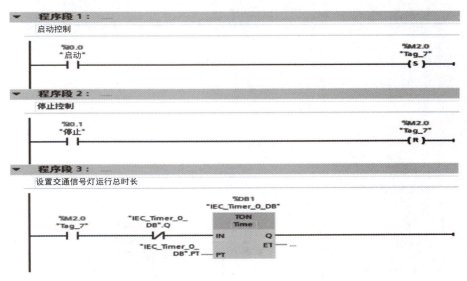

图 13-24　启停控制和总时长控制

程序段 3 中的定时器采用直接调用 TON 类型的方式，采用默认编号，如图 13-25 所示。

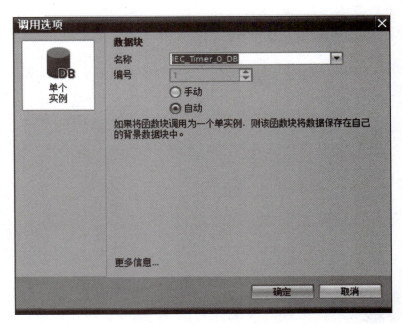

图 13-25　生成定时器数据块

在项目树的程序资源中，选择"IEC_TIMER_0_DB［DB1］"，双击打开静态变量编辑窗口，将设定值 PT 修改为 400 s，如图 13-26 所示。

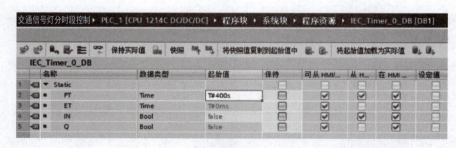

图 13-26　更改定时器起始值

在总时长的前 200 s，调用工作方式 1，方法如图 13-27 所示。

### 程序段 4：

调用工作方式1

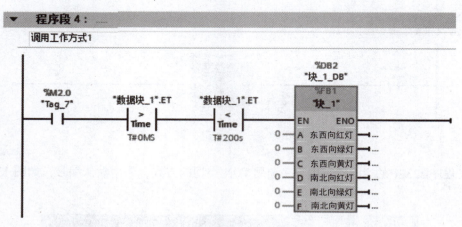

图 13-27　工作方式 1 的调用

打开第一次调用 FB1 的背景数据块 "块_1_DB［DB2］"。设置背景数据块的起始值，如图 13-28 所示。

图 13-28　设置工作方式 1 背景数据块的起始值

为输出参数指定实参，如图 13-29 所示。

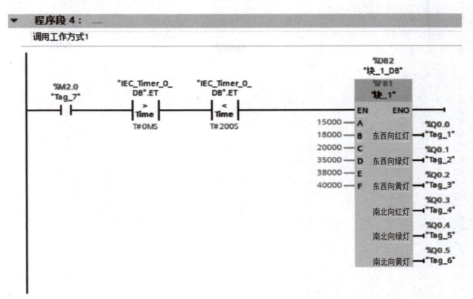

图 13-29 为工作方式 1 的函数块指定实参

在总时长的后 200 s 调用工作方式 2，并给背景数据块赋起始值和指定实参，如图 13-30 所示。

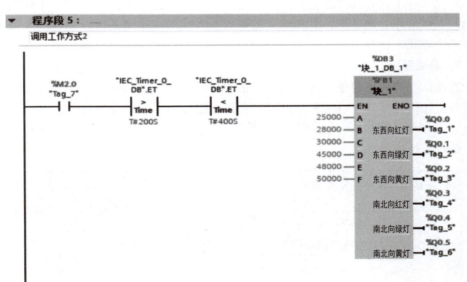

图 13-30 给工作方式 2 的函数块指定实参

调用工作方式 2 时也会自动生成函数块的背景数据块。按照图 13-31 所示的内容修改背景数据块的起始值和 T1 的 PT 设定值。

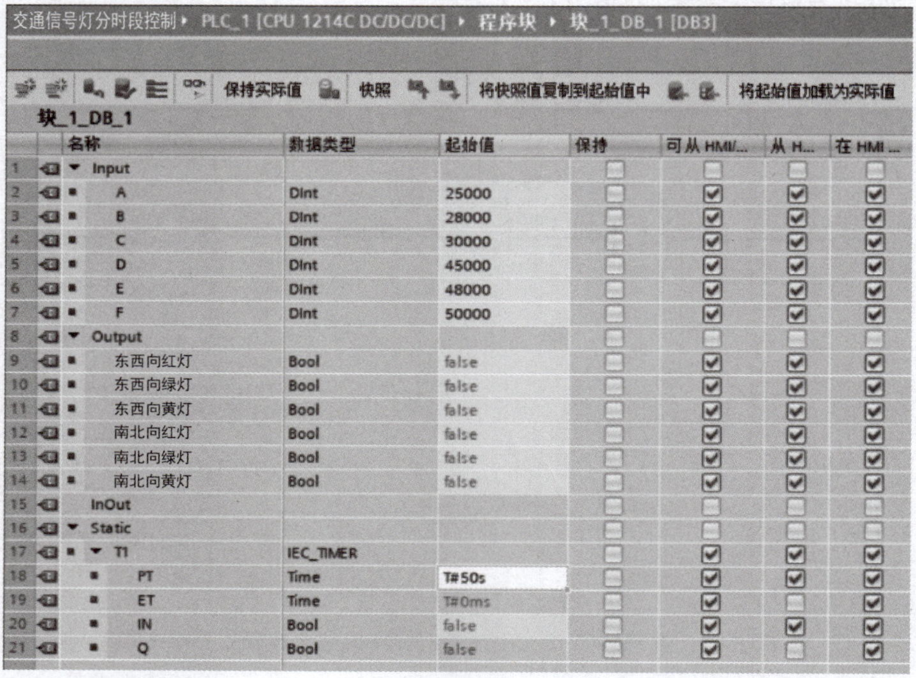

图 13-31　工作方式 2 背景数据块的起始值

对比两种工作方式的起始值可以看出，在工作方式 1 下，系统的一个周期时长为 40 s，在工作方式 2 下，南北向车流量大，系统的一个周期时长为 50 s。系统工作在工作方式 1 还是工作方式 2，由比较指令的条件是否满足来判断。

### 7. 调试程序

将调试好的用户程序及设备组态下载到 PLC 中，连接好电路，按下启动按钮，观察各交通信号灯的运行情况。也可以在线监控各输出点的运行情况，在项目树中双击"监控与强制表"→"添加新监控表"选项，打开监控表_1，如图 13-32 所示，编辑监控表_1。

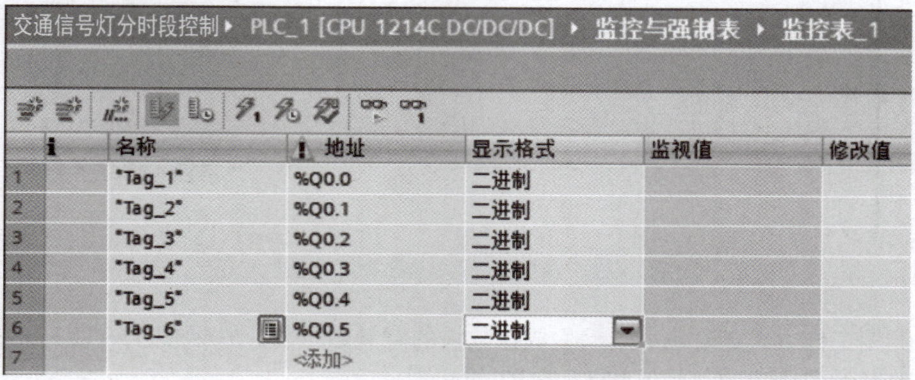

图 13-32　监控表_1

在程序运行过程中的前 200 s，东西向绿灯和南北向绿灯的运行时间一样长，交通信号灯的一个工作周期为 40 s。在程序运行过程中的后 200 s，东西向绿灯的运行时间为 15 s，南北向绿灯的运行时间为 25 s，比东西向绿灯多运行 10 s，交通信号灯的一个工作周期为 50 s。如果出现这种效果，则表明程序运行成功。

以上方法可以用于任意设置的时间的编程，在使用中，更多的情形是和当地的工作时间结合设置交通信号灯的运行。下面介绍如何根据实际情况设置交通信号灯的运行。

首先，设置 CPU 系统时间。

在项目树中双击"设备组态"选项，在编辑窗口中双击 PLC 图标，选择"属性"选项，在"常规"选项卡中选择"时间"选项，在"本地时间"区域设置"时区"为"UTC+08：00"，如图 13-33 所示。

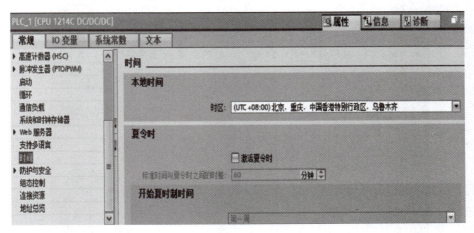

图 13-33　设置本地时间

也可以通过扩展指令中有关日期和时间的指令来设置 CPU 的本地时间和系统时间，可以参考这两个指令帮助功能来写入本地时间和系统时间。WR_LOC_T 指令为写入本地时间指令，WR_SYS_T 指令为设置时间指令。通过扩展指令设置或写入时间后，就可以通过日期和时间的读取指令来获得本地时间或系统时间。这两个指令分别是 RD_LOC_T（读取本地时间）和 RD_SYS_T（读取系统时间，即 UTC 时间）。

其次，在主程序（OB1）中利用比较指令调用 FB1。

调用之前，在主程序接口变量表中生成一个名称为"T_M"的临时变量（Temp），数据类型为 DTL，如图 13-34 所示。

单击"T_M"左侧的黑色三角按钮，如图 13-35 所示。可见 DTL 数据按年-月-日-星期-时-分-秒-纳秒，以不同的数据类型存储在相应的位置。可以根据这些数据编写相应的程序。

在程序运行期间，利用 RD_LOC_T 指令读取本地时间，并将读出的数值存储在主程序的输出参数 T_M 中，如图 13-36 所示。

北京时间控制交通灯 ▸ PLC_1 [CPU 1214C DC/DC/DC] ▸ 程序块 ▸ Main [OB1]

**Main**

| | | 名称 | 数据类型 | 默认值 | 注释 |
|---|---|---|---|---|---|
| 1 | | ▼ Input | | | |
| 2 | | ▪ Initial_Call | Bool | | Initial call of this OB |
| 3 | | ▪ Remanence | Bool | | =True, if remanent data are available |
| 4 | | ▼ Temp | | | |
| 5 | | ▶ T_M | DTL | | |
| 6 | | ▼ Constant | | | |
| 7 | | ▪ <新增> | | | |

图 13-34　主程序（OB1）接口变量设置

北京时间控制交通灯 ▸ PLC_1 [CPU 1214C DC/DC/DC] ▸ 程序块 ▸ Main [OB1]

**Main**

| | | 名称 | 数据类型 | 默认值 | 注释 |
|---|---|---|---|---|---|
| 1 | | ▼ Input | | | |
| 2 | | ▪ Initial_Call | Bool | | Initial call of this OB |
| 3 | | ▪ Remanence | Bool | | =True, if remanent data are available |
| 4 | | ▼ Temp | | | |
| 5 | | ▼ T_M | DTL | | |
| 6 | | ▪ YEAR | UInt | | |
| 7 | | ▪ MONTH | USInt | | |
| 8 | | ▪ DAY | USInt | | |
| 9 | | ▪ WEEKDAY | USInt | | |
| 10 | | ▪ HOUR | USInt | | |
| 11 | | ▪ MINUTE | USInt | | |
| 12 | | ▪ SECOND | USInt | | |
| 13 | | ▪ NANOSECOND | UDInt | | |
| 14 | | ▼ Constant | | | |
| 15 | | ▪ <新增> | | | |

图 13-35　DTL 数据类型

**▼ 程序段 2：____**

注释

%M2.0
"Tag_7"

RD_LOC_T
DTL

EN　　ENO

RET_VAL ── %MW40 "Tag_8"

OUT ── #T_M

图 13-36　读取本地时间

　　在高峰时段调用 FB1，如图 13-37 所示。背景数据块的设置方法与前面的方法相同。

　　在程序段 5 中，利用比较指令，在每天 7：30—9：00 和 18：00—20：00 启用高峰时段工作方式（工作方式 2），在其他时段都采用工作方式 1。

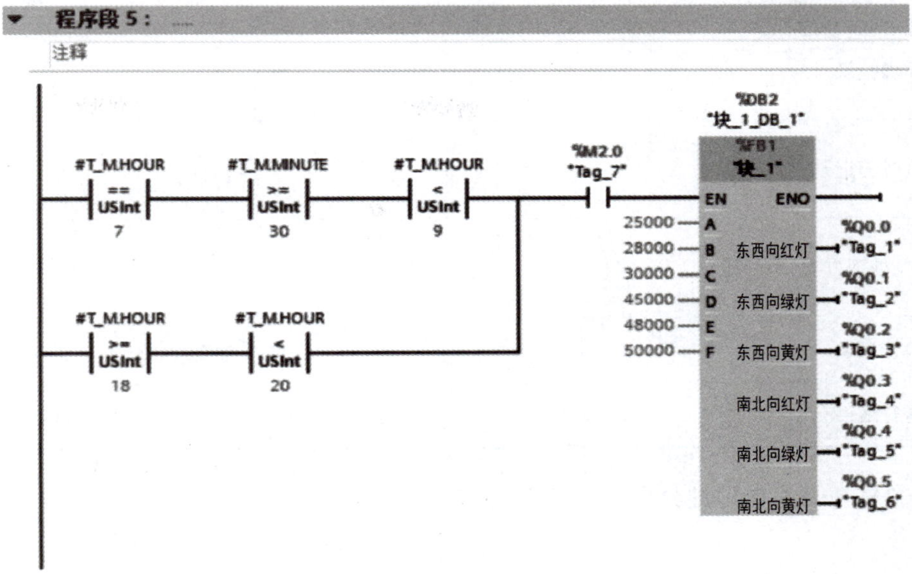

程序段 5: ......
注释

图 13-37　在高峰时段调用 FB1

## 任务拓展

函数和函数块都有形参，但它们的使用并不完全相同。读者可自行归纳其相同和不同之处。

利用本任务所学知识，完成以下任务拓展。

（1）填写任务工单，见表 13-2。

表 13-2　任务工单

| 任务名称 | 交通信号灯的分时段控制 | | 实训教师 | |
|---|---|---|---|---|
| 学生姓名 | | | 班级名称 | |
| 学号 | | | 组别 | |
| 任务要求 | 利用函数块，实现某路口交通信号灯的分时段控制，要求在早高峰期间，北京时间 7：30—9：00，东西向绿灯每一个工作周期内点亮 50 s，南北向绿灯点亮 30 s，在晚高峰期间，北京时间 17：30—20：00，东西向绿灯每一个工作周期点亮 50 s，南北向绿灯点亮 30 s。在其他时间内，东西向和南北向绿灯都点亮 30 s | | | |
| 材料、工具清单 | | | | |
| 实施方案 | | | | |

续表

| | |
|---|---|
| 步骤记录 | |
| 实训过程记录 | |
| 问题及处理方法 | |
| 检查记录 | 检查人 |
| 运行结果 | |

（2）填写 I/O 地址分配表，见表 13-3。

表 13-3  I/O 地址分配表

| 输入 | | 输出 | |
|---|---|---|---|
| | | | |
| | | | |
| | | | |
| | | | |
| | | | |
| | | | |
| | | | |
| | | | |
| | | | |
| | | | |

（3）绘制 PLC 接线图。

（4）程序记录。

（5）程序调试。

程序编写完成后，先进行仿真调试，仿真调试符合要求后，再下载至 PLC 进行实际操作。由于任务拓展部分程序验证需要消耗较长时间，读者可自行设计高峰时间段进行验证。

（6）任务评价。

可以参考下方职业素养与操作规范评分表、交通信号灯的分时段控制任务考核评分表。

## 任务评价

### 职业素养与操作规范评分表
#### （学生自评和互评）

| 序号 | 主要内容 | 说明 | 自评 | 互评 | 得分 |
|------|---------|------|------|------|------|
| 1 | 安全操作<br>（10分） | 没有穿戴工作服、绝缘鞋等防护用品扣5分 | | | |
| | | 在实训过程中将工具或元件放置在危险的地方造成自身或他人人身伤害，取消成绩 | | | |
| | | 通电前没有进行设备检查引起设备损坏，取消成绩 | | | |
| | | 没经过实验教师允许而私自送电引起安全事故，取消成绩 | | | |
| 2 | 规范操作<br>（10分） | 在安装过程中，乱摆放工具、仪表、耗材，乱丢杂物扣5分 | | | |
| | | 在操作过程中，恶意损坏元件和设备，取消成绩 | | | |
| | | 在操作完成后不清理现场扣5分 | | | |
| | | 在操作前和操作完成后未清点工具、仪表扣2分 | | | |

| 序号 | 主要内容 | 说明 | 自评 | 互评 | 得分 |
|---|---|---|---|---|---|
| 3 | 文明操作<br>（10分） | 在实训过程中随意走动影响他人扣2分 | | | |
| | | 完成任务后不按规定处置废弃物扣5分 | | | |
| | | 在操作结束后将工具等物品遗留在设备或元件上扣3分 | | | |
| 职业素养总分 | | | | | |

**交通信号灯的分时段控制任务考核评分表**
**（教师和工程人员评价）**

| 序号 | 考核内容 | 说明 | | 得分 | 合计 |
|---|---|---|---|---|---|
| 1 | 机械与<br>电气安装<br>（20分） | PLC与交通信号灯模块连接线正确、美观，若未达到要求，则每处扣1分 | | | |
| | | 冷压端子不能看到明显外露的裸线，若未达到要求，则每处扣0.5分 | | | |
| | | 接线端子连接牢固，不得拉出接线端子，若未达到要求，则每处扣0.5分 | | | |
| | | 多股电线必须绑扎，若未达到要求，则每处扣0.5分 | | | |
| | | 扎带切割后剩余长度≤1 mm，若未达到要求，则每处扣0.5分 | | | |
| | | 相邻扎带的间距≤50 mm，若未达到要求，则每处扣0.5分 | | | |
| | | 冷压端子处不能看到明显外露的裸线，若未达到要求，则每处扣0.5分 | | | |
| | | 所有线缆必须使用绝缘冷压端子，若未达到要求，则每处扣0.5分 | | | |
| | | 线槽到接线端子的接线不得有缠绕现象，若未达到要求，则每处扣0.5分 | | | |
| 2 | I/O 地址<br>分配（10分） | 说明 | 分值 | | |
| | | 输入点数正确 | 每个1.5分 | | |
| | | 输出点数正确 | 每个1.5分 | | |
| 3 | PLC 功能<br>（30分） | 程序监控方法正确 | 5分 | | |
| | | 高峰时段绿灯按要求时长工作 | 5分 | | |
| | | 高峰时段红灯按要求时长工作 | 5分 | | |
| | | 非高峰时段交通信号灯工作正常 | 5分 | | |
| | | 北京时间设置正确 | 5分 | | |
| | | 函数块形参的起始值设置正确 | 5分 | | |

续表

| 序号 | 考核内容 | 说明 | | 得分 | 合计 |
|------|----------|------|------|------|------|
| 4 | 程序下载和调试（10分） | 程序下载方法正确 | 2分 | | |
| | | I/O 检查方法正确 | 3分 | | |
| | | 能分辨硬件和软件故障 | 2分 | | |
| | | 调试方法正确 | 3分 | | |
| 任务评价总分 | | | | | |

## 项目小结

（1）S7-1200 PLC 的程序结构。

（2）组织块概述。

（3）组织块编程及应用。

（4）中断事件的处理。

（5）函数的生成及调用。

（6）函数接口变量的编辑。

（7）函数块的生成及调用。

（8）背景数据块的处理。

（9）背景数据块的初始值。

（10）多重背景数据块在函数块中的应用。

（11）数据块的应用。

## 思考与练习

### 一、填空题

1. 其他程序块调用函数时，方框内是函数的_____，方框外是对应的_____，方框左边是_____参数和_____参数，方框右边是块的_____参数。

2. S7-1200 PLC 程序中支持的块类型有_____、_____、_____及_____4 种。

3. 在编写和调用函数块时，必须为其指定_____，调用时自动打开。

### 二、选择题

1. 在单台电动机 Y-△降压启动控制电路中，要实现星角转换需要（    ）台接触器。

A. 1                B. 2                C. 3                D. 4

2. 在两台电动机 Y-△降压启动控制中，函数的形参——启动、停止按钮的数据类型为（    ）。

A. Dint            B. Word            C. Byte            D. Bool

3. 本项目的函数内部程序中星形接触器和角形接触器的互锁由（　　　）实现。

A. 同一个定时器的常开和常闭触点

B. 两个定时器的常闭触点

C. 星形接触器和角形接触器的常开触点

D. 星形接触器和角形接触器的常闭触点

4. 在 S7-1200 PLC 编程中，不同的变量采用不同的符号表示，其中局部变量、全局变量和绝对地址分别采用（　　　）表示方法。

A. 双引号、#、%　　　　　　　　　　　　B. %、双引号、#

C. #、双引号、%　　　　　　　　　　　　D. #、%、双引号

5. 背景数据块中不会保存以下哪个变量或参数？（　　　）

A. 输入参数　　　　B. 输出参数　　　　C. 临时变量　　　　D. 静态变量

6. 在主程序 OB1 中，每调用一次（　　　），会产生一个背景数据块。

A. OB　　　　　　　B. FB　　　　　　　C. FC　　　　　　　D. DB

### 三、判断题

1. 函数的形参和实参的数据类型必须是相同的。　　　　　　　　　　（　　　）

2. 函数块的背景数据块的程序块也可以访问并修改其中的变量值。　（　　　）

3. 在函数内部程序中，输出参数的常开、常闭触点可以作为常规的触点使用。

（　　　）

4. 函数生成的局部变量，其他数据块也可以调用。　　　　　　　　　（　　　）

### 四、简答题

1. 利用函数编写交通信号灯控制程序。

2. 广场喷泉由 4 个喷头控制，有两种工作模式。

模式一：按下启动按钮，A、B、C、D 4 个喷头轮流工作 1 s，接着全部停止 1 s，4 个喷头同时开始工作，工作 5 s 后停止 1 秒。接着 A、B 喷头工作，工作 3 s 后，A、B 喷头停止工作，C、D 喷头开始工作，3 s 后，C、D 喷头停止工作。如此周而复始，直到按下停止按钮，全部喷头停止工作。

模式二：按下启动按钮，A、B、C、D 4 个喷头同时工作，1 s 后，A、B 喷头停止工作，C、D 喷头继续工作，3 s 后，C、D 喷头停止工作，停止 1 s，A、B、C 3 个喷头工作，5 s 后，3 个喷头停止工作，D 喷头开始工作，2 s 后，4 个喷头又同时开始工作。如此周而复始直到按下停止按钮。

试利用函数块编写以上控制程序。

# 项目四　脉冲量和模拟量的应用

## 项目说明

在生产实践中，某些生产机械需要精准控制，从而检测出由步进电动机、伺服电动机控制的传送带、丝杠的运动距离，在某些生产过程中，需要对温度、压力、液位、流量这一类连续变化的模拟量进行控制，因此会用到脉冲量和模拟量。由于受到扫描周期的影响，普通计数器无法计量较高的脉冲信号。S7-1200 PLC 提供高速计数器，以实现高频脉冲的计数功能。对模拟量信号，通常采用 PID 控制。PID 控制的调节整定不依赖控制系统的数学模型，能得到比较满意的控制效果，还有较强的灵活性和适应性，根据被控对象的具体情况，可以采用 P、PI、PD 和 PID 等方式。

本项目分为两个任务模块，首先利用变频器和编码器实现物料分拣系统的精准控制，与本任务相关的知识为编码器、高速计数器和脉冲指令等；其次应用模拟量及其硬件，实现恒压供水系统的控制，整个实施过程涉及电气原理图的识读，PLC硬件的连接，高速计数器组态和编程，模拟量模块及其使用，标准化指令与缩放指令，模拟量闭环控制系统与 PID_Compact 指令、PID_Compact 指令应用，以及安全生产等方面的内容。

## 任务十四　物料分拣系统的 PLC 控制

## 任务目标

**知识目标**

（1）熟练应用高速计数器组态功能。

（2）理解高速计数器脉冲功能的编程方法。

**技能目标**

（1）学会编码器与 PLC 硬件的连接方法。

（2）初步认识编码器、变频器等元件。

**素养目标**

（1）培养学生精益求精的大国工匠精神。

（2）培养学生安全生产、劳动保护的意识。

## 任务引入

在现代化生产中，经常要进行物料、快递、邮件的分拣控制。利用 S7-1200 PLC，可以实现物料的精准分拣控制。应用高速脉冲指令和高速计数器组态，通过编码器和高速计数功能，可以实现物料传送和分拣系统的精准控制，这种方法在生产实践中比较常用。本任务需要完成以下工作。

（1）按照控制要求实现 PLC 的硬件组态。

（2）根据设备的装配示意图进行硬件设备的连接。

（3）利用高速计数器组态和脉冲指令对物料分拣系统进行编程。

（4）录入设备控制程序并进行正确调试，使设备正常运行。

> **工匠精神**
>
> 工匠精神就是追求卓越的创造精神、精益求精的品质精神、用户至上的服务精神。它是员工个人成长的道德指引，是企业竞争发展的品牌资本，是中国智造前行的精神源泉。

## 任务要求

使用 S7-1200 PLC 实现的物料分拣系统如图 14-1 所示，其控制要求如下。

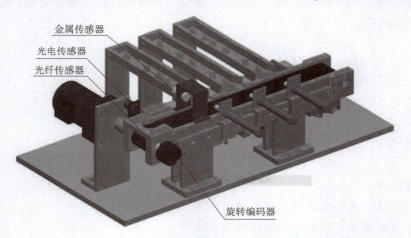

图 14-1　物料分拣系统示意

当其他站送来工件放到传送带上，并被进料口的漫射式光电传感器检测到时，将信号传输给 PLC，通过 PLC 的程序启动变频器，电动机运转驱动传送带工作，把工件带进分拣区。如果进入分拣区工件为金属工件，则当金属工件到达 1 号槽所在的位置时，传送带停止，推杆 1 伸出，将金属工件推到 1 号槽里，推杆 1 伸出到位后自动缩回；如果进入分拣区工件为白色工件，则当白色工件到达 2 号槽所在的位置时，传送带停止，推杆 2 伸出，将白色工件推到 2 号槽里，推杆 2 伸出到位后自动缩回。如果进入分拣区的是黑色工件，则当黑色工件到达 3 号槽所在位置时，传送带停止，推杆 3 伸出，将黑色工件推到 3 号槽里，推杆 3 伸出到位后自动缩回。以上工作周而复始，直到按下停止按钮。

## 知识链接

### 知识点 1　编码器

编码器是传感器的一种，一般用于机械角度、速度或位置的测量。

旋转编码器

#### 1. 工作原理

编码器是通过光电原理或电磁原理，将直线位移、角度转换为电子脉冲信号的设备。如图 14-2 所示，码盘转动时，光源发出的光通过光栅和滤光镜照射到光电二极管上，光电二极管产生高电平信号，而光源发出的光被转动的光栅遮挡时，光线不能到达光电二极管，则产生低电平信号，经过转换电路和放大电路，将码盘转动的机械信号转换为脉冲信号。

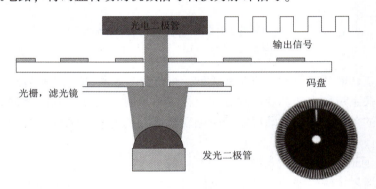

图 14-2　编码器的工作原理

#### 2. 编码器的类型

根据工作方式，编码器可分为增量式编码器和绝对式编码器。

1）增量式编码器

增量式编码器的码盘上有均匀刻制的光栅，码盘转动时，输出与转角增量成正比的脉冲，因此需要用计数器来计量脉冲的数目。

（1）单通道增量式编码器。

单通道增量式编码器内部只有 1 对光耦合器，只能产生一个脉冲序列。检测设备根据单位时间检测到的脉冲数及编码器的分辨率计算出角速度或线速度。

单通道增量式编码器只能检测电动机转动的速度，无法测试旋转方向。

单通道增量式编码器的输出波形和码盘如图 14-3 所示。

图 14-3　单通道增量式编码器的输出波形和码盘

（a）输出波形；（b）码盘

（2）双通道增量式编码器。

双通道增量式编码器又称为 A/B 相或正交相位编码器，内部有两对光耦合器，输出相位差为 90°的两组独立脉冲序列。如图 14-4 所示，内、外两个光栅在距离上相差 1/4 周期，即 A 相超前 B 相 90°。

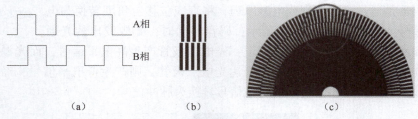

图 14-4　双通道增量式编码器的输出波形、光栅放大图和码盘

（a）输出波形（正转）；（b）光栅放大图；（c）码盘

反转和正转时两路脉冲相位关系相反，A 相滞后 B 相 90°。编码器可以从 A、B 两相的相位关系识别出转轴旋转的方向。根据单位时间内检测到的脉冲数，计算出电动机转动的角速度，由此既可以判断电动机旋转的速度，也可以判断电动机旋转的方向。

（3）三通道增量式编码器。

三通道增量式编码器的码盘还提供用作参考零位的 Z 相标志脉冲信号，码盘每旋转一周，会发出一个零位标志信号。此信号可以用于基准点定位，以减少测量的积累误差。

三通道增量式编码器的输出波形和码盘如图 14-5 所示。

图 14-5　三通道增量式编码器的输出波形和码盘

（a）输出波形；（b）码盘

2）绝对式编码器

绝对式编码器用不同的数码来指示每个不同的增量位置，是一种直接输出数字量的设备。通过读取码盘上的二进制编码信息来表示绝对位置信息。其特点是不需要计数器，在转轴的任意位置都可读出一个固定的与位置对应的数字码，根据数字码的变化，确定位置的变化，从而判断转轴旋转的方向。

$N$ 位绝对式编码器有 $N$ 个码道，最外层码道对应编码的最低位。每个码道对应一个光耦合器，用于读取该码道的数据信息。绝对式编码器码盘如图 14-6 所示。

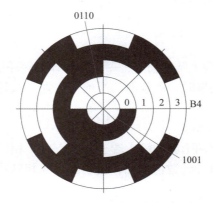

图 14-6　绝对式编码器码盘

### 知识点 2　高速计数器

高速计数器

普通计数器的计数过程与工作方式有关，CPU 通过每一扫描周期读取一次被测信号的方法捕捉被测信号的上升沿，被测信号的频率较高时会丢失计数脉冲。为此，PLC 专门设置了高速计数器。高速计数器可以对发生速率高于程序循环组织块执行速率的事件进行计数。普通计数器的频率一般仅有几十赫兹，而高速计数器的频率最高可达 100 kHz。

#### 1. 高速计数器工作模式

S7-1200 PLC 有 5 种工作模式，分别如下。

（1）单相计数器，外部方向控制，如图 14-7 所示。

（2）单相计数器，内部方向控制，如图 14-7 所示。

无论内部方向控制，还是外部方向控制，脉冲方向发生变化时，计数值都由原来的增计数变为减计数。

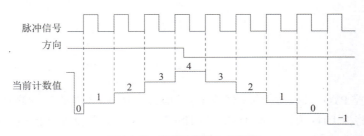

图 14-7　单相计数器工作原理

（3）双相加/减计数器，双脉冲输入，如图 14-8 所示。

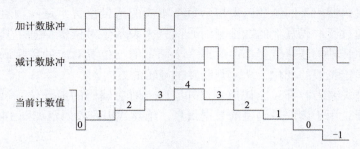

图 14-8　双相加/减计数器工作原理

双相加/减计数器有两个脉冲信号，一个为加计数脉冲信号，一个为减计数脉冲信号，加计数脉冲信号到来时，计数器的当前值增加，减计数脉冲信号到来时，计数器的当前值减小。

（4）A/B 相正交计数器。

A/B 相正交计数器有两个脉冲输入端子，一个为 A 相，一个为 B 相。当 A 相脉冲超前于 B 相脉冲时，脉冲计数值增加，反之，当 B 相脉冲超前于 A 相脉冲时，脉冲计数值减小。

A/B 相正交计数器有两种计数模式：1 倍频模式和 4 倍频模式。1 倍频模式是在时钟脉冲的每一个周期计 1 次数，无论加减都是如此，如图 14-9 所示。4 倍频模式在时钟脉冲的每一个周期计 4 次数，如图 14-10 所示。采用 4 倍频模式，计数更为准确。

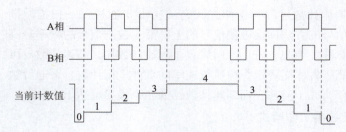

图 14-9　A/B 相正交 1 倍频计数器工作原理

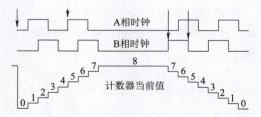

图 14-10　A/B 相正交 4 倍频计数器工作原理

（5）监控 PTO（高速脉冲序列输出）。监控 PTO 模式能监控到高速脉冲序列输出的个数。监控 PTO 模式只有 HSC1 和 HSC2 支持，不需要外部接线，CPU 已经在内部进行了硬件连接，可直接检测通过 PTO 功能所发脉冲。

S7-1200 PLC 最多可以使用 6 个高速计数器，每个高速计数器都有其默认的输入点，同一输入点不能同时用于两种不同的功能。

表 14-1 给出了用于高速计数器的计数脉冲、方向控制和复位的默认输入点的地址。

表 14-1　高速计数器的默认输入和工作模式

| 描述 | | 默认的输入点 | | | 功能 |
|---|---|---|---|---|---|
| 编号 | HSC1 | I0.0、I4.0 监控 PTO0 脉冲 | I0.1、I4.1 监控 PTO1 方向 | I0.3 | |
| | HSC2 | I0.2 监控 PTO1 脉冲 | I0.3 监控 PTO1 方向 | I0.1 | |
| | HSC3 | I0.4 | I0.5 | I0.7 | |
| | HSC4 | I0.6 | I0.7 | I0.5 | |
| | HSC5 | I1.0 或 I4.0 | I1.1 或 I4.1 | I1.2 | |
| | HSC6 | I1.3 | I1.4 | I1.5 | |
| 模式 | 内部方向控制的单相计数器 | 计数脉冲 | | | 计数或测频 |
| | 外部方向控制的单相计数器 | 计数脉冲 | 方向 | 复位 | 计数或测频 |
| | 两路计数脉冲输入的计数器 | 加计数 | 减计数 | 复位 | 计数或测频 |
| | A/B 相正交计数器 | A 相脉冲 | B 相脉冲 | 复位 | 计数或测频 |
| | 监控 PTO | 计数脉冲 | 方向 | Z 相脉冲 | 计数 |

表 14-1 中，I0.0~I1.5 为集成输入点，I4.0 和 I4.3 为信号板输入点。复位信号和 Z 相脉冲仅用于计数模式。

每个计数器都可以使用复位输入，也可以不使用。不是每个计数器都提供所有的模式。尤其是使用多个计数器时，不是所有计数器可以同时定义为任意工作模式，6 个高速计数器各有其特点，使用时要注意选择。

另外，如果某个输入点已定义为高速计数输入点时，就不能再用于其他功能，但高速计数器当前模式未使用的输入点，可以用于其他功能。例如，HSC1 未使用外部复位 I0.3 时，可以将 I0.3 用于 HSC2 或边沿中断。受 PLC 的 CPU 类型和集成输入点的限制，不是所有的 CPU 都可以使用 6 个高速计数器，例如 1211C 只有 6 个集成输入点，在使用信号板的情况下，最多支持 4 个高速计数器。具体情况见 S7-1200 PLC 系统手册。

**2. 高速计数器寻址**

CPU 将每个高速计数器的测量值以 32 位双整数型有符号数的形式存储在过程映像区内，在程序中可直接访问这些地址，可以在设备组态中修改这些存储地址。由于过程映像区受扫描周期的影响，在一个扫描周期内高速计数器的测量数值不会发生变化，但高速计数器的实际值有可能在一个扫描周期内发生变化，所以可通过直接读取外设地址的方式读取当前时刻的实际值。表 14-2 所示为高速计数器的编号、数据类型和默认地址。

表 14-2　高速计数器的编号、数据类型和默认地址

| 高速计数器编号 | 数据类型 | 默认地址 | 高速计数器编号 | 数据类型 | 默认地址 |
|---|---|---|---|---|---|
| HSC1 | DInt | ID1000 | HSC4 | DInt | ID1012 |
| HSC2 | DInt | ID1004 | HSC5 | DInt | ID1016 |
| HSC3 | DInt | ID1008 | HSC6 | DInt | ID1020 |

### 3. 中断功能

S7-1200 PLC 在高速计数器中提供了中断功能，用以在某些特定条件下触发，共有 3 种中断条件。

（1）计数值等于参考值时。

（2）出现外部复位事件时。

（3）带有外部方向控制，出现计数方向变化事件时。

### 4. 高速计数器指令块

在 TIA Portal V15 的项目视图中，在右上侧指令树的"工艺"窗口将"计数"文件夹"其他"选项中的"CTRL_HSC"指令拖放到 OB1 中，单击出现的"调用选项"对话框中的"确定"按钮，生成该指令默认名称的背景数据块 CTRL_HSC_0_DB。

编辑窗口中出现图 14-11 所示的高速计数器指令块，指令各参数的含义见表 14-3。

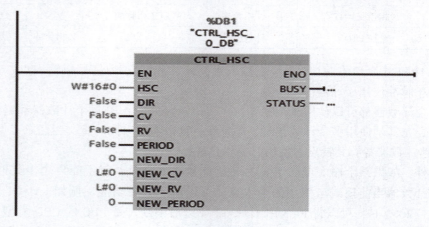

图 14-11　高速计数器指令块

表 14-3　高速计数器指令块参数含义

| 参数 | 数据类型 | 存储区 | 含义 |
|---|---|---|---|
| HSC | HW-HSC | L、D 或常数 | 高速计数器硬件标识符 |
| DIR | Bool | I、Q、L、M、D | 状态为"1"时，表示设置新方向 |
| CV | Bool | I、Q、L、M、D | 状态为"1"时，表示设置新初始值 |
| RV | Bool | I、Q、L、M、D | 状态为"1"时，表示设置新参考值 |
| PERIIODE | Bool | I、Q、L、M、D | 状态为"1"时，表示设置新频率测量周期 |
| NEW-DIR | Int | I、Q、L、M、D | 方向选择："1"正向，"0"反向 |
| NEW-CV | DInt | I、Q、L、M、D | 新的初始值 |

续表

| 参数 | 数据类型 | 存储区 | 含义 |
|---|---|---|---|
| NEW-RV | DInt | I、Q、L、M、D | 新的参考值 |
| NEW-PERIODE | Int | I、Q、L、M、D | 新的频率测量周期 |
| BUSY | Bool | I、Q、L、M、D | 状态为"1"时表示指令正处于运行状态 |
| STATUS | Word | I、Q、L、M、D | 执行条件代码，可查找指令执行是否出错 |

### 5. 高速计数器组态

选择项目树中的"设备组态"选项，在编辑窗口中选择 PLC 图标，在编辑窗口下方的巡视窗口中选择"属性"选项。向上拖动分割条，可以改变巡视窗口的大小。在巡视窗口中选择"常规"选项卡，选择"高速计数器（HSC）"，可以打开 HSC_1 的组态窗口，如图 14-12 所示。

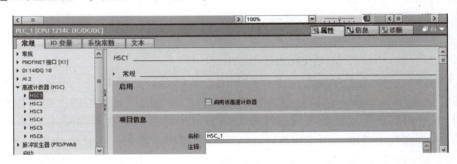

图 14-12　HSC_1 的组态窗口

单击"HSC1"左侧的黑色三角按钮，打开 HSC1 的选项列表，如图 14-13 所示。

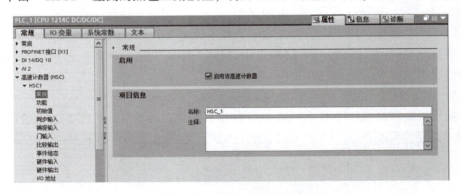

图 14-13　HSC_1 的选项列表

1）常规

在"常规"区域，勾选"启用该高速计数器"复选框，可以启用该高速计数器，也可以为该高速计数器命名和注释。

2）功能

选择"功能"选项，如图 14-14 所示，可以设置"计数类型""工作模式""计数方向取决于""初始计数方向"和"频率测量周期"等选项。

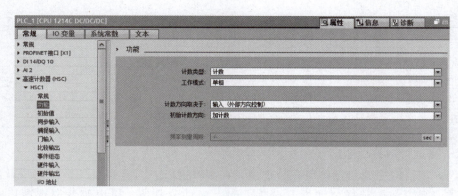

图 14-14　"功能"区域

计数类型：在"计数类型"下拉列表中可以选择计数、周期、频率和运动控制（Motion control）等 4 种方式。选择"计数"选项，表示使用高速计数器的计数功能；选择"频率"或"周期"选项，表示测量高速计数器的频率或周期；选择"运动控制"选项，可以控制伺服或步进电动机。

工作模式：在"工作模式"下拉列表中，可以选择"单相""两相位""A/B计数器""A/B 计数器 4 倍频"等 4 种模式，分别对应高速计数器的不同工作模式。

计数方向取决于：该选项只在计数类型为单相时有效，在其他模式下无效，其下拉列表中有两个选项，用于选择计数方向由内部程序控制，还是由外部元件控制。计数方向由内部程序控制时，编程时需注意。计数方向由外部元件控制时，需要在后续的参数中选择对应的输入点。

初始计数方向：选择"加计数"选项时，高速计数器的计数值增加；选择"减计数"选项时，高速计数器的计数值减小。

频率测量周期：用于设置周期时间，有 1 s、0.1 s 和 0.01 s 3 个选项可供选择。该选项只有在"计数类型"下拉列表中选择"周期"或"频率"选项时有效，在其他情况下该选项均为灰色。

3）初始值

初始值是指高速计数器下载到 PLC 时具有的最初的数值，如图 14-15 所示。

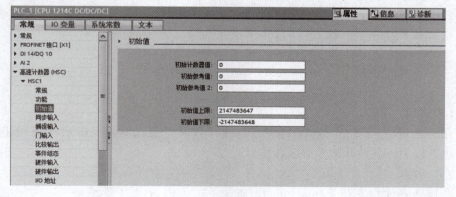

图 14-15　"初始值"区域

初始计数器值默认为 0，也可以自己设置。

初始参考值是高速计数器的设定值，当前值等于初始参考值时，会接通输出或产生中断事件；当前值等于初始参考值 2 时，可以接通输出。

设置初始值时不允许超过初始值的上限和下限。

4）同步输入

同步输入用于外部信号复位，实现计数器复位或清零。可选择"高电平有效""低电平有效""上升沿""下降沿""上升沿和下降沿"等 5 种方式，如图 14-16 所示。

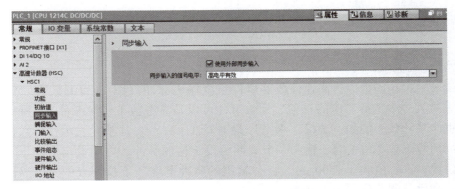

图 14-16　"同步输入"区域

5）捕捉输入

捕捉输入功能可以把计数器当前值存入背景数据块，可选择"上升沿""下降沿"或"上升沿和下降沿"3 个选项，如图 14-17 所示。

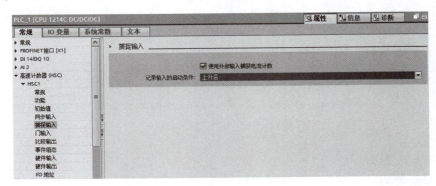

图 14-17　"捕捉输入"区域

6）门输入

勾选"使用外部门输入"复选框后，高速计数器是否计数取决于外部信号。外部信号的端子在"硬件输入"区域选择。可以选择"高电平有效"或"低电平有效"选项，如图 14-18 所示。

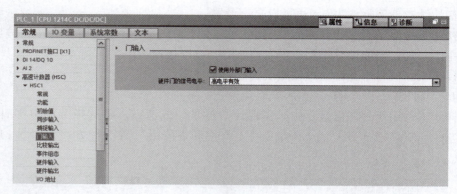

图 14-18　"门输入"区域

7）比较输出

比较输出功能可以为高速计数器事件生成输出脉冲（图 14-19）。在"计数事件"下拉列表中选择对应的选项。计数事件可以是参考值 1 或参考值 2，既能加计数，也能减计数。例如，选择"参考计数 1（加计数）"选项，表示在计数器当前值增加到等于参考值 1 时，输出一个周期为设定值的脉冲。周期设定值在下一个选项中设置，设置值为 1~500 ms。在"输出的脉冲宽度"下拉列表中，可以设置脉冲的占空比，调节范围为 1~100。

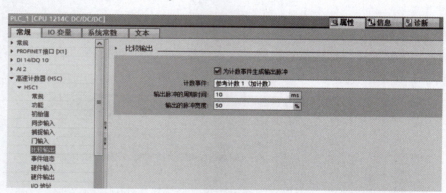

图 14-19　"比较输出"区域

8）事件组态

选择左侧的"事件组态"选项，可以用右边窗口选择下列事件出现时是否产生中断（图 14-20）。

（1）为计数器值等于参考值这一事件生成中断。

（2）为同步事件生成中断。

（3）为方向变化事件生成中断。

在"事件名称"下拉列表中，可以修改事件名称。单击"硬件中断"右侧的省略号，可以新增中断事件。新增中断事件后，需要在硬件中断组织块中编写程序。中断事件的优先级为 2~26，可以在"优先级"下拉列表中更改。

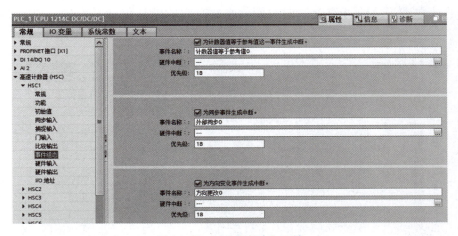

图 14-20　"事件组态"区域

9）硬件输入

在已设置"同步输入""捕捉输入"和"门输入"选项的情况下，需要为 3 个输入指定输入端子（图 14-21）。在 S7-1200 PLC 中，除高速计数器已经占用的端子外，可以自由选择输入/输出端子。

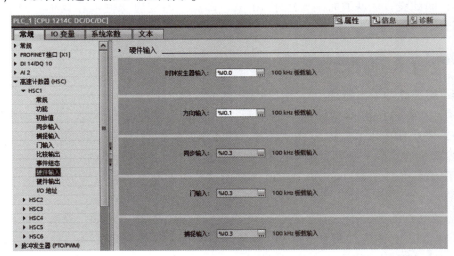

图 14-21　"硬件输入"区域

10）硬件输出

在已设置"比较输出"选项的情况下，需要为比较输出指定端子。

11）I/O 地址

选择"I/O 地址"选项，可以确认或更改高速计数器的地址。HSC1 的默认起始地址为 IB1000，结束地址为 IB1003。

12）滤波时间

滤波时间是一个决定脉冲信号能否被滤掉的参数，在设置滤波时间时，在浏览窗口选择"常规"→"DI14/DQ10"→"数字量输入"选项，双击对应的通道，以选择

对应的计数端子，即可设置滤波时间，滤波时间的默认值是 6.4 ms。如图 14-22 所示。

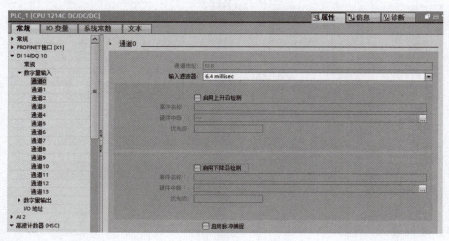

图 14-22　滤波时间设置界面

　　设置滤波时间时要根据脉冲的频率进行计算。例如，100 kHz 的脉冲，周期是 10 μs，因此设置的滤波时间要短于 10 μs，即滤波时间应比输入脉宽小。如果滤波时间过大，输入脉冲将可能被滤掉。

### 知识点 3　高速脉冲输出

#### 1. 高速脉冲输出概述

　　S7-1200 PLC 提供高速脉冲输出端口，能输出两种脉冲序列。脉冲序列输出（PTO）发生器提供占空比为 50% 的方波脉冲序列输出信号，脉冲宽度调制（PWM）发生器提供连续的、脉冲宽度可以用程序控制的脉冲序列输出信号。PTO/PWM 发生器可以通过 CPU 集成的 Q0.0~Q0.7 输出信号，也可以通过信号板的 Q4.0~Q4.3 输出信号。

　　需要注意的是，不同型号的 CPU 能提供的脉冲序列数目不同，对应的输出点也不一定相同。具体应根据所选 CPU 型号及组态而定。硬件版本为 4.2 的 1214DC/DC/DC 的 CPU 可以提供 4 个脉冲序列。

#### 2. PWM 组态

　　选择项目树中的"设备组态"选项，选择 CPU 图标，选择"常规"→"脉冲发生器（PTO/PWM）"→"PTO1/PWM1"选项。

　　1）常规

　　在"常规"区域，勾选"启用该脉冲发生器"复选框，可以激活该脉冲发生器，如图 14-23 所示。

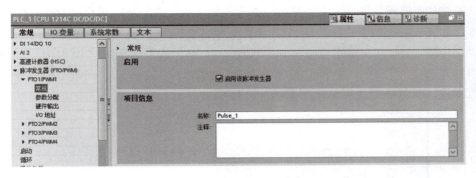

图 14-23　"常规"区域

2）参数分配

在"参数分配"区域（图 14-24），在"信号类型"下拉列表中选择 PTO 或者 PWM 输出。若选择 PWM 输出，则必须选择所发脉冲的"时基"，包括"毫秒"或"微秒"选项。

"脉宽格式"为"百分之一""千分之一""万分之一"或"S7 模拟量格式"。在下方设置循环时间和初始脉冲宽度。

如果选择 PTO 输出，则"参数分配"和"硬件输出"选项均采用默认值。

图 14-24　"参数分配"区域

3）硬件输出

通常选择默认输出，也可以更改 PWM 输出端子。

4）I/O 地址

"I/O 地址"区域（图 14-25）显示的为 PWM 输出的起始地址和结束地址。数据类型为 Word，用于存放脉宽值，系统运行时可以修改数值，从而修改脉宽。

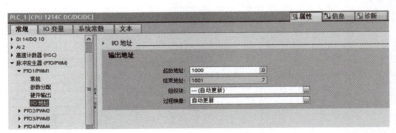

图 14-25　"I/O 地址"区域

### 3. PWM 编程

在 TIA Portal V15 软件的项目视图中，将右上侧"扩展指令"窗口下"脉冲"文件夹中的 CTRL_PWM 指令拖放到主程序 OB1 中，单击出现的"调用选项"对话框中的"确定"按钮，即可调用 PWM 指令，如图 14-26 所示，同时生成指令的背景数据块。背景数据块名称采用默认。

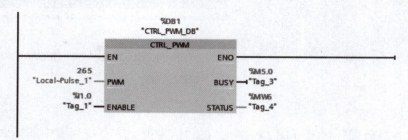

图 14-26　PWM 指令和编程

单击参数 PWM，在下拉列表中选择"Local~Pulse"选项，其硬件标识符（HW ID）为 265。当使能信号 EN 为"1"时，用参数 ENABLE（Bool 型）来启用或停止脉冲发生器，用 PWM 的输出地址来修改脉冲宽度。输出 BUSY 总是"0"状态，参数 STATUS 是状态代码。

【例题 14-1】用高速脉冲输出功能产生周期为 10 ms、占空比为 50% 的 PWM 信号，送给高速计数器 HSC1，当计数值达到 50 时，使 Q1.0 取反，并且使计数值减少到 0，使 Q1.0 再次取反，如此循环，则 Q1.0 产生周期为 1 s、占空比为 50% 的方波。

（1）本程序选用的 CPU 型号为 1215C DC/DC/DC。硬件连接如下。L+ 与 4L+ 连接，接外接电源 24 V 端子；Q0.0 与 I0.0 直接连接；电压公共端 M 与输入公共端 1M、输出公共端 4M 连接，接外接电源 0 V 端子。利用 I0.3 启用和停止脉冲发生器，如图 14-27 所示。

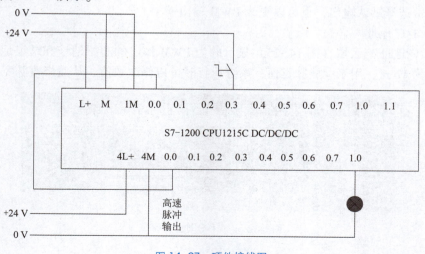

图 14-27　硬件接线图

（2）PWM 组态。

设置时基为毫秒，循环时间为 10 ms，初始脉冲宽度为 50%，硬件标识符为 265，如图 14-28 所示。

图 14-28　PWM 组态

（3）主程序设计。

用 I0.3 激活脉冲发生器，如图 14-29 所示。

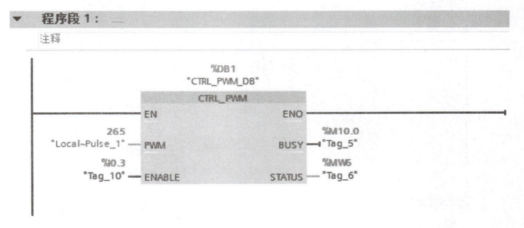

图 14-29　主程序 OB1

（4）高速计数器 HSC1 组态。采用单相计数，计数方向为内部方向控制，初始计数方向为增计数，初始值为 0，参考值为 50，计数值等于参考值时激发中断，起始地址为 1000，硬件标识符为 257。

硬件中断程序 OB40 如图 14-30 所示。

按图 14-27 连接电路，I0.3 接入自锁式按钮或转换开关，在 Q1.0 上产生周期为 1 s、占空比 50% 的脉冲。指示灯以 1 Hz 的频率闪烁。

**程序段 1:** ……

注释

```
                              %DB2
                          "CTRL_HSC_0_DB"
    %Q1.0                    CTRL_HSC
    "Tag_2"
      /                    EN          ENO
                    257 — HSC         BUSY — ...
                      1 — DIR       STATUS — ...
                      0 — CV
                      1 — RV
                      0 — PERIOD
                     -1 — NEW_DIR
                      0 — NEW_CV
                      0 — NEW_RV
                      0 — NEW_PERIOD
```

**程序段 2:** ……

注释

```
                              %DB3
                          "CTRL_HSC_0_
                             DB_1"
    %Q1.0                    CTRL_HSC
    "Tag_2"
      ┤├                   EN          ENO
                    257 — HSC         BUSY — ...
                      1 — DIR       STATUS — ...
                      0 — CV
                      1 — RV
                      0 — PERIOD
                      1 — NEW_DIR
                      0 — NEW_CV
                     50 — NEW_RV
                      0 — NEW_PERIOD
```

**程序段 3:** ……

注释

```
    %Q1.0                                              %Q1.0
    "Tag_2"                                            "Tag_2"
      ┤├                                                 ─( / )─
```

图 14-30  硬件中断程序 OB40

### 知识点 4  西门子 MM420 变频器

西门子 MM420 是用于控制三相交流电动机速度的变频器。

该变频器额定参数如下：电源电压为 380~480 V，三相交流，额定输出功率为 0.75 kW，额定输入电流为 2.4 A，额定输出电流为 2.1 A。

**1. MM420 变频器的接线端子**

拆卸盖板后可以看到 MM420 变频器的接线端子如图 14-31 所示。

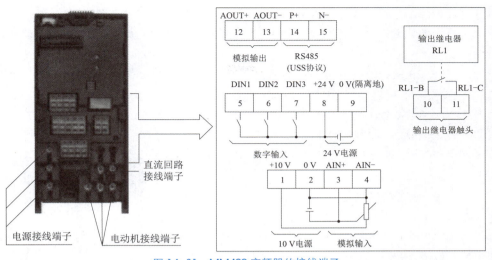

图 14-31　MM420 变频器的接线端子

1）MM420 变频器主电路的接线

MM420 变频器主电路的接线如图 14-32 所示，三相电源连接到图右侧上方的三

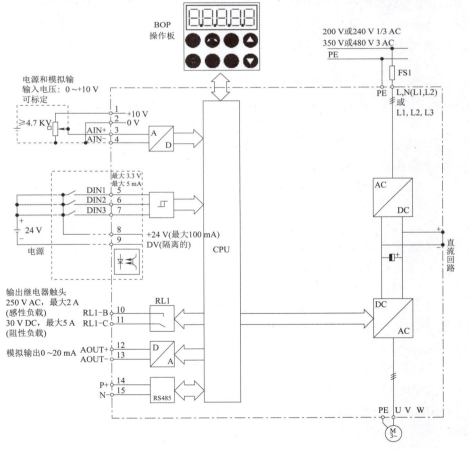

图 14-32　MM420 变频器主电路的接线

相接线端子 L1、L2、L3，电动机接线端子引出线则连接到 U、V、W 三个接线端子。注意接地线 PE 必须连接到 MM420 变频器接地端子，并连接到交流电动机的外壳。

2) MM420 变频器控制电路的接线

本任务中的 MM420 变频器只要求一种速度，因此采用 3 段速控制中的中速，需要 MM420 变频器的 DIN1 端子（图中的 5 号端子）连接 PLC 输出端 Q1.0，并将中速设置为 25 Hz，从而实现变频器以 25 Hz 的速度转动。注意图中的 8、9 号端子为变频器自带 24 V 输出电压。本任务中的 24 V 电源为外接电源。

### 2. MM420 变频器的基本操作面板

图 14-33 所示是 MM420 变频器的基本操作面板（BOP）的外形。利用 BOP 可以改变 MM420 变频器的各个参数。BOP 具有 7 段显示的 5 位数字，可以显示参数的序号和数值、报警和故障信息以及设定值和实际值。

图 14-33　MM420 变频器的基本操作面板的外形

### 3. MM420 变频器的参数访问

MM420 变频器有数千个参数，为了能快速访问指定的参数，MM420 变频器采用把参数分类，屏蔽不需要访问的类别的方法实现。实现这种过滤功能的有如下几个参数。

(1) 参数 P0004 是实现这种参数过滤功能的重要参数。当完成了 P0004 的设定以后再进行参数查找时，在 LCD 上只能看到 P0004 设定值所指定类别的参数。

(2) 参数 P0010 是调试参数过滤器，对与调试相关的参数进行过滤，只筛选出那些与特定功能组有关的参数。

P0010 的可能设定值如下：0（准备）、1（快速调试），2（变频器）、29（下载）、30（工厂的缺省设定值）；缺省设定值为 0。

(3) 参数 P0003 用于定义用户访问参数组的等级，设置范围为 1~4，具体说明如下。

"1" 标准级：可以访问最经常使用的参数。

"2" 扩展级：允许扩展访问参数的范围，例如 MM420 变频器的 I/O 功能。

"3" 专家级：只供专家使用。

"4" 维修级：有密码保护，只供授权的维修人员使用。

该参数缺省设置为等级 1（标准级），对于大多数简单的应用对象，采用标准级就可以满足要求了。用户可以修改设定值，但建议不要设置为等级 4（维修级），用 BOP 或 AOP 看不到等级 4 的参数。

### 4. 参数设置方法

用 BOP 可以修改和设置系统参数，使 MM420 变频器具有期望的特性，例如斜坡时间、最小和最大频率等。选择的参数号和设定的参数值在 5 位数字的 LCD 上显示。

更改参数值的步骤可大致归纳如下。

（1）查找所选定的参数号。

（2）进入参数值访问级，修改参数值。

（3）确认并存储修改好的参数值。

### 5. 多段速控制

当 MM420 变频器的命令源参数 P0700＝2（外部 I/O），选择频率设定的信号源参数 P1000＝3（固定频率），并设定数字输入端子 DIN1、DIN2、DIN3 等相应的功能后，就可以通过外接开关器件的组合通断改变输入端子的状态，实现电动机速度的有级调整。这种控制频率的方式称为多段速控制。

选择数字输入 1（DIN1）功能的参数为 P0701，缺省值＝1。

选择数字输入 2（DIN2）功能的参数为 P0702，缺省值＝12。

选择数字输入 3（DIN3）功能的参数为 P0703，缺省值＝9。

为了实现多段速控制功能，应该修改这 3 个参数，给 DIN1、DIN2、DIN3 端子赋予相应的功能。

例如，要求电动机能实现正反转和高、中、低 3 种转速的调整，高速时运行频率为 40 Hz，中速时运行频率为 25 Hz，低速时运行频率为 15 Hz，则 MM420 变频器参数调整的步骤见表 14-4。

#### 表 14-4　3 段固定频率控制参数

| 步骤号 | 参数号 | 出厂值 | 设置值 | 说明 |
| --- | --- | --- | --- | --- |
| 1 | P0003 | 1 | 1 | 设置用户访问级为标准级 |
| 2 | P0004 | 0 | 7 | 命令组为命令和数字 I/O |
| 3 | P0700 | 2 | 2 | 命令源选择"由端子排输入" |
| 4 | P0003 | 1 | 2 | 设置用户访问级为扩展级 |
| 5 | P0701 | 1 | 16 | DIN1 功能设定为固定频率设定值（直接选择+ON） |
| 6 | P0702 | 12 | 16 | DIN2 功能设定为固定频率设定值（直接选择+ON） |
| 7 | P0703 | 9 | 12 | DIN3 功能设定为接通时反转 |
| 8 | P0004 | 0 | 10 | 命令组为设定值通道和斜坡函数发生器 |
| 9 | P1000 | 2 | 3 | 频率给定输入方式设定为固定频率设定值 |
| 10 | P1001 | 0 | 25 | 固定频率 1 |
| 11 | P1002 | 5 | 15 | 固定频率 2 |

设置上述参数后，将 DIN1 置为高电平，将 DIN2 置为低电平，MM420 变频器输出 25 Hz（中速）；将 DIN1 置为低电平，将 DIN2 置为高电平，MM420 变频器输出 15 Hz（低速）；将 DIN1 置为高电平，将 DIN2 置为高电平，MM420 变频器输出 40 Hz（高速）；将 DIN3 置为高电平，电动机反转。

## 任务实施

### 1. I/O 地址分配

根据高速计数器输入/输出点数分配及任务要求，物料分拣系统 I/O 地址分配表

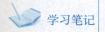

见表 14-5。

表 14-5　物料分拣系统 I/O 地址分配表

| 输入信号 | | 输出信号 | |
|---|---|---|---|
| 输入继电器 | 元件 | 输出继电器 | 元件 |
| I0.0 | 旋转编码器 B 相 | Q0.0 | 电动机 |
| I0.1 | 旋转编码器 A 相 | | |
| I0.2 | 进料口工件检测 | | |
| I0.3 | 光电传感器 | | |
| I0.4 | 光纤传感器 | Q0.4 | 推杆 1 电磁阀 |
| I0.5 | 推杆 1 伸出到位 | Q0.5 | 推杆 2 电磁阀 |
| I0.6 | 推杆 2 伸出到位 | Q0.6 | 推杆 3 电磁阀 |
| I0.7 | 推杆 3 伸出到位 | | |
| I1.0 | 启动按钮 | Q1.0 | 变频器（中速） |
| I1.1 | 停止按钮 | | |

### 2. PLC 接线图

根据控制要求和 I/O 地址分配表，物料分拣系统 PLC 接线图如图 14-34 所示。根据 PLC 接线图连接电路。

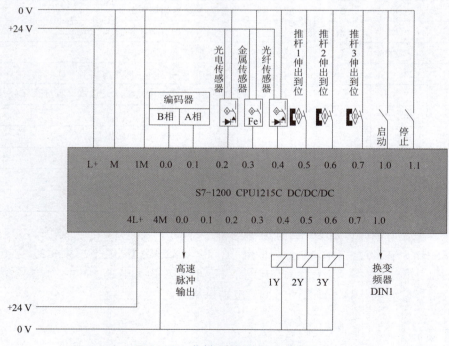

图 14-34　物料分拣系统 PLC 接线图

## 3. 创建工程项目

双击桌面上的"TIA Portal V15"图标，打开 TIA Portal V15 软件，在博途视图中创建新项目，输入项目名称"物料分拣系统控制"，选择项目保存路径，单击"创建"按钮完成创建，并在项目视图中进行硬件组态。本任务所采用的 CPU 型号为 1215C DC/DC/DC，在设备组态时，请注意 PLC 选型。

## 4. 编辑变量表

在项目树中双击"添加新变量表"选项，将图 14-35 所示的变量表添加在新变量表中。

| | | 名称 | 数据类型 | 地址 | 保持 | 可从 ... | 从 H... | 在 H... |
|---|---|---|---|---|---|---|---|---|
| 1 | | 光电传感器 | Bool | %I0.2 | | ☑ | ☑ | ☑ |
| 2 | | 电感传感器 | Bool | %I0.3 | | ☑ | ☑ | ☑ |
| 3 | | 光纤传感器 | Bool | %I0.4 | | ☑ | ☑ | ☑ |
| 4 | | 杆1到位 | Bool | %I0.5 | | ☑ | ☑ | ☑ |
| 5 | | 杆2到位 | Bool | %I0.6 | | ☑ | ☑ | ☑ |
| 6 | | 杆3到位 | Bool | %I0.7 | | ☑ | ☑ | ☑ |
| 7 | | 启动按钮 | Bool | %I1.0 | | ☑ | ☑ | ☑ |
| 8 | | 停止按钮 | Bool | %I1.1 | | ☑ | ☑ | ☑ |
| 9 | | 高速脉冲输出 | Bool | %Q0.0 | | ☑ | ☑ | ☑ |
| 10 | | 电磁阀1 | Bool | %Q0.4 | | ☑ | ☑ | ☑ |
| 11 | | 电磁阀2 | Bool | %Q0.5 | | ☑ | ☑ | ☑ |
| 12 | | 电磁阀3 | Bool | %Q0.6 | | ☑ | ☑ | ☑ |
| 13 | | Tag_1 | Bool | %M10.0 | | ☑ | ☑ | ☑ |
| 14 | | Tag_2 | Bool | %M10.1 | | ☑ | ☑ | ☑ |
| 15 | | Tag_3 | Bool | %M10.2 | | ☑ | ☑ | ☑ |
| 16 | | Tag_4 | Bool | %M10.3 | | ☑ | ☑ | ☑ |
| 17 | | Tag_5 | Bool | %M10.4 | | ☑ | ☑ | ☑ |
| 18 | | Tag_6 | Bool | %M10.5 | | ☑ | ☑ | ☑ |
| 19 | | Tag_7 | Bool | %M10.6 | | ☑ | ☑ | ☑ |
| 20 | | Tag_8 | Bool | %M10.7 | | ☑ | ☑ | ☑ |
| 21 | | Tag_9 | Dint | %MD100 | | ☑ | ☑ | ☑ |
| 22 | | Tag_10 | Dint | %ID1000 | | ☑ | ☑ | ☑ |
| 23 | | <添加> | | | | ☑ | ☑ | ☑ |

变量表_1

图 14-35　物料分拣系统变量表

## 5. 高速计数器组态

按照高速计数器的组态方法，组态高速计数器如下。

（1）计数类型：计数。

（2）工作模式：A/B 相 4 倍频。

（3）初始计数方向：加计数。

（4）初始值：0。

（5）参考值：0。

（6）为计数值等于参考值这一事件生成中断。中断程序编号为 OB40。

（7）在数字量输入通道 0 和输入通道 1 设置滤波时间，分别为 1.6 μs。

### 6. 编写程序

#### 1）编写主程序

在主程序中，需要用到初始化脉冲 M1.0，首先需要激活系统和时钟存储器，如图 14-36 所示。

```
▼  程序段 1： ___
   注释

      %M1.0                                              %M10.0
     "FirstScan"                                          "Tag_1"
      ──┤ ├──                                           ─(RESET_BF)─
                                                              20

▼  程序段 2： ___
   注释

      %I0.2                                               %M10.0
     "光电传感器"                                          "Tag_1"
      ──┤ ├──                                              ─( S )─

▼  程序段 3： ___
   注释

                                      %DB2
                                      "T1"
                                      ┌─────────┐
                                      │   TON   │
      %M10.0                          │   Time  │
      "Tag_1"                         │         │
      ──┤ ├──────────────────────────┤IN     Q ├──────────────
                                 T#1S─┤PT     ET├─ ...
                                      └─────────┘

                        %I0.4                              %M10.1
                      "光纤传感器"                          "Tag_2"
                       ──┤ ├──                              ─( S )─

▼  程序段 4： ___
   注释

       "T1".Q        %M10.0                               %Q1.0
      ──┤ ├──        "Tag_1"                              "Tag_13"
      ──┤ ├────────────┤ ├──────────┬───────────────────────( S )─
                                    │
                                    │                       %M10.0
                                    │                       "Tag_1"
                                    ├───────────────────────( R )─
                                    │
                                    │                       %M10.5
                                    │                       "Tag_6"
                                    └───────────────────────( S )─
```

图 14-36　主程序

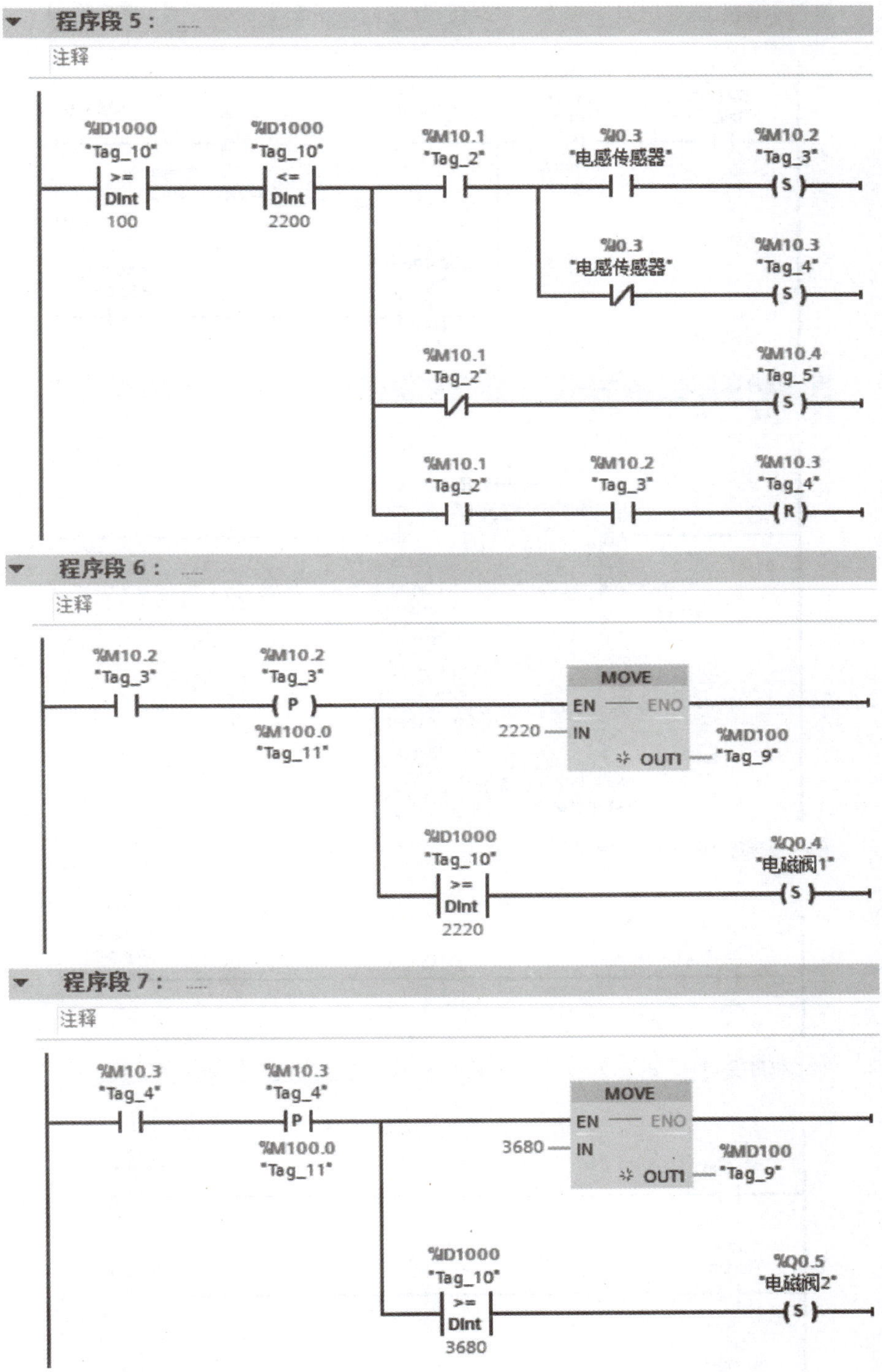

▼ 程序段 5：____

注释

```
%ID1000        %ID1000        %M10.1        %I0.3          %M10.2
"Tag_10"       "Tag_10"       "Tag_2"       "电感传感器"    "Tag_3"
  >=             <=            ┤ ├           ┤ ├            ( S )
 DInt           DInt
  100            2200
                                             %I0.3          %M10.3
                                             "电感传感器"    "Tag_4"
                                             ┤/├            ( S )

                              %M10.1                        %M10.4
                              "Tag_2"                       "Tag_5"
                              ┤/├                           ( S )

                              %M10.1         %M10.2         %M10.3
                              "Tag_2"        "Tag_3"        "Tag_4"
                              ┤ ├            ┤ ├            ( R )
```

▼ 程序段 6：____

注释

```
%M10.2         %M10.2                          MOVE
"Tag_3"        "Tag_3"                    EN ──── ENO
 ┤ ├            ( P )             2220 ── IN
               %M100.0                       ✻ OUT1 ──  %MD100
               "Tag_11"                                 "Tag_9"

               %ID1000                                  %Q0.4
               "Tag_10"                                 "电磁阀1"
                 >=                                      ( S )
                DInt
                 2220
```

▼ 程序段 7：____

注释

```
%M10.3         %M10.3                          MOVE
"Tag_4"        "Tag_4"                    EN ──── ENO
 ┤ ├            ( P )             3680 ── IN
               %M100.0                       ✻ OUT1 ──  %MD100
               "Tag_11"                                 "Tag_9"

               %ID1000                                  %Q0.5
               "Tag_10"                                 "电磁阀2"
                 >=                                      ( S )
                DInt
                 3680
```

图 14-36 主程序（续）

程序段 8：___

注释

```
    %M10.4          %M10.4                         MOVE
    "Tag_5"         "Tag_5"                  ┌──────────────┐
  ──┤ ├──────────────┤P├──────────────┬──────┤EN        ENO├──────────
                    %M100.0            │  5250─┤IN          │
                    "Tag_11"           │                   │  %MD100
                                       │       ❋  OUT1├────"Tag_9"
                                       │      └──────────────┘
                                       │
                                       │    %MD1000                      %Q0.6
                                       │    "Tag_10"                     "电磁阀3"
                                       └────┤ >= ├───────────────────────( S )──
                                            │DInt│
                                            5250
```

程序段 9：___

注释

```
                              %DB3
                            "高速计数器"
                    ┌──────────────────────────────┐
                    │         CTRL_HSC              │
  ──────────────────┤EN                         ENO├──────────────────────
              257───┤HSC                       BUSY├─┤ ...
            False───┤DIR                     STATUS├─── ...
           %M10.5   │                              │
           "Tag_6"──┤CV                            │
                1───┤RV                            │
            False───┤PERIOD                        │
                0───┤NEW_DIR                       │
                0───┤NEW_CV                        │
           %MD100   │                              │
           "Tag_9"──┤NEW_RV                        │
                0───┤NEW_PERIOD                    │
                    └──────────────────────────────┘
```

程序段 10：___

注释

```
    %M10.5                                                        %M10.5
    "Tag_6"                                                       "Tag_6"
  ──┤ ├──────────────────────────────────────────────────────────( R )──
```

程序段 11：___

注释

```
    %I0.5                                                          %Q0.4
    "杆1到位"                                                      "电磁阀1"
  ──┤ ├──────────────────────────────────────────────────────────( R )──

    %I0.6                                                          %Q0.5
    "杆2到位"                                                      "电磁阀2"
  ──┤ ├──────────────────────────────────────────────────────────( R )──

    %I0.7                                                          %Q0.6
    "杆3到位"                                                      "电磁阀3"
  ──┤ ├──────────────────────────────────────────────────────────( R )──
```

图 14-36　主程序（续）

关于启动和停止按钮，请读者自行加入程序。

程序段 1，利用初始化脉冲，复位所用辅助继电器 M10.0~M10.5。

程序段 2，在光电传感器检测到有工件进入落料口时，置位 M10.0。

程序段 3，判断工件的颜色和延时，工件为白色时，置位 M10.1，金属件由于反光而接近白色，因此也被判断为白色，延时 1 s 以确保工件进入后启动传送带。

程序段 4，启动传送带和高速计数器，启用新参考值的标志位。

程序段 5，判断工件的材质和颜色。

程序段 6，7，8，向高速脉冲输出传送预设值，并在中断执行时启动相应的气缸，推出工件。

程序段 9，启动高速计数器脉冲指令，其硬件标识符为 257，指令的 CV 端连接 M10.5，当 M10.5 为 1 时，表示启用新的计数值，新的计数值为 0，在 NEW_CV 端设置；RV 端设置为 1，表示始终启用新的参考值，新的参考值取决于 MD100 的数值，工件的材质、颜色不同时，传送给 MD100 的数值也不同，从而使高速计数器在不同的数值下产生中断事件，用于停止变频器输出。

程序段 10，11，进行标志位和推杆的复位控制。

2）编写中断程序

在项目树中打开中断程序 OB40，按图 14-37 所示编写中断程序。

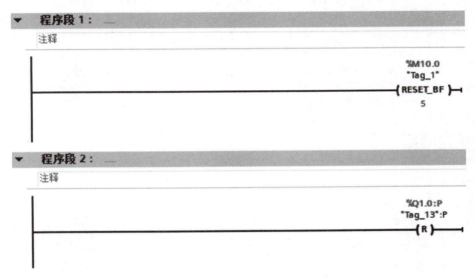

图 14-37　中断程序

中断程序用于复位辅助继电器和变频器输出，在执行中断程序时，变频器输出 Q1.0 立即停止。

**7. 程序调试**

程序编写完成后，将程序和设备组态下载至 PLC，进行程序调试，直到实现对应的功能。由于受到高速计数器的硬件限制，有关高速计数器的程序无法利用仿真程序进行模拟，必须在有 PLC 硬件的情况下，才能实现高速计数器的功能。

在实际应用中，脉冲数的设置比较烦琐，可以通过监测高速计数器的数值和测

学习笔记

量传送带前进的距离，再通过数学运算求取每个脉冲传送带前进的距离，然后测量3个槽中心所在位置距落料口的距离，经过反复调试，才能精准控制物料到达槽中心的脉冲数。这就需要具备工匠精神，对品质有执着的坚持和追求。

## 任务拓展

在编程中使用高速计数器脉冲指令时，除了在程序中要使用高速计数器脉冲指令，还必须对高速计数器进行组态。

利用本任务所学知识，完成以下任务拓展。

（1）填写任务工单，见表14-6。

表14-6　任务工单

| 任务名称 | 物料分拣系统的 PLC 控制 | | 实训教师 | |
|---|---|---|---|---|
| 学生姓名 | | | 班级名称 | |
| 学号 | | | 组别 | |
| 任务要求 | 当其他站送来工件放到传送带上，并被进料口的光电传感器检测到时，将信号传输给 PLC，程序启动变频器，控制电动机运转驱动传送带工作，把工件带进分拣区。如果进入分拣区的工件为黑色塑料工件，则当工件到达 1 号槽所在位置时，传送带停止，推杆 1 伸出，将黑色塑料工件推到 1 号槽里，推杆 1 伸出到位后自动缩回；如果进入分拣区的工件为白色工件，则当白色工件到达 2 号槽所在位置时，传送带停止，推杆 2 伸出，将白色工件推到 2 号槽里，推杆 2 伸出到位后自动缩回；如果进入分拣区的是金属工件，则当金属工件到达 3 号槽所在位置时，传送带停止，推杆 3 伸出，将金属工件推到 3 号槽里，推杆 3 伸出到位后自动缩回。以上工作周而复始，直到按下停止按钮 | | | |
| 材料、工具清单 | | | | |
| 实施方案 | | | | |
| 步骤记录 | | | | |
| 实训过程记录 | | | | |
| 问题及处理方法 | | | | |
| 检查记录 | | | 检查人 | |
| 运行结果 | | | | |

（2）填写 I/O 地址分配表，见表 14-7。

表 14-7　I/O 地址分配表

| 输入 | | 输出 | |
|---|---|---|---|
| | | | |
| | | | |
| | | | |
| | | | |
| | | | |
| | | | |
| | | | |
| | | | |
| | | | |

（3）绘制 PLC 接线图。

（4）程序记录。

（5）程序调试。

由于受到硬件限制，高速计数器不能使用仿真功能进行调试，本任务采用的程序都是在 CPU 主机 I/O 端输出高速脉冲。

（6）任务评价。

可以参考下方职业素养与操作规范评分表、物料分拣系统的 PLC 控制任务考核评分表。

## 任务评价

### 职业素养与操作规范评分表
（学生自评和互评）

| 序号 | 主要内容 | 说明 | 自评 | 互评 | 得分 |
|---|---|---|---|---|---|
| 1 | 安全操作<br>（10分） | 没有穿戴工作服、绝缘鞋等防护用品扣5分 | | | |
| | | 在实训过程中将工具或元件放置在危险的地方造成自身或他人人身伤害，取消成绩 | | | |
| | | 通电前没有进行设备检查引起设备损坏，取消成绩 | | | |
| | | 没经过实验教师允许而私自送电引起安全事故，取消成绩 | | | |
| 2 | 规范操作<br>（10分） | 在安装过程中，乱摆放工具、仪表、耗材，乱丢杂物扣5分 | | | |
| | | 在操作过程中，恶意损坏元件和设备，取消成绩 | | | |
| | | 在操作完成后不清理现场扣5分 | | | |
| | | 在操作前和操作完成后未清点工具、仪表扣2分 | | | |
| 3 | 文明操作<br>（10分） | 在实训过程中随意走动影响他人扣2分 | | | |
| | | 完成任务后不按规定处置废弃物扣5分 | | | |
| | | 在操作结束后将工具等物品遗留在设备或元件上扣3分 | | | |
| 职业素养总分 | | | | | |

### 物料分拣系统的 PLC 控制任务考核评分表
（教师和工程人员评价）

| 序号 | 考核内容 | 说明 | 得分 | 合计 |
|---|---|---|---|---|
| 1 | 机械与电气安装<br>（20分） | 编码器的 A/B 相连接方法正确，若未达到要求，则每处扣 0.5 分 | | |
| | | 接线端子连接牢固，不得拉出接线端子，若未达到要求，则每处扣 0.2 分 | | |
| | | 所有螺钉必须全部固定并不能松动，若未达到要求，则每处扣 0.5 分 | | |
| | | 所有具有垫片的螺钉必须用垫片，若未达到要求，则每处扣 0.5 分 | | |

| 序号 | 考核内容 | 说明 | | 得分 | 合计 |
|---|---|---|---|---|---|
| 1 | 机械与电气安装（20分） | 多股电线必须绑扎，若未达到要求，则每处扣 0.5 分 | | | |
| | | 扎带切割后剩余长度 ≤ 1 mm，若未达到要求，则每处扣 0.5 分 | | | |
| | | 相邻扎带的间距 ≤ 50 mm，若未达到要求，则每处扣 0.5 分 | | | |
| | | 冷压端子处不能看到明显外露的裸线，若未达到要求，则每处扣 0.5 分 | | | |
| | | 所有线缆必须使用绝缘冷压端子，若未达到要求，则每处扣 0.5 分 | | | |
| | | 线槽到接线端子的接线不得有缠绕现象，若未达到要求，则每处扣 0.5 分 | | | |
| | | 气管与电缆应分开绑扎，若未达到要求，则每处扣 0.5 分 | | | |
| | | 传感器安装位置正确，若未达到要求，则每个扣 0.5 分 | | | |
| | | 传感器接线方法正确，若未达到要求，则每个扣 0.5 分 | | | |
| 2 | I/O 地址分配（15分） | 说明 | 分值 | | |
| | | 输入点数正确 | 每个 1 分（扣完为止） | | |
| | | 输出点数正确 | 每个 1 分（扣完为止） | | |
| 3 | PLC 功能（25分） | 高速计数器组态正确 | 3 分 | | |
| | | 硬件标识符编号正确 | 3 分 | | |
| | | 高速脉冲指令设置方法正确 | 5 分 | | |
| | | 元件的颜色和材质判断正确 | 3 分 | | |
| | | 槽1，2，3元件定位准确 | 5 分 | | |
| | | 推出元件后皮带运输系统能及时停机 | 3 分 | | |
| | | 变频器参数设置正确 | 3 分 | | |
| 4 | 程序下载和调试（10分） | 传感器调试方法正确 | 2 分 | | |
| | | I/O 检查方法正确 | 3 分 | | |
| | | 能分辨硬件和软件故障 | 2 分 | | |
| | | 程序调试方法正确 | 3 分 | | |
| | 任务评价总分 | | | | |

## 任务十五　小区变频恒压供水系统设计

### 任务目标

**知识目标**

（1）熟悉模拟信号与数字信号。

（2）理解模拟量闭环控制系统。

（3）学会 PID_Compact 指令的组态与调试。

**技能目标**

（1）掌握标准化指令与缩放指令的编程方法。

（2）掌握 TIA Portal V15 软件中 PID_Compact 指令的组态与调试方法。

**素养目标**

（1）培养学生的团队合作精神。

（2）加强学生的节能意识。

### 任务引入

广泛应用于高层建筑的生活、消防用水的变频恒压供水系统可以利用 PLC 完成控制。变频恒压供水的调速系统可以实现水泵电动机无级调速，依据用水量的变化自动调节系统的运行参数，在用水量发生变化时保持水压恒定，以满足用水要求，从而提高高层建筑的供水质量并达到节能的效果。

> **价值观引领**
>
> 我国经济快速增长，各项建设取得巨大成就，但也付出了资源和环境方面的代价。温室气体排放会引起全球气候变暖，节能减排能有效减少温室气体的排放。进一步加强节能减排工作，也是应对全球气候变化的迫切需要。

### 任务要求

使用 S7-1200 PLC 实现简易变频恒压供水系统的控制。为了保证小区居民在使用自来水时的舒适度，自来水需要以 0.3 MPa 的恒定压力供水。变频恒压供水系统主要由水压传感器及变频器和水泵组成。系统控制要求是按下启动按钮后，水管出水处压力为 0.3 MPa，按下停止按钮后，变频电动机立即停止运行。

## 知识链接

### 知识点1　模拟量及其硬件介绍

#### 1. 模拟信号和数字信号

如图15-1所示，模拟信号是指用连续变化的物理量表达的信息，如温度、湿度、压力、长度、电流、电压等。模拟信号在时间和数值上均具有连续性，即对应任意时间值 $t$ 均有确定的函数值 $u$，并且 $u$ 的幅值是连续取值的。例如，正弦波信号是典型的模拟信号。

模拟量及其
硬件介绍

与模拟信号不同，数字信号在时间和数值上均具有离散性，$u$ 的变化在时间上不连续，总是发生在离散的瞬间，且它们的数值是一个最小量值的整倍数，并以此倍数作为数字信号的数值，如图15-2所示。当实际信号的值在 $N$ 与 $N+1$（$N$ 为整数）之间时，则需通过设定的阈值将其确定为 $N$ 或 $N+1$，即认为 $N$ 与 $N+1$ 之间的数值没有意义。

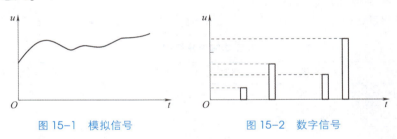

图 15-1　模拟信号　　　　　图 15-2　数字信号

应当指出，大多数物理量所转换成的电信号均为模拟信号。在信号处理时，模拟信号和数字信号可以相互转化。例如，用计算机处理信号时，由于计算机只能识别数字信号，所以需将模拟号转换为数字信号，称为模/数转换；由于负载常需模拟信号驱动，所以需将计算机输出的数字信号转换为模拟信号，称为数/模转换。

#### 2. 硬件介绍

在工业控制中，某些输入量（例如压力、温度、流量、转速等）是模拟量，某些执行机构（例如电动调节阀和变频器等）要求 PLC 输出模拟信号，而 PLC 的 CPU 只能处理数字信号。这就要求 PLC 应用于模拟量控制时必须具有 A/D（模/数）和 D/A（数/模）转换功能，能对现场的模拟信号与 PLC 内部的数字信号进行转换；另外，PLC 必须具有数据处理能力，特别是应具有较强的算术运算功能，能根据控制算法对数据进行处理，以实现控制目的。

模拟量输入是将标准的模拟信号转换为数字信号以用于 CPU 的计算。模拟量一般需用传感器、变送器等元件，把工业现场的模拟信号转换成标准的电信号，如标准电流信号为 0~20 mA、4~20 mA，标准电压信号为 0~10 V、0~5 V 或 -10~+10 V 等。S7-1200 PLC 可以通过本体集成的模拟量输入点或模拟量输入信号板、模拟量

输入模块将外部模拟量标准信号传送至自身。

　　模拟量输出模块是把数字量转换成模拟量输出的 PLC 工作单元，简称 D/A（数/模转换单元或 D/A 模块）。S7-1200 PLC 将 16 位的数字量线性转换为标准的电压或电流信号，S7-1200 PLC 可以通过本体集成的模拟量输出点，或模拟量输出信号板、模拟量输出模块将 PLC 内部数字量转换为模拟量输出，以驱动各执行机构。

　　S7-1200 PLC 的 CPU、信号板、模块如图 15-3 所示。

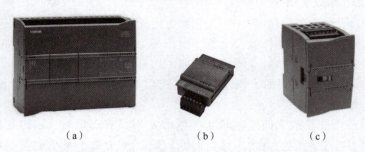

（a） （b） （c）

图 15-3　S7-1200 PLC 的 CPU、信号板、模块
（a）S7-1200 PLC 的 CPU；（b）信号板；（c）模块

1）PLC 本体的模拟量输入/输出

在 S7-1200 PLC 中，本体内置了 2 个模拟量输入点，其参数见表 15-1。

表 15-1　PLC 本体内置模拟量输入点参数

| PLC 型号 | 输入点数 | 类型 | 满量程范围/V | 满量程范围（数据字） |
|---|---|---|---|---|
| CPU 1211C | | | | |
| CPU 1212C | | | | |
| CPU 1214C | 2 | 电压 | 0~10 | 0~276 48 |
| CPU 1215C | | | | |
| CPU 1217C | | | | |

　　在 S7-1200 PLC 中，CPU 1211C、CPU 1212C、CPU 1214C 本体没有内置模拟量输出点；CPU 1215C、CPU 1217C 内置了 2 个模拟量输出点，其参数见表 15-2。

表 15-2　PLC 本体内置模拟量输出点参数

| PLC 型号 | 输出点数 | 类型 | 满量程范围/mA | 满量程范围（数据字） |
|---|---|---|---|---|
| CPU 1215C | 2 | 电流 | 0~20 | 0~27 648 |
| CPU 1217C | | | | |

2）模拟量输入/输出信号板

　　模拟量输入信号板可直接插接到 S7-1200 PLC 的 CPU 中，CPU 的安装尺寸保持不变。模拟量输入信号板主要包括 SB 1231 AI 1×12 位（1 路）模拟量输入信号板和 SB 1231 AI 1×16 位热电偶（1 路）模拟量输入信号板。模拟量输入信号板参数见表 15-3。

表 15-3　模拟量输入信号板参数

| 型号 | SB 1231 AI 1×12 位 | SB 1231 AI 1×16 位热电偶 |
| --- | --- | --- |
| 输入点数 | 1 | 1 |
| 类型 | 电压或电流 | 浮动 TC 和 mV |
| 范围 | ±10 V、±5 V、±2.5 V 或 0~20 mA | 配套热电偶 |
| 分辨率 | 11 位+符号位 | 温度：0.1°C/0.1°F 电压：15 位+符号 |
| 满量程范围（数据字） | −27 648~27 648 | −27 648~27 648 |

模拟量输出信号板可直接插接到 S7-1200 PLC 的 CPU 中，CPU 的安装尺寸保持不变。模拟量输出信号板型号为 SB 1232 AQ1×12 位。模拟量输出信号板参数见表 15-4。

表 15-4　模拟量输出信号板参数

| 型号 | SB 1232 AQ 1×12 位 |
| --- | --- |
| 输出点数 | 1 |
| 类型 | 电压或电流 |
| 范围 | ±10 V 或 0~20 mA |
| 分辨率 | 电压：12 位；电流：11 位 |
| 满量程范围（数据字） | 电压：−27 648~27 648；电流：0~27 648 |

3）模拟量输入/输出模块

模拟量输入模块安装在 CPU 右侧的相应插槽中，可提供多路模拟量输入。模拟量输入可通过 SM 1231 模拟量输入模块或 SM 1234 模拟量输入/输出模块提供。模拟量输入模块参数见表 15-5。

表 15-5　模拟量输入模块参数

| 型号 | SM1231 AI4×13 位 | SM1231 AI8×13 位 | SM1231 AI4×16 位 | SM1234 AI4×13 位/ AQ2×14 位 |
| --- | --- | --- | --- | --- |
| 输入点数 | 4 | 8 | 4 | 4 |
| 类型 | 电压或电流（差动） | | | |
| 范围 | ±10 V、±5 V、±2.5 V 或 0~20 mA 或 4~20 mA | | ±10 V、±5 V、±2.5 V、±1.25 V 或 0~20 mA 或 4~20 mA | ±10 V、±5 V、±2.5 V 或 0~20 mA 或 4~20 mA |
| 满量程范围（数据字） | 电压：−27 648~27 648 电流：0~27 648 | | | |

模拟量输出模块安装在 CPU 右侧的相应插槽中，可提供多路模拟量输出。模拟量输出可通过 SM 1232 模拟量输出模块或 SM 1234 模拟量输入/输出模块提供。模拟量输出模块参数见表 15-6。

表 15-6 模拟量输出模块参数

| 型号 | SM1232 AQ2×14 位 | SM1232 AQ4×14 位 | SM1234AI4×13 位/AQ2×14 位 |
|---|---|---|---|
| 输入点数 | 2 | 4 | 2 |
| 类型 | 电压或电流 | | |
| 范围 | ±10 V、0~20 mA 或 4~20 mA | | ±10 V 或 0~20 mA |
| 满量程范围（数据字） | 电压：−27 648~27 648<br>电流：0~27 648 | | |

### 3. 模拟量模块的地址分配

（1）CPU 集成的模拟量输入/输出系统默认地址是 I/QW64、I/QW66。

（2）信号板上的模拟量输入/输出系统默认地址是 I/QW80。

（3）模拟量模块以通道为单位，一个通道占一个字（2 字节）的地址，因此在模拟量地址中只有偶数。S7-1200 PLC 的模拟量模块的系统默认地址为 I/QW96~I/QW222。

一个模拟量模块最多有 8 个通道，从 96 号字节开始，S7-1200 PLC 给每一个模拟量模块分配 16 个字节的地址。$N$ 号槽的模拟量模块的起始地址为 $(N-2) \times 16 + 96$，其中 $N \geqslant 2$。例如 5 号槽自动分配的起始地址为 $(5-2) \times 16 + 96 = 144$。

### 4. 模拟量模块的组态

由于模拟量输入/输出模块提供不止一种类型信号的输入/输出，每种信号的测量范围又有多种选择，所以必须对模块信号类型和测量范围进行设定。如图 15-4 所示，选择设备视图中的 "AI4/AQ2" 模块，在 "模拟量输入" 选项中可设置信号的测量类型、测量范围及滤波级别，单击 "测量类型" 下拉按钮，可以看到测量类型有 "电压" 和 "电流" 两种。

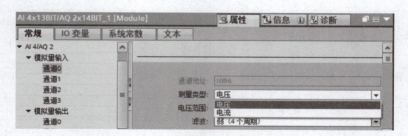

图 15-4 模拟量输入模块的信号测量类型

若 "测量类型" 选择 "电压"，则 "电压范围" 为±2.5 V、±5 V、±10 V，如图 15-5 所示；若 "测量类型" 选择 "电流"，则 "电流范围" 为 0~20 mA 和 4~20 mA。

图 15-5　模拟量输入模块的电压范围

如图 15-6 所示，在"模拟量输出"选项中可以设置输出模拟量的信号类型（电压和电流）及范围（若输出为电压信号，则范围为 0～10 V；若输出为电流信号，则范围为 0～20 mA）；还可以设置 CPU 进入 STOP 模式后，各输出点保持最后的值或使用替换值。

图 15-6　模拟量输出模块的组态

### 5. 模拟量输入转换后的模拟值

模拟量输入/输出模块中模拟量对应的数字称为模拟值，模拟值用 16 位二进制补码表示。最高位（第 15 位）为符号位，正数的符号位为 0，负数的符号位为 1。

模拟量经 A/D 转换后得到的数值的位数（包括符号位）如果小于 16 位，转换值被自动左移，使其最高的符号位在 16 位字的最高位，模拟值左移后未使用的低位则填入"0"。这种处理方法的优点是与转换值原始的位数无关，便于后续处理。

S7-1200 PLC 模拟量转换的二进制数值：单极性输入信号时（如 0～10 V 或 4～20 mA）对应的正常数值范围为 0～27 648（16#0000～16#6C00）；双极性输入信号时（如-10～10 V）对应的正常数值范围为-27 648～27 648。在正常量程区以外，设置过冲区和溢出区，当检测值溢出时，可启动诊断中断。表 15-7 给出了模拟量输入模块的模拟值与以百分比表示的模拟量之间的对应关系。

表 15-7　模拟量输入模块的模拟值

| 范围 | 双极性 | | | | 单极性 | | | |
|---|---|---|---|---|---|---|---|---|
| | 十进制 | 十六进制 | 百分比/% | ±10 V, 5 V, ±2.5 V | 十进制 | 十六进制 | 百分比/% | 0～20 mA |
| 上溢出，断电 | 32 767 | 7FFFH | 118.515 | 11.851 V | 32 767 | 7FFFH | 118.515 | 23.70 mA |

续表

| 范围 | 双极性 | | | | 单极性 | | | |
|---|---|---|---|---|---|---|---|---|
| | 十进制 | 十六进制 | 百分比/% | ±10 V,<br>5 V,<br>±2.5 V | 十进制 | 十六进制 | 百分比/% | 0~20 mA |
| 超出范围 | 32 511 | 7EFFH | 117.589 | 11.759 V | 32 511 | 7FFFH | 117.589 | 23.52 mA |
| 正常范围 | 27 648 | 6C00H | 100.000 | 10 V | 27 648 | 6C00H | 100.000 | 20 mA |
| | 0 | 0H | 0 | 0 V | 0 | 0H | 0 | 0 mA |
| | −27 648 | 9400H | −100.00 | −10 V | | | | |
| 低于范围 | −32 512 | 8100H | −117.593 | −11.759 V | | | | |
| 下范围，断电 | −32 767 | 8100H | −118.515 | −11.851 V | | | | |

## 知识点2 标准化指令与缩放指令

### 1. 标准化指令

标准化指令 NORM_X 是将输入 VALUE 中变量的值映射到线性标尺对其进行标准化。标准化指令的梯形图格式如图 15-7 所示。VAL 是要标准化的值，其数据类型可以是整数，也可以是浮点数；OUT 是 VALUE 被标准化的结果，其数据类型只能是浮点数；其计算公式为 OUT=(VALUE−MIN)/(MAX−MIN)，输出范围为 [0~1]，其线性关系如图 15-8 所示。根据 OUT 输出公式，在标准化指令中，MIN 的值为 0，MAX 的值为 100，VALUE 的值为 70，经过标准化指令后，输出 OUT 的值为 0.7 并且保存在 MD30 中。

标准化指令
与缩放指令

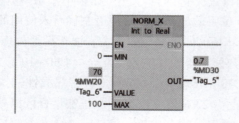

图 15-7 标准化指令的梯形图格式

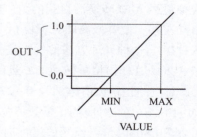

图 15-8 标准化指令的线性关系

### 2. 缩放指令

缩放指令 SCALE_X 也称为标定指令，它通过将输入 VALUE 的值映射到指定的取值范围对其进行缩放。缩放指令的梯形图格式如图 15-9 所示。VALUE 的数据类型是浮点数，OUT 的数据类型可以是整数、浮点数。单击方框内指令名称下面的问号，用下拉式列表设置变量的数据类型。参数 MIN、MAX 和 OUT 的数据类型应相同，VALUE、MIN 和 MAX 可以是常数。当执行缩放指令时，输入值 VALUE 的浮点值会缩放到由参数 MIN 和 MAX 定义的取值范围，缩放结果由 OUT 输出，OUT = [VALUE×(MAX-MIN)]+MIN，其线性关系如图 15-10 所示。

如图 15-9 所示，根据 OUT 输出公式，在缩放指令中，MIN 的值为 0，MAX 的值为 100，VALUE 的值为 0.7，经过缩放指令后，输出 OUT 的值为 70 并且保存在 MD80 中。

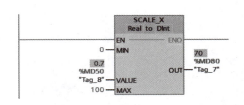

图 15-9　缩放指令的梯形图格式

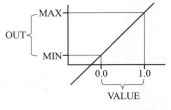

图 15-10　缩放指令的线性关系

【例题 15-1】某压力变送器的量程为 0~1.6 MPa，输出信号为 4~20 mA，被 IW96 转换为 0~276 48 的整数。用标准化指令和缩放指令编写程序，在 I0.1 的上升沿，将 AIW96 输出的模拟值转换为对应的浮点数压力值，单位为 MPa，存放在 MD60 中。

变送器的作用：将检测元件的输出信号转换成标准统一信号（如 4~20 mA 直流电流）送往显示仪表或控制仪表进行显示、记录或控制。

解：在硬件组态中，当为模拟量输入 AI 选择"测量类型"为"电流"时，如图 15-11 所示，"电流范围"有 0~20 mA 和 4~20 mA 可供选择。其中电流测量范围为 0~20 mA 和 4~20 mA 的模拟值的表示见表 15-8。

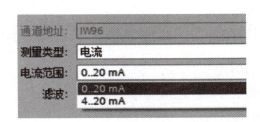

图 15-11　模拟量输入模块组态

表 15-8　电流测量范围为 0~20 mA 和 4~20 mA 的模拟值的表示

| 系统 | | | 测量范围 | | |
|---|---|---|---|---|---|
| 百分比/% | 十进制 | 十六进制 | 0~20 mA | 4~20 mA | 范围 |
| 118.515 | 32 767 | 7FFF | 23.70 mA | 22.96 mA | 上溢 |
| | 32 512 | 7F00 | | | |
| 117.589 | 32 511 | 7EFF | 23.52 mA | 22.81 mA | 超出范围 |
| | 27 649 | 6C01 | | | |

续表

| 系统 | | | 测量范围 | | |
|---|---|---|---|---|---|
| 100.000 | 27 648 | 6C00 | 20 mA | 20 mA | 正常范围 |
| 75.000 | 20 736 | 5100 | 15 mA | 15 mA | |
| | 1 | 1 | 723.4 nA | 4 mA+578.7 nA | |
| 0 | 0 | 0 | 0 mA | 4 mA | |
| −118.519 | −32 768 | 8 000 | | | |

方法一：如果选择"电流范围"为 0~20 mA，则程序如图 15-12 所示。

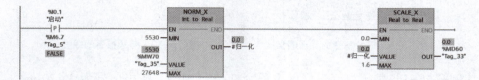

图 15-12　转换程序（1）

方法二：如果选择"电流范围"为 4~20 mA，则程序如图 15-13 所示。

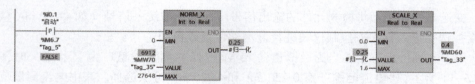

图 15-13　转换程序（2）

### 知识点 3　模拟量闭环控制系统与 PID_Compact 指令算法

#### 1. 模拟量闭环控制系统

图 15-14 所示是典型的闭环控制系统框图，其中点画线部分是 PLC。控制器是装载有 PID 算法的 CPU，由于 PLC 的 CPU 只能处理数字量，所以图中的 $SP(n)$、$e(n)$、$M(n)$、$PV(n)$ 为数字量。现场的 $M(t)$、$PV(t)$、$c(t)$ 为模拟量。

模拟量闭环控制系统与 PID_COMPACT 指令

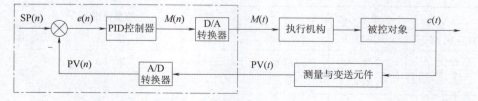

图 15-14　闭环控制系统框图

被控对象 $c(t)$ 如温度、压力和流量等被测量后由变送元件转换为标准量程的直流电流或直流电压信号 $PV(t)$，PLC 的模拟量输入模块用 A/D 转换器将 $PV(t)$

转换为数字量 PV($n$)。设定值 SP($n$) 与系统测量单元的反馈信号 PV($n$) 相减，会得到输入偏差 $e(n)$。将输入偏差送入 PID 控制器。按照 PID 算法进行运算，运算结束以后得到数字量输出信号 $M(n)$。数字量输出信号由模拟量输出模块中的 D/A 转换器转换为模拟量信号 $M(t)$，并将结果输出到执行机构。

执行机构在接收到运算器的信号以后做出响应，完成增大或减小的动作。执行器做出反应以后，通过控制通路的连接引起被控对象的改变，并可通过测量单元将这个变化测量出来，同时负反馈给输入，从而影响输入偏差的大小。控制过程如此循环，直到被控对象的测量值与系统设定值一致，控制过程趋于稳定，被控对象不再发生变化，达到控制要求。

闭环控制具有自动减小和消除误差的功能，可以有效地抑制闭环中各种扰动量对被控量的影响，使过程变量 PV($n$) 等于或跟随设定值 SP($n$)。

### 2. PID_Compact 指令

PID_Compact 指令算法简介

PID_Compact 指令中 P、I、D 的含义分别为比例（Proportional）、积分（Integral）、微分（Differential）。该指令对具有比例作用的执行器进行调节，具有抗积分饱和功能，并且能够对比例作用和微分作用进行加权运算。其计算公式为：

$$y = K_p \left[ (bw - x) + \frac{1}{T_1 s}(w - x) + \frac{T_D s}{a T_D s + 1}(cw - x) \right]$$

其中，$y$ 为 PID 控制器的输出值；$K_p$ 为比例增益；$b$ 为比例作用权重；$w$ 为设定值；$x$ 为过程值；$s$ 为自动控制理论中的拉普拉斯运算符；$T_1$ 为积分作用时间；$T_D$ 为微分作用时间；$a$ 为微分延迟系数；微分延迟 $T_1 = a T_D$；$c$ 为微分作用权重。

PID_Compact 指令算法框图如图 15-15 所示，带抗积分饱和的 PIDT1 框图如图 15-16 所示。

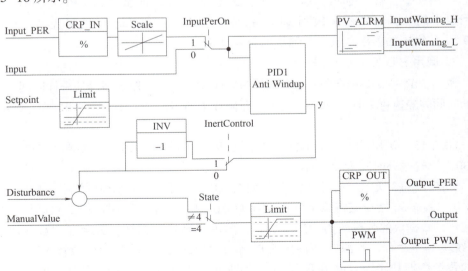

图 15-15　PID_Compact 指令算法框图

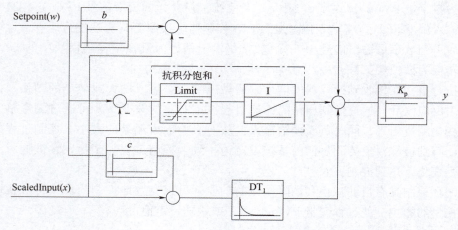

图 15-16 带抗积分饱和的 PIDT1 框图

### 知识点 4 PID_Compact 指令的组态

S7-1200 PLC 使用 PID_Compact 指令实现 PID 控制，该指令的背景数据块称为 PID_Compact_1 工艺对象。PID 控制器具有参数自调节功能和自动、手动模式。

PID 控制器连续地采集测量的被控量的实际值（或称为输入值），并与期望的设定值比较。根据得到的系统误差，PID 控制器计算输出，使被控量尽可能快地接近设定值或进入稳态。

#### 1. 生成一个新项目

在 TIA Portal V15 软件中，生成一个名为"PID 应用"的新项目。双击项目树中的"添加新设备"选项，添加一个 PLC 设备，CPU 的型号为 CPU 1214C。将硬件目录中的 AQ 信号板拖放到 CPU 中，设置模拟量输出的类型为电压（默认为 +10 V）。集成的模拟量输入 0 通道的量程默认为 0~10 V。

#### 2. 调用 PID_Compact 指令

调用 PID_Compact 指令的时间间隔为采样周期。为了保证精确的采样时间，用固定的时间间隔执行 PID_Compact 指令，在循环中断组织块 OB30 中调用 PID_Compact 指令。

如图 15-17 所示，在项目视图中添加循环中断组织块，生成循环中断组织块 OB30，设置循环时间为 300 ms。

如图 15-18 所示，打开"指令"面板中的"工艺"→"PID 控制"文件夹，双击 PID_Compact 指令或将该指令拖放到 OB30 中，打开"调用选项"对话框。将默认的背景数据块的名称改为"PID_DB"，单击"确定"按钮，就会在"程序块"→"系统块"→"程序资源"文件中生成名为"PID_Compact"的函数块 FB1130。生成的背景数据块 PID_DB 在项目树的文件夹"工艺对象"中，如图 15-19 所示。PID_Compact 指令块主要参数说明见表 15-9。

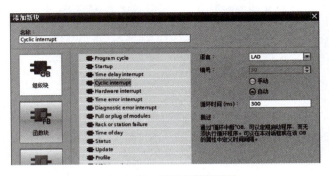

图 15-17　循环中断组织块

图 15-18　调用 PID_Compact 指令

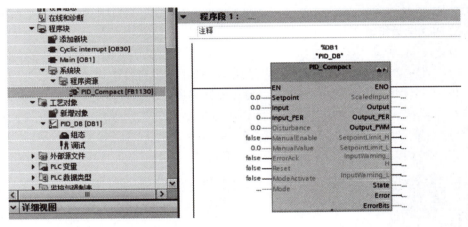

图 15-19　OB30 中的 PID_Compact 指令

表 15-9　PID_Compact 指令块主要参数说明

| 参数 | 数据类型 | 默认值 | 说明 |
|---|---|---|---|
| Setpoint | Real | 0.0 | PID 控制器在自动模式下的设定值 |
| Input | Real | 0.0 | 用户程序的变量作为反馈值（实数类型） |
| Input_PER | Int | 0 | 模拟量输入作为反馈值（整数类型） |
| ManualEnable | Bool | FALSE | 0 到 1 上升沿时会激活"手动模式"，1 到 0 下降沿时会激活 Mode 指定的工作模式 |
| ManualValue | Real | 0.0 | 该值用作手动模式下的输出值 |
| Reset | Bool | FALSE | 重新启动 PID 控制器 |

续表

| 参数 | 数据类型 | 默认值 | 说明 |
|---|---|---|---|
| Mode | Int | 4 | 在 Mode 下，指定 PID_Compact 将转换到的工作模式。选项包括：0——未激活，1——预调节，2——精确调节，3——自动模式，4——手动模式 |
| Output | Real | 0.0 | Real 形式的输出值 |
| Output_PER | Int | 0 | 模拟量输出值 |
| Output_PWM | Bool | FALSE | 脉宽调制输出值 |
| State | Int | 0 | PID 控制器的当前工作模式，包括：0——未激活，1——预调节，2——精确调节，3——自动模式，4——手动模式，5——带错误监视的替代输出值 |
| Error | Bool | FALSE | 如果 Error=TRUE，则此周期内至少有一条错误消息处于未决状态 |
| ErrorBits | DWord | DW#16#0 | 显示处于未决状态的错误消息 |

### 3. PID 参数组态

双击项目树的"工艺对象"→"PID_DB"文件夹中的"组态"选项，如图 15-19 所示，在工作区打开 PID 组态窗口。选择左边窗口中的"控制器类型"选项（图 15-20），可以设置控制器类型为各种物理量，例如转速、温度、压力等。一般设置为"常规"，其单位为%。对于 PID 输出增大时被控量减小的设备（例如制冷设备），应勾选"反转控制逻辑"复选框。如果勾选了"CPU 重启后激活 Mode"复选框，则 CPU 重启后将激活图中设置的自动模式。

图 15-20　PID 组态窗口（1）

选择左边窗口中的"Input/Output 参数"选项，如图 15-21 所示，本例设置过程变量（Input）和 PID 输出（Output）分别为指令的输入参数 Input 和输出参数 Output（均为浮点数）。选择左边窗口中的"过程值限值"选项，采用默认的过程值上限（120.0%）和下限（0.0%）。选择左边窗口中的"过程值标定"选项，采用默认的比例。标定的过程值下限和上限分别为 0.0% 和 100.0% 时，A/D 转换后的下限和上限分别为 0.0 和 27 648.0。

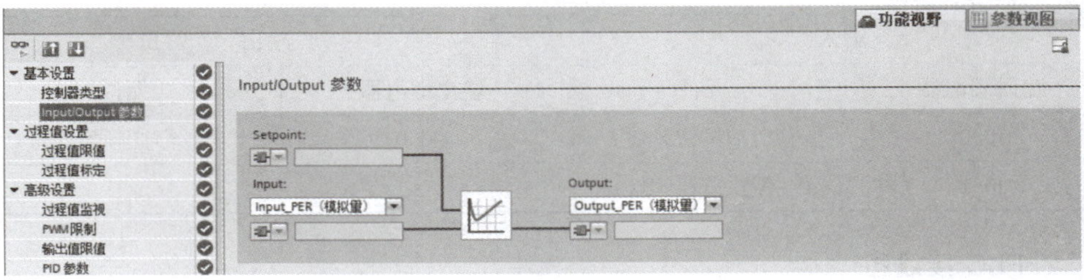

图 15-21　PID 组态窗口（2）

选择左边窗口中"高级设置"文件夹中的"过程值监视"选项（图 15-22），可以设置输入的上限报警值和下限报警值。运行时如果输入值超过设置的上限报警值或低于下限报警值，指令的 Bool 输出参数"InputWarning H"或"InputWarning L"将变为"1"状态。选择左边窗口中的"PWM 限制"选项，可以设置 PWM 的最短接通时间和最短关闭时间。选择左边窗口中的"输出值限值"选项，将输出值的上、下限分别设置为 100.0% 和 -100.0%，可以设置出现错误时对 Output 的处理方法。

图 15-22　PID 组态窗口（3）

选择左边窗口中的"PID 参数"选项（图 15-22），勾选"启用手动输入"复选框，可以离线或在线监视、修改和下载 PID 参数，控制器的结构可以选择 PID 和 PI。

## 任务实施

**PID_COMPACT 指令的应用**

### 1. I/O 地址分配

变频恒压供水系统 PLC 控制的 I/O 地址分配表见表 15-10。

学习笔记

表 15–10　变频恒压供水系统 PLC 控制的 I/O 地址分配表

| 输入 | | 输出 | |
|---|---|---|---|
| 输入继电器 | 元件 | 输出继电器 | 元件 |
| I0.0 | 启动按钮 SB1 | Q0.0 | 启/停变频器 KM |
| I0.1 | 停止按钮 SB2 | | |

## 2. PLC 接线图

变频恒压供水系统 PLC 接线图如图 15–23 所示。

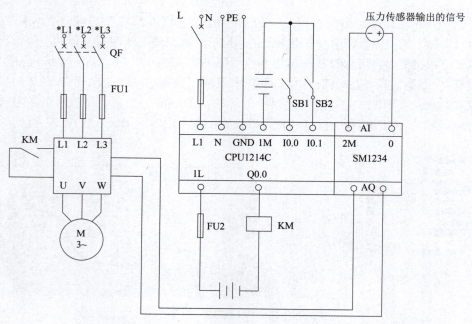

图 15–23　变频恒压供水系统 PLC 接线图

## 3. 创建工程项目

（1）新建项目"简易恒压供水"。

（2）添加设备 CPU 1214C DC \ DC \ RLY 和 SM1234。

①选择 CPU，在巡视窗口中找到"常规"选项卡，把 CPU 改为暖启动，如图 15-24 所示。

②如图 15-25 所示，设定模拟量通道，选择模拟量输入模块，在巡视窗口中找到"常规"选项卡，选择模拟量输入通道 0，"测量类型"选择"电流"，"电流范围"选择"4．20 mA"。

③如图 15-26 所示，选择模拟量输入输出模块，设定模拟量输出，设置通道 0 的模拟量输出类型为电压。选择 CPU，单击"编译"和"下载"按钮，把组态信息下载到 CPU 中。

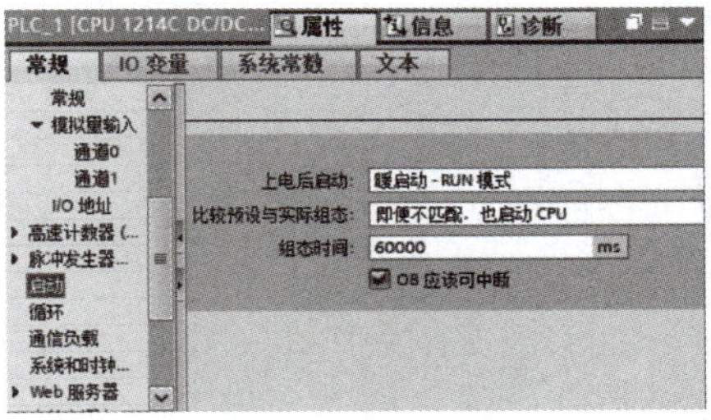

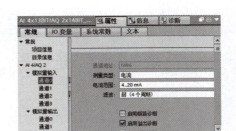

图 15-24　CPU 暖启动　　　　图 15-25　模拟量输入模块组态

图 15-26　模拟量输出模块组态

（3）变频器选择西门子 V20 变频器，0~10 V 用来控制 V20 变频器的频率，V20 变频器控制抽水泵的进水量和速度。V20 变频器需要调节两个参数：P0700 = 1，表示面板启停；P1000 = 2，表示模拟量电压控制。

（4）在主函数 Main[OB1]中，添加图 15-27 所示的程序 1。

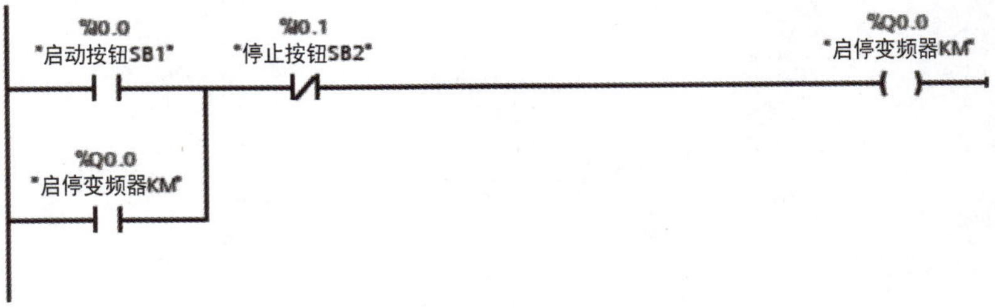

```
    %I0.0              %I0.1                                              %Q0.0
"启动按钮SB1"       "停止按钮SB2"                                     "启停变频器KM"
   ┤ ├───────────────┤/├─────────────────────────────────────────────( )

    %Q0.0
"启停变频器KM"
   ┤ ├
```

图 15-27　程序 1

在主函数 Main[OB1]中，添加图 15-28 所示的程序 2。

图 15-28　程序 2

由于模拟量输入/输出模块已经把模拟量输入自动转变为模拟值，并且把该模拟值存储到 IW96 中，所以此时只需要把该模拟值转换为实际的压力值即可。先通过标准化指令把 IW96 中存储的模拟值线性转化为 0.0~1.0 的浮点数，转换结果用 OUT 指定的地址 MD8 保存；再通过缩放指令把存储在 MD8 地址中的浮点数线性转换为下限参数 0.1 MPa 和上限参数 0.5 MPa 定义的范围内的数值。

（5）编写 PID 程序。为了保证精确的采样时间，在循环中断组织块 OB30 中调用 PID_Compact 指令，循环时间为 300 ms。背景数据块的名称为 "PID_Compact_1"。Setpoint 是设定值，Input、Output 是实数类型的输入、输出，Input_PER 和 Output_PER 是模拟量外设输入、输出。

（6）单击图 15-29 所示的 PID_Compact 指令框图中右上角的组态窗口按钮，开始对 PID 指令进行组态。

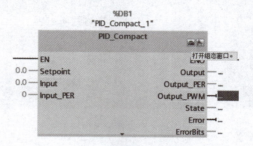

图 15-29　PID_Compact 指令框图

①如图 15-30 所示，在"基本设置"选项中，控制器类型选择"压力"，单位选择"bar"，将 Mode 设置为"自动模式"。其中 1 MPa = 10 bar。

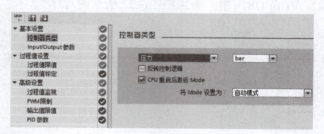

图 15-30　PID 控制器类型设置

②如图 15-31 所示，在"Input/Output 参数"选项中，Input_PER[①] 是现场仪表数据，直接经过模拟量通道进行测试，未进行数据标定，数据类型是 Int，可以通过 PID 组态直接进行数据标定，转换成实际工程量。

Input 是现场仪表测量数据，经过程序标定转换成实际工程量数据，数据类型是 Real。

由于在主程序中已经把 IW96 中的数据转化为实际工程量数据，所以在这里选择 Input；相应地，由于在主程序中没有编写把实际的电压值转化为对应模拟量的程

————————

① 注：图中未显示。

序，所以在"Output"下拉列表中选择"Output_PER（模拟量）"选项。

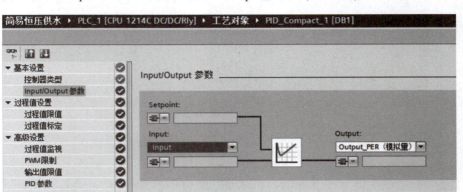

图 15-31　PID 控制器输入/输出参数设置

③在过程值限值设置中，过程值上限为 5 bar，过程值下限为 0.0 bar。

④在过程值监视中，警告值的上限为 4.0 bar，警告值的下限为 2.0 bar。其余参数为系统默认。

输出限制值和 PID 参数均选择默认值

⑤保存 PID 组态设置并关闭界面，如图 15-32 所示，在主程序 OB30 中填写 PID 指令中相应的 I/O 地址，把程序下载到 PLC 中即可。

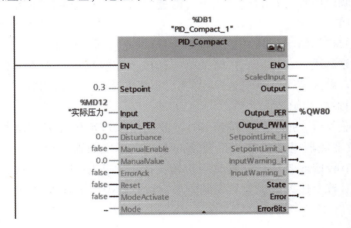

图 15-32　PID_Compact 指令

（7）整定 PID 参数。

打开调试面板进行 PID 参数的整定，如图 15-33 所示。可以在项目树中打开"工艺对象"文件夹，双击 PID_Compact_1［DB1］数据块下的"调试"选项进入 PID 调试窗口，进行 PID 参数整定。

CPU 与计算机建立好连接通信后，单击"测量"区左侧的"Start"（开始测量在线值）按钮，然后单击"调节模式"区中的"Start"（开始调节）按钮（选择精确调节）。系统在进入此模式时会自动调整输出，使系统进入振荡模式，反馈值在多次穿越设定值后，系统会自动计算出 PID 参数。

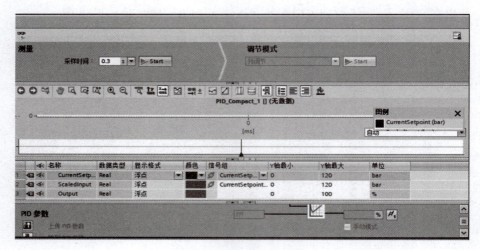

图 15-33　PID 调试窗口

（8）上传 PID 参数。

单击调试面板 PID 参数区的"上传 PID 参数"按钮，将 PID 参数上传到项目（由于 PID 参数整定过程是在 CPU 内部进行的，整定后的 PID 参数并不在项目中，所以需要将 PID 参数上传到项目）。上传 PID 参数时要保证编程软件与 CPU 之间在线连接，并且调试面板要在测量模式下，即能实时监控状态值。单击"上传 PID 参数"按钮后，PID 工艺对象数据块会显示与 CPU 中的值不一致，因为此时项目中工艺对象数据块的初始值与 CPU 中的不一致。可将此数据块重新下载，方法是：用鼠标右键单击该数据块，在弹出的快捷菜单中选择"在线比较"选项，进入在线比较编辑器，将模式设为"下载到设备"，单击"执行"按钮，完成 PID 参数同步。

（9）调试程序。

完成上述任务后，按下启动按钮 SB1，改变出水口水压（或用电位器改变模拟量输入），观察变频器电动机是否按要求向上或向下实时调节运行速度。将出口水水压长时间调节较低或较高，观察是否报警；按下停止按钮 SB2，观察电动机是否立即停止运行。若上述调试现象与控制要求一致，则说明本任务完成。

## 任务拓展

在生产实践中，PID 指令广泛应用于各类自动控制系统，如 PID 温度控制、PID 恒压控制等，请尝试采用 PID_Compact 指令完成以下任务拓展。

（1）填写任务工单，见表 15-11。

表 15-11　任务工单

| 任务名称 | PID 恒温控制 | | 实训教师 | |
|---|---|---|---|---|
| 学生姓名 | | | 班级名称 | |
| 学号 | | | 组别 | |

| 任务要求 | 恒温控制系统以 PLC 为核心控制器件，主要包括温度采集模块、加热器，通过采集恒温室温度，与设定值进行比较，用 PLC 进行处理，使恒温室温度趋近设定值，并达到稳定，根据恒温室温度变化，采用 PID 进行调节，通过 PLC 输出，控制固态继电器对加热器进行控制。在加热过程中，为了使恒温室温度均匀，在恒温室加装风扇来实现空气对流，以使恒温室温度更加均匀。该系统设置报警电路，发生故障或达到极限温度时，PLC 输出声光报警，同时触摸屏记录当前报警，并发出提示 | |
|---|---|---|
| 材料、工具清单 | | |
| 实施方案 | | |
| 步骤记录 | | |
| 实训过程记录 | | |
| 问题及处理方法 | | |
| 检查记录 | | 检查人 | |
| 运行结果 | | |

（2）填写 I/O 地址分配表，见表 15−12。

表 15−12　I/O 地址分配表

| 输入 | | 输出 | |
|---|---|---|---|
| | | | |
| | | | |
| | | | |
| | | | |
| | | | |
| | | | |
| | | | |
| | | | |
| | | | |

（3）绘制 PLC 接线图。

（4）程序记录。

（5）程序调试。

（6）任务评价。

可以参考下方职业素养与操作规范评分表、PID 恒温控制任务考核评分表。

## 任务评价

### 职业素养与操作规范评分表
### （学生自评和互评）

| 序号 | 主要内容 | 说明 | 自评 | 互评 | 得分 |
|------|----------|------|------|------|------|
| 1 | 安全操作<br>（10分） | 没有穿戴工作服、绝缘鞋等防护用品扣5分 | | | |
| | | 在实训过程中将工具或元件放置在危险的地方造成自身或他人人身伤害，取消成绩 | | | |
| | | 通电前没有进行设备检查引起设备损坏，取消成绩 | | | |
| | | 没经过实验教师允许而私自送电引起安全事故，取消成绩 | | | |

续表

| 序号 | 主要内容 | 说明 | 自评 | 互评 | 得分 |
|------|----------|------|------|------|------|
| 2 | 规范操作（10分） | 在安装过程中，乱摆放工具、仪表、耗材，乱丢杂物扣5分 | | | |
| | | 在操作过程中，恶意损坏元件和设备，取消成绩 | | | |
| | | 在操作完成后不清理现场扣5分 | | | |
| | | 在操作前和操作完成后未清点工具、仪表扣2分 | | | |
| 3 | 文明操作（10分） | 在实训过程中随意走动影响他人扣2分 | | | |
| | | 完成任务后不按规定处置废弃物扣5分 | | | |
| | | 在操作结束后将工具等物品遗留在设备或元件上扣3分 | | | |
| 职业素养总分 | | | | | |

### PID 恒温控制任务考核评分表
### （教师和工程人员评价）

| 序号 | 考核内容 | 说明 | 得分 | 合计 |
|------|----------|------|------|------|
| 1 | 机械与电气安装（20分） | 所有线缆必须使用绝缘冷压端子，若未达到要求，则每处扣0.5分。 | | |
| | | 冷压端子处不能看到明显外露的裸线，若未达到要求，则每处扣0.5分 | | |
| | | 接线端子连接牢固，不得拉出接线端子，若未达到要求，则每处扣0.5分 | | |
| | | 所有螺钉必须全部固定并不能松动，若未达到要求，则每处扣0.5分 | | |
| | | 所有具有垫片的螺钉必须用垫片，若未达到要求，则每处扣0.5分 | | |
| | | 多股电线必须绑扎，若未达到要求，则每处扣0.5分 | | |
| | | 扎带切割后剩余长度≤1 mm，若未达到要求，则每处扣0.5分 | | |
| | | 相邻扎带的间距≤50 mm，若未达到要求，则每处扣0.5分 | | |
| | | 线槽到接线端子的接线不得有缠绕现象，若未达到要求，则每处扣0.5分 | | |
| | | 盖板没有翘起或没有完全盖住现象，若未达到要求，则每处扣0.5分 | | |

| 序号 | 考核内容 | 说明 | | 得分 | 合计 |
|---|---|---|---|---|---|
| | | 说明 | 分值 | | |
| 2 | I/O 地址分配（10 分） | 电源线连接正确 | 5 分 | | |
| | | 输入点数为 2 个 | 每个 1.5 分（扣完为止） | | |
| | | 输出点数为 3 个 | 每个 1.5 分（扣完为止） | | |
| 3 | PLC 功能（25 分） | 整个系统的启停控制 | 5 分 | | |
| | | 系统实现 PID 恒温控制 | 20 分 | | |
| 4 | 程序下载和调试（15 分） | 程序下载方法正确 | 2 分 | | |
| | | I/O 检查方法正确 | 3 分 | | |
| | | 能分辨硬件和软件故障 | 5 分 | | |
| | | 调试方法正确 | 5 分 | | |
| | 任务评价总分 | | | | |

## 项目小结

（1）编码器及其应用。
（2）高速计数器组态。
（3）滤波时间。
（4）变频器及其参数设置。
（5）高速脉冲指令。
（6）中断程序编写。
（7）模拟量模块。
（8）标准化指令与缩放指令。
（9）PID_Compact 指令及其组态。

## 思考与练习

### 一、填空题

1. S7-1200 PLC 最多提供 6 个计数器，其独立于 PLC 的扫描周期进行计算，可测量的单相脉冲频率最高为_____kHz，双相或 A/B 相频率最高为_____kHz。

2. CPU 将每个高速计数器的测量值以_____位双整数型有符号数的形式存储，S7-1200 PLC 的 HSC1 计数器的默认地址为_____，其数据类型为_____。

3. 高速脉冲序列输出（PTO）功能提供占空比为_____的方波脉冲序列输出。脉冲宽度调制（PWM）能提供连续的、_____可以用程序控制的脉冲序列输出。

4. A/B 相正交计数器可以选择_____倍频模式和 4 倍频模式，采用_____倍频模式，计数更为准确。

5. CPU 集成的模拟量输入/输出系统默认地址是_____、_____。

6. 在对模拟量模块的组态中，信号的测量类型有_____、_____。

7. 模拟量输入/输出模块中模拟量对应的数字称为模拟值，模拟值用_____表示。

## 二、选择题

1. S7-1200 PLC 提供了中断功能，用以在某些特定事件下触发，以下不会触发中断事件的是（    ）。

A. 当前值等于预置值　　　　　　　B. 使用外部信号复位

C. 带有外部方向控制时，计数方向发生改变

D. 监控 PTO 输出

2. S7-1200 PLC 的每个高速计数器的测量值存储在输入过程映像区内，数据类型为（    ）。

A. 32 位浮点数　　　　　　　　　　B. 16 位整型有符号数

C. 32 位双整型有符号数　　　　　　D. 16 位整型无符号数

## 三、判断题

1. 使用多个高速计数器时，每个高速计数器都可以同时定义为任意工作模式。
（    ）

2. 当某个输入点已定义为高速计数器的输入点时，就不能用于其他功能输入。
（    ）

3. 监控 PTO 模式下 6 个高速计数器 HSC1~HSC6 均支持。　　（    ）

4. 模拟信号在时间和数值上均具有离散性，而数字信号是指用连续变化的物理量所表达的信息。（    ）

5. PLC 内部的 CPU 只能处理数字信号，不能处理模拟信号。（    ）

## 四、简答题

1. S7-1200 PLC 的高速计数器工作模式有哪些？

2. 采用 PID 控制有哪些优点？

3. 如何组态模拟量输入模块的测量类型及测量范围？

4. 如何组态模拟量输出模块的信号类型及输出范围？

5. PID_Compact 指令采用了哪些改进的控制算法？

6. 简述模拟信号与数字信号的区别。

7. 频率变送器的输入量程为 45~55 Hz，输出信号为直流 0~20 mA，模拟量输入模块的额定输入电流为 0~20 mA，设转换后的数字为 $N$，试求以 0.01 Hz 为单位的频率值。

# 项目五　PLC 网络与通信

## 项目说明

　　工业领域正处于飞速发展的时期，中国制造 2025 的本质是信息化与工业化的深度融合。信息化离不开网络与通信，PLC 是自动化系统不可或缺的设备，PLC 通信是工业信息化的基础。西门子 S7-1200 PLC 的 CPU 集成了一个 PROFINET 接口，支持以太网通信和 TCP/IP 通信，用户通过这个接口可以实现与其他 PLC、上位机及智能设备的通信。这个接口同时支持 10 Mbit/s 和 100 Mbit/s 的 RJ45 接口和电缆交叉自适应接口。本项目带领读者学习 PLC 的通信指令，以及 PLC 与 PLC 之间、PLC 与其他设备之间的以太网通信。

　　本项目分为两个任务模块。首先是两台电动机的异地启停 PLC 控制，与本任务相关的知识为 PLC 以太网通信连接，利用通信指令实现两台电动机的异地启停 PLC 控制；其次为两个 S7-1200 PLC 之间的 Modbus TCP 通信，整个任务实施过程涉及 PLC 的以太网通信设置，PLC 硬件的连接，PLC 的通信连接、编辑和调试等方面的内容。

 任务十六　两台电动机的异地启停 PLC 控制

## 任务目标

**知识目标**

（1）熟悉 S7-1200 PLC 的通信方式。

2. 掌握 S7-1200 PLC 的通信指令。

**技能目标**

（1）能够熟练运用通信指令进行 PLC 程序设计。

（2）能够熟练掌握 PLC 发送和接收指令的方法。

**素养目标**

（1）加强学生的团队合作意识，增强学生的沟通能力。

（2）促使学生关注行业资讯，激发学生的爱国主义精神。

## 任务引入

　　自动生产线是现代工业的生命线，机械制造、食品加工、石油化工、电子信息等现代化工业都离不开自动化生产线的主导和支撑。工业通信在整个生产线监控、管理等复杂任务中发挥了巨大作用，没有强大的通信解决方案，数字转型很可能是一句空话。

```
团队合作

　　尺有所短，寸有所长，每个人都有自己的特点，为了统一的目标，把自己
的特点发挥出来，就是团队的力量。团队的力量是伟大的，只要大家心往一处
想，劲往一处使，发扬合作的精神，成功就会离我们越来越近。
```

## 任务要求

　　设计两台电动机的异地启停控制系统，控制要求如下：按下本地启动按钮 SB0，本地电动机 1 和异地电动机 2 同时启动；按下本地停止按钮 SB1，本地电动机 1 和异地电动机 2 同时停止；按下异地启动按钮 SB2 或异地停止按钮 SB3，本地电动机 1 和异地电动机 2 同时启动或停止。

　　本任务需要完成以下工作。

　　（1）熟悉 TIA Portal V15 中通信指令的使用方法。

　　（2）按照设备电路图连接两台电动机异地启停控制的电气回路。

　　（3）利用通信指令完成两台电动机异地启停控制的程序编写。

　　（4）输入设备控制程序并调试设备至正常运行。

　　在本任务中，本地电动机 1 和异地电动机 2 分别由本地 PLC1 和异地 PLC2 控制，要完成两台电动机的异地启动，需将本地的 PLC1 指令通过网络传送到远程的 PLC2 中，并利用网络完成远程控制，因此本任务的关键是实现两台 PLC 之间的通信。

## 知识链接

### 知识点 1

#### 1. 通信基础知识

**S7-1200PLC**
**通信方式介绍**

　　通信是指一地与另一地之间的信息传递。PLC 通信是指 PLC 与 PLC、PLC 与计算机、PLC 与触摸屏、PLC 与其他智能设备通过通信介质连接起来，按照规定的通信协议，以某种特定的通信方式完成数据的传送、交换和处理。

S7-1200 PLC 提供了以太网通信、远距离控制通信、点对点通信、USS 通信等各种各样的通信选项以满足所有网络要求。

S7-1200 PLC 本体上集成了一个 PROFINET 通信接口，支持以太网和基于 TCP/IP 的通信标准，既可作为编程下载接口，也可以作为以太网通信接口。两台 S7-1200 PLC 之间的以太网通信可以通过 TCP 和 ISO-on-TCP 实现，所用的指令是开放以太网通信指令。

### 2. S7-1200 PLC 的以太网通信连接

S7-1200 PLC 的以太网通信连接有两种方法：直接连接和网络连接。

1）直接连接

当只有两个通信设备时，实现的是直接连接，用网线直接连接两个设备即可，不需要使用交换机（例如编程设备和 PLC、触摸屏和 PLC、PLC 和 PLC）。

2）网络连接

当通信设备数量为 2 个以上时，实现的是网络连接，需要使用以太网交换机来实现。可以使用导轨安装的西门子 CSM12774 口以太网交换机来实现，用户通过它可以增加多达 3 个用于连接的节点，实现与触摸屏、编程设备、其他控制器，或者办公环境的同步通信，实现自动化网络。另外，CSM1277 支持即插即用，具有应用自检测和交叉自适应功能，使用前不需要进行任何设置。

### 3. S7-1200 PLC 以太网通信指令

TIA Portal V15 软件提供了不带连接管理的通信指令（表 16-1）和带连接管理的通信指令（表 16-2）。不带连接管理的通信指令包括 TCON 指令（建立以太网连接）、TDISCON 指令（断开以太网连接）、TSEND 指令（发送数据）和 TRCV 指令（接收数据）。带连接管理的通信指令包括 TSEND_C 指令（建立以太网连接并发送数据）和 TRCV_C 指令（建立以太网连接并接收数据）。本任务主要介绍带连接管理的通信指令。

表 16-1　不带连接管理的通信指令

| 指令 | 功能 |
| --- | --- |
| TCON | 建立以太网连接 |
| TDISON | 断开以太网连接 |
| TSEND | 发送数据 |
| TRCV | 接收数据 |

表 16-2　带连接管理的通信指令

| 指令 | 功能 |
| --- | --- |
| TSEND_C | 建立以太网连接并发送数据 |
| TRCV_C | 建立以太网连接并接收数据 |

1）TSEND_C 指令

TSEND_C 指令兼具 TCON 指令、TSEND 指令和 TDISCON 指令的功能。该指令首先建立以太网连接，然后发送数据，最后断开以太网连接。它可用于以太网通信（要求 CPU S7-1200 固件版本为 V4.0 及以上，CPU S7-1500 固件版本为 V2.1 及以上）和 PROFIBUS 通信。TSEND_C 指令的梯形图格式如图 16-1 所示，其参数功能见表 16-3。

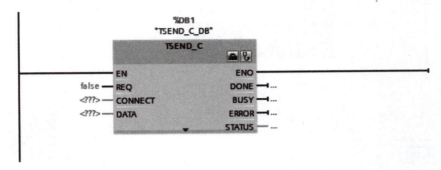

图 16-1　TSEND_C 指令的梯形图格式

表 16-3　TSEND_ C 指令参数功能

| 参数 | 类型 | 数据类型 | 说明 |
| --- | --- | --- | --- |
| REQ | IN | Bool | 建立通过 ID 指定的连接作业。该作业在上升沿时启动 |
| CONNECT | IN_OUT | TCON_Param | 指向连接描述指针 |
| DATA | IN_OUT | Variant | 包含要发送数据的地址和长度 |
| DONE | OUT | Bool | 0：作业尚未开始或仍在运行<br>1：作业无错完成 |
| BUSY | OUT | Bool | 0：作业完成<br>1：作业尚未完成，无法触发新作业 |
| ERROR | OUT | Bool | 0：无错误<br>1：处理时出错 |
| STATUS | OUT | Word | 错误信息的状态信息 |

2）TRCV_C 指令

TRCV_C 指令兼具 TCON 指令、TRCV 指令和 TDISCON 指令的功能，该指令首先建立以太网连接，然后接收数据，最后断开以太网连接。其梯形图格式如图 16-2 所示。

在 TRCV_C 指令中，除 EN_R 和 RCVD_ LEN 两个引脚外，其他引脚功能与 TSEND_C 指令的引脚功能相同。

EN_R 的数据类型为 Bool，当 EN_R 的状态为"1"时启动。

RCVD_LEN 的数据类型为 Int，它表示实际接收的数据量，以字节为单位。

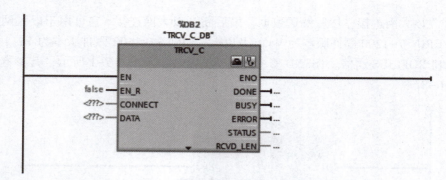

图16-2　TRCV_C 指令的梯形图格式

以太网通信实现
同向运行

## 任务实施

### 1. 填写 I/O 地址分配表

根据上面的任务分析和任务要求，填写 I/O 地址分配表（表16-4）。

表16-4　两台电动机异地启停 PLC 控制 I/O 地址分配表

| 电动机 1 | | 电动机 2 | |
|---|---|---|---|
| 输入继电器 | 元件 | 输出继电器 | 元件 |
| I0.0 | 本地启动按钮 SB0 | I0.0 | 异地启动按钮 SB2 |
| I0.1 | 本地停止按钮 SB1 | I0.1 | 异地停止按钮 SB3 |
| Q0.0 | 电动机 1 | Q0.0 | 电动机 2 |

### 2. PLC 接线图

本地启动按钮 SB0 和本地停止按钮 SB1 分别连接到 PLC_1 的 I0.0 和 I0.1 引脚，电动机 1 的接触器连接到 PLC_1 的 Q0.0 引脚；异地启动按钮 SB1 和异地停止按钮 SB2 分别连接到 PLC_2 的 I0.0 和 I0.1 引脚，电动机 2 的接触器连接到 PLC_2 的 Q0.0 引脚。图16-3 只给出了单台电动机的 PLC 连接电路，另一台 PLC 与第一台 PLC 接法相同，只是两个 PLC 之间需要用带水晶头的网线连接。

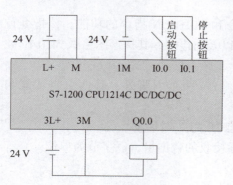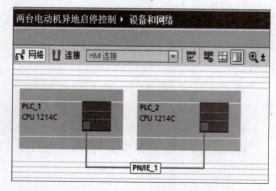

图16-3　两台电动机异地启停控制系统 PLC 接线图

### 3. 建立 PLC 间的通信

建立 PLC_1 与 PLC_2 之间的通信，然后用通信指令完成两个 PLC 之间的数据传输，主要步骤如下。

步骤 1：用带有水晶头的网线连接两个 PLC。

步骤 2：打开 TIA Portal V15 软件，创建新项目，并将其命名为"两台电动机异地启停控制"；然后添加新设备，选择两个控制器 PLC_1 和 PLC_2，设备类型均为 1214C DC/DC/DC。

步骤 3：在"设备选项"列表中选择"PLC_1[CPU 1214C DC/DC/DC]"选项，然后在编辑区下方的属性窗口中选择"常规"选项卡中的"系统和时钟存储器"选项，勾选"启用系统存储器字节"和"启用时钟存储器字节"复选框，如图 16-4 所示。用同样方法设置 PLC_2[CPU 1214C DC/DC/DC]。

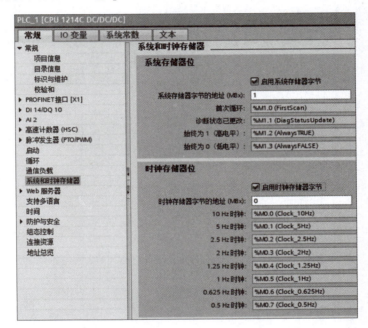

图 16-4　启用系统和时钟存储器字节

步骤 4：选择"常规"选项卡中的"PROFINET 接口 [×1]"→"以太网地址"选项，单击"在项目中设置 IP 地址"单选按钮，在"IP 地址"框中输入"192.168.0.1"，如图 16-5 所示。用同样的方法将 PLC_2 的以太网地址设置为192.168.0.2，然后连接两个 PLC，如图 16-6 所示。

步骤 5：在左侧项目树中，双击"PLC_1[CPU 1214C DC/DC/DC]"→"程序块"→"添加新块"选项，弹出图 16-7 所示对话框。

步骤 6：双击"数据块"按钮，在"名称"框中输入"Data"，在"类型"下拉列表中选择"全局 DB"选项，然后单击"确定"按钮，如图 16-8 所示。

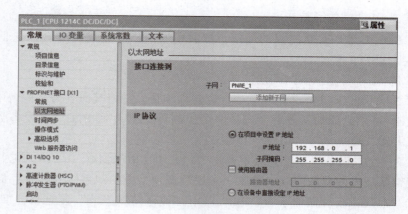

图 16-5　设置 IP 地址

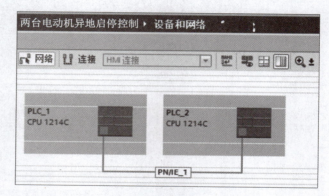

图 16-6　建立 PLC_1 与 PLC_2 之间的通信

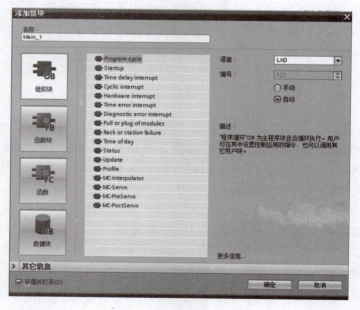

图 16-7　"添加新块"对话框

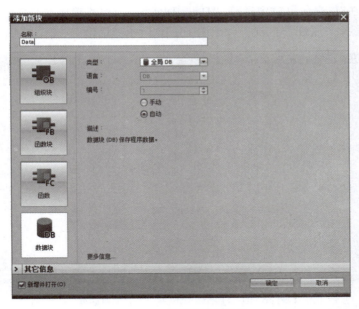

图 16-8　新建全局数据块

步骤 7：在数据块 Data 中新建数组 send，用来发送数据到对方通信 PLC 中，"数据类型"为"Array[0..9]of Byte"，共计 10 个字节；新建数组 get，用来接收对方通信 PLC 发送过来的数据，"数据类型"为"Array[0..9]of Byte"，共计 10 个字节，如图 16-9 所示。

两台电动机异地启停控制 ▶ PLC_1 [CPU 1214C DC/DC/DC] ▶ 程序块 ▶ Data [DB1]

保持实际值　快照　将快照值复制到起始中　将起始值加载为实际值

| | | 名称 | 数据类型 | 起始值 | 保持 | 可从 HMI/... | 从 H... | 在 HMI ... |
|---|---|---|---|---|---|---|---|---|
| 1 | | ▼ Static | | | | | | |
| 2 | | ▼ send | Array[0..9] of Byte | | ☐ | ☑ | ☑ | ☑ |
| 3 | | send[0] | Byte | 16#0 | ☐ | ☑ | ☑ | ☑ |
| 4 | | send[1] | Byte | 16#0 | ☐ | ☑ | ☑ | ☑ |
| 5 | | send[2] | Byte | 16#0 | ☐ | ☑ | ☑ | ☑ |
| 6 | | send[3] | Byte | 16#0 | ☐ | ☑ | ☑ | ☑ |
| 7 | | send[4] | Byte | 16#0 | ☐ | ☑ | ☑ | ☑ |
| 8 | | send[5] | Byte | 16#0 | ☐ | ☑ | ☑ | ☑ |
| 9 | | send[6] | Byte | 16#0 | ☐ | ☑ | ☑ | ☑ |
| 10 | | send[7] | Byte | 16#0 | ☐ | ☑ | ☑ | ☑ |
| 11 | | send[8] | Byte | 16#0 | ☐ | ☑ | ☑ | ☑ |
| 12 | | send[9] | Byte | 16#0 | ☐ | ☑ | ☑ | ☑ |
| 13 | | ▼ get | Array[0..9] o... | | ☐ | ☑ | ☑ | ☑ |
| 14 | | get[0] | Byte | 16#0 | ☐ | ☑ | ☑ | ☑ |
| 15 | | get[1] | Byte | 16#0 | ☐ | ☑ | ☑ | ☑ |
| 16 | | get[2] | Byte | 16#0 | ☐ | ☑ | ☑ | ☑ |
| 17 | | get[3] | Byte | 16#0 | ☐ | ☑ | ☑ | ☑ |
| 18 | | get[4] | Byte | 16#0 | ☐ | ☑ | ☑ | ☑ |
| 19 | | get[5] | Byte | 16#0 | ☐ | ☑ | ☑ | ☑ |
| 20 | | get[6] | Byte | 16#0 | ☐ | ☑ | ☑ | ☑ |
| 21 | | get[7] | Byte | 16#0 | ☐ | ☑ | ☑ | ☑ |
| 22 | | get[8] | Byte | 16#0 | ☐ | ☑ | ☑ | ☑ |
| 23 | | get[9] | Byte | 16#0 | ☐ | ☑ | ☑ | ☑ |
| 24 | | <新增> | | | ☐ | ☐ | ☐ | ☐ |

图 16-9　新建数组

步骤 8：在左侧项目树中选择"Data［DB1］"选项并单击鼠标右键，在打开的快捷菜单中选择"属性"选项，弹出图 16-10 所示对话框。

图 16-10　打开 Data［DB1］的属性对话框

步骤 9：在打开的对话框中，选择"属性"选项，取消勾选"优化的块访问"复选框，单击"确定"按钮，如图 16-11 所示。

图 16-11　取消勾选"优化的块访问"复选框

#### 4. 编写程序

步骤 1：在 PLC 程序块 Main［OB1］的编辑区中，输入通信指令中的 TSEND_C 指令和 TRCV_C 指令，如图 16-12 所示。

步骤 2：单击 TSEND_C_DB 数据块，在下方"属性"窗口区的"组态"选项卡中选择"连接参数"选项，按照图 16-13 所示设置各项参数。

步骤 3：按照步骤 2 的方法，设置 TRCV_C_DB 数据块的参数，如图 16-14 所示。

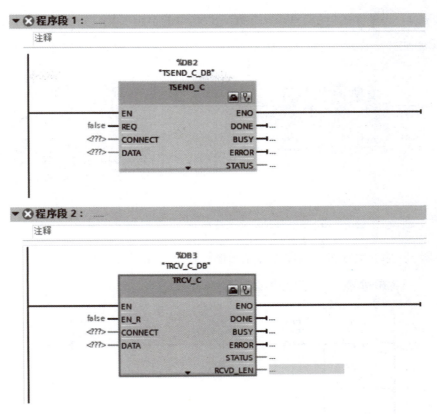

图 16-12 输入 TSEND_C 指令和 TRCV_C 指令

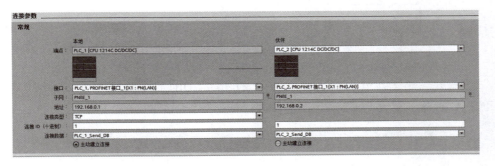

图 16-13 设置 TSEND_C_DB 数据块的参数

图 16-14 TRCV_C_DB 数据块的参数

步骤 4：设置 TSEND_C 指令和 TRCV_C 指令的引脚参数，如图 16-15 所示。

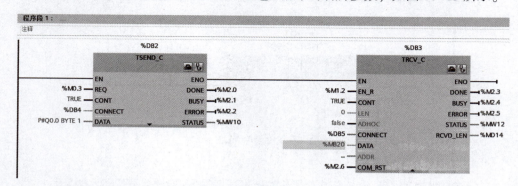

图 16-15　设置 TSEND_C 指令和 TRCV_C 指令的引脚参数

步骤 5：输入电动机 1 的本地控制梯形图程序，如图 16-16 所示。

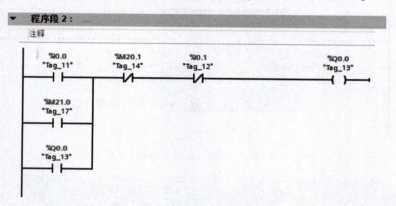

图 16-16　电动机 1 的本地控制梯形图程序

步骤 6：重复以上步骤，在 PLC_2 的 Main［OB1］中输入 TSEND_C 指令和 TRCV_C 指令，完成 PLC2 的组态和编程，梯形图程序如图 16-17 所示。

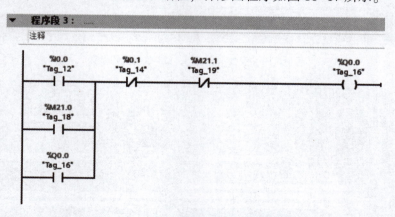

图 16-17　电动机 2 的远程控制梯形图程序

### 5. 仿真与调试

步骤 1：打开项目"两台电动机异地启停控制"，选择 PLC_1，单击工具栏中的"开始仿真"按钮，出现仿真窗口，同时弹出"扩展的下载到设备"对话框，依次单击"开始搜索"按钮、"下载"按钮、"装载"按钮，完成程序的仿真下载。

步骤 2：选择 PLC_2，单击工具栏中的"开始仿真"按钮，出现仿真窗口，其他操作与 PLC_1 类似。

步骤 3：在 PLC_1 仿真窗口中启用仿真的项目视图，创建仿真的新项目，输入项目名称，选择项目路径。单击"创建"按钮，创建 PLC_1 程序的仿真项目。仿真设备连接后，仿真项目及 PLC 设备右边会出现绿色的"√"，表示连接成功。在项目树的"SIM 表格"→"SIM 表格_1"中输入 PLC 程序相关的变量。用同样的方法，同时创建 PLC_2 程序的仿真项目和 SIM 表格。

步骤 4：在 PLC_1 的仿真表格中，在"本地启动按钮 SB1"变量的修改方框前打"√"，这时"电动机 1"变量前也出现了"√"，表示电动机 1 启动。这时在 PLC_2 的仿真表格中的"电动机 2"变量前也出现了"√"，表示电动机 2 也启动。去掉的"本地启动按钮 SB1"变量前的"√"，两台电动机仍运行。在"本地停止按钮 SB2"变量的修改方框前打"√"，"电动机 1"和"电动机 2"变量的"√"消失，两台电动机都停止。按下远程启动按钮 SB3 和远程停止按钮 SB4，观察电机的动作是否和控制要求一致，若一致说明本任务仿真成功。

步骤 5：将编辑好的用户程序及设备组态下载到对应 PLC 中，依次按下 SB0、SB1、SB2 和 SB3，观察两台电动机的工作状态，若电动机的运行与控制要求一致，说明本任务调试成功。

## 任务拓展

利用本任务所学知识，完成以下任务拓展。

（1）填写任务工单，见表 16-5。

表 16-5　任务工单

| 任务名称 | 两台 PLC 通信的控制 | 实训教师 | |
|---|---|---|---|
| 学生姓名 | | 班级名称 | |
| 学号 | | 组别 | |
| 任务要求 | 有两台电动机 M1 和 M2，需要实现异地正反转控制，要求按下本地或异地正转启动按钮，两台电动机都正转起动，按下本地或异地停止按钮，两台电动机均停止运行，再按下本地或异地反转启动按钮，两台电动机都反转运行，按下本地或异地停止按钮，两台电动机均停止运行 | | |
| 材料、工具清单 | | | |

续表

| 实施方案 | | | |
|---|---|---|---|
| 步骤记录 | | | |
| 实训过程记录 | | | |
| 问题及处理方法 | | | |
| 检查记录 | | 检查人 | |
| 运行结果 | | | |

（2）填写 I/O 地址分配表，见表 16-6。

表 16-6　I/O 地址分配表

| 输入 | | 输出 | |
|---|---|---|---|
| | | | |
| | | | |
| | | | |
| | | | |
| | | | |
| | | | |
| | | | |
| | | | |
| | | | |
| | | | |

（3）绘制 PLC 接线图。

（4）程序记录。

（5）程序调试。

按照正确的步骤调试程序，直到电动机异地控制运行完全正确。

（6）任务评价。

可以参考下方职业素养与操作规范评分表、两台 PLC 通信的控制任务考核评分表。

## 任务评价

职业素养与操作规范评分表
（学生自评和互评）

| 序号 | 主要内容 | 说明 | 自评 | 互评 | 得分 |
|---|---|---|---|---|---|
| 1 | 安全操作（10分） | 没有穿戴工作服、绝缘鞋等防护用品扣5分 | | | |
| | | 在实训过程中将工具或元件放置在危险的地方造成自身或他人人身伤害，取消成绩 | | | |
| | | 通电前没有进行设备检查引起设备损坏，取消成绩 | | | |
| | | 没经过实验教师允许而私自送电引起安全事故，取消成绩 | | | |
| 2 | 规范操作（10分） | 在安装过程中，乱摆放工具、仪表、耗材，乱丢杂物扣5分 | | | |
| | | 在操作过程中，恶意损坏元件和设备，取消成绩 | | | |
| | | 在操作完成后不清理现场扣5分 | | | |
| | | 在操作前和操作完成后未清点工具、仪表扣2分 | | | |
| 3 | 文明操作（10分） | 在实训过程中随意走动影响他人扣2分 | | | |
| | | 完成任务后不按规定处置废弃物扣5分 | | | |
| | | 在操作结束后将工具等物品遗留在设备或元件上扣3分 | | | |
| 职业素养总分 | | | | | |

学习笔记

项目五　PLC 网络与通信　285

## 两台 PLC 通信的控制任务考核评分表
### （教师和工程人员评价）

| 序号 | 考核内容 | 说明 | | 得分 | 合计 |
|---|---|---|---|---|---|
| 1 | 机械与电气安装（20分） | 冷压端子不能看到明显外露的裸线，若未达到要求，则每处扣 0.5 分 | | | |
| | | 接线端子连接牢固，不得拉出接线端子，若未达到要求，则每处扣 0.5 分 | | | |
| | | 所有螺钉必须全部固定并不能松动，若未达到要求，则每处扣 0.5 分 | | | |
| | | 所有具有垫片的螺钉必须用垫片，若未达到要求，则每处扣 0.5 分 | | | |
| | | 多股电线必须绑扎，若未达到要求，则每处扣 0.5 分 | | | |
| | | 扎带切割后剩余长度≤1 mm，若未达到要求，则每处扣 0.5 分 | | | |
| | | 相邻扎带的间距≤50 mm，若未达到要求，则每处扣 0.5 分 | | | |
| | | 冷压端子处不能看到明显外露的裸线，若未达到要求，则每处扣 0.5 分 | | | |
| | | 所有线缆必须使用绝缘冷压端子，若未达到要求，则每处扣 0.5 分 | | | |
| | | 线槽到接线端子的接线不得有缠绕现象，若未达到要求，则每处扣 0.5 分 | | | |
| | | 线槽必须完全盖住，不得有局部翘起现象，若未达到要求，则每处扣 0.5 分 | | | |
| 2 | I/O 地址分配（15分） | 说明 | 分值 | | |
| | | PLC_1 I/O 点数正确 | 5分（扣完为止） | | |
| | | PLC_2 I/O 点数正确 | 5分（扣完为止） | | |
| | | PLC_1 与 PLC_2 之间连接正确 | 5分 | | |
| 3 | PLC 功能（25分） | 系统和时钟存储器设置正确 | 5分 | | |
| | | 全局数据块设置正确 | 5分 | | |
| | | 通信指令应用及数据正确 | 5分 | | |
| | | PLC_1 程序编写正确 | 5分 | | |
| | | PLC_2 程序编写正确 | 5分 | | |
| 4 | 程序下载和调试（10分） | I/O 检查方法正确 | 2分 | | |
| | | 能分辨硬件和软件故障 | 3分 | | |
| | | 不带负载调试方法正确（只吸合接触器，电动机不运行） | 2分 | | |
| | | 带负载调试方法正确 | 3分 | | |
| | 任务评价总分 | | | | |

## 任务十七　S7-1200 PLC 之间的 Modbus TCP 通信

## 任务目标

**知识目标**

（1）理解 Modbus TCP 通信的原理。

（2）掌握 Modbus TCP 通信的指令。

**技能目标**

（1）学会设置 Modbus TCP 的 MB_CLIENT/MB_SERVER 指令块的参数。

（2）熟悉 Modbus TCP 控制系统的硬件组态及程序设计与调试方法。

**素养目标**

（1）加强学生的团队合作意识，增强学生的沟通能力。

（2）促使学生关注行业资讯，激发学生的爱国主义精神。

## 任务引入

S7-1200 PLC 可以与多种设备进行通信，如与触摸屏、与变频器，与其他类型的 PLC 等。S7-1200 PLC 与不同的设备通信，其设置方法也不尽相同。本任务学习两台 S7-1200 PLC 之间的 Modbus TCP 通信。

> **中国制造 2025**
>
> 我国制造业亟待注入创新驱动活力，只有制造业实现由大到强的质变，才能为实现中华民族的伟大复兴提供精神动力和物质基础。希望同学们学好专业知识，为早日实现我国成为制造业强国的梦想而奉献自己的聪明才智。

## 任务要求

在两个 S7-1200 PLC 内分别建立 10 个字节，其中 5 个字节作为数据发送区，另外 5 个字节作为数据接收区，使用 TIA Portal V15 软件自带的 Modbus TCP 功能块编写相应程序，要求在一台 PLC 的数据发送区输入数据，在另一台 PLC 的数据接收区接收到相应数据。

本任务需要完成以下工作。

（1）创建 S7-1200 PLC 之间的连接。

（2）检查网络配置是否正确。

（3）利用通信指令实现两台 PLC 发送和接收数据的功能。

（4）编写通信程序完成控制要求。

## 知识链接

### 知识点 1

#### 1. Modbus TCP 通信概述

Modbus 协议是一种广泛应用于工业领域的简单、经济和公开透明的通信协议，是一个请求/应答协议，它由 MODICON 公司［现在的施耐德电气公司（Schneider Eletric）］于 1979 年开发，用于不同类型总线或网络中的设备之间的客户端/服务器通信。Modbus 协议有 ASCII、RTU、TCP 3 种报文类型。

Modbus TCP 结合了 Modbus 协议和 TCP/IP 网络标准，它是 Modbus 协议在 TCP/IP 上的具体实现，它使用 CPU 上的 PROFITNET 端口进行 TCP/IP 通信，不需要额外的通信硬件模块。

Modbus TCP 具有以下特点。

（1）用户可免费获得协议及样板程序。

（2）网络实施价格低廉，可全部使用通用网络部件。

（3）易于集成不同的设备，几乎可以找到任何现场总线连接到 Modbus TCP 的网关。

（4）网络的传输能力强，但实时性较差。

Modbus TCP 通信也是开放式的通信，同样需要使用 OUC 通信的连接资源。Modbus 协议赋予 TCP 端口号为 502，这是目前在仪表与自动化行业中唯一分配到的端口号，所使用的硬件接口为以太网接口。S7－1200 PLC 的 CPU 可作为 Modbus TCP 通信的客户端或服务器。

Modbus 设备可分为主站和从站，主站只有一个，从站有多个，主站向各从站发送请求帧，从站给予响应。在使用 Modbus TCP 通信时，主站为客户（Client）端，主动建立连接，从站为服务器（Sever）端，等待连接。

#### 2. Modbus TCP 通信指令

TIA Portal V15 软件为 S7－1200 PLC 的 CPU 实现 Modbus TCP 通信提供了 Modbus TCP 客户端指令（MB＿CLIENT）和 Modbus TCP 服务器端指令（MB＿SERVER）供用户选择使用。

1）MB_SERVER 指令

MB_SERVER 指令是一个综合性的指令，其中集成了 TCON、TSEND、TRCV 和 TDICON 等 OUC 通信指令，因此 Modbus TCP 通信建立连接的方式与 TCP 通信建立连接方式相同。

MB_SERVER 指令作为 Modbus TCP 服务器端，通过 PROFINET 连接进行通信。MB_SERVER 指令将处理 Modbus TCP 客户端的连接请求、接收并处理 Modbus 请求并发送响应。其梯形图格式如图 17－1 所示。

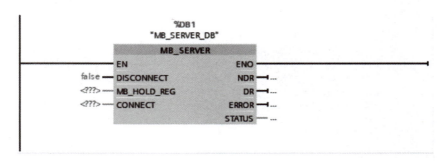

图 17-1　MB_SERVER 指令的梯形图格式

MB_SERVER 指令及引脚含义见表 17-1。

表 17-1　MB_SERVER 指令及引脚含义

| 引脚 | 数据类型 | 含义 |
| --- | --- | --- |
| DISCONNECT | Bool | "0"表示建立被动连接，"1"表示终止连接 |
| MB_HOLD_REG（MB_SERVER） | Variant | 指向 MB_SERVER 指令中 Modbus 保持性寄存器的指针。<br>MB_HOLD_REG 引用的存储区必须大于 2 个字节。<br>作为保持性寄存器，可以使用具有非优化访问权限的全局数据块，也可以使用位存储器的存储区 |
| CONNECT（MB_SERVER） | Variant | 指向连接描述结构的指针。<br>可以使用下列结构（SDT）。<br>TCON_IP_v4：包括建立指定连接时所需的所有地址参数。默认地址为 0.0.0.0（任何 IP 地址），但也可输入具体 IP 地址，以便服务器端仅响应来自该 IP 地址的请求。使用 TCON_IP_v4 时，可通过调 MB_SERVER 指令建立连接 |
| NDR（MB_SERVER） | Bool | "0"表示无新数据；<br>"1"表示从 Modbus 客户端写入新数据 |
| DR（MB_SERVER） | Bool | "0"表示未读取数据，"1"表示从 Modbus 客户端读取数据 |
| ERROR | Bool | "0"表示无错误，"1"表示有错误 |
| STATUS | Word | 包含错误信息的状态信息 |

注意：当 Modbus TCP 服务器端需要连接多个 Modbus TCP 客户端时，则需要调用多个 MB_SERVER 指令，每个 MB_SERVER 指令需要分配不同的背景数据块和不同的连接 ID。

2）MB_CLIENT 指令

MB_CLIENT 指令是一个综合性的指令，其中集成了 TCON、TSEND、TRCV、TDICON 等 OUC 通信的指令，因此 Modbus TCP 通信建立连接的方式与 TCP 通信建立连接方式相同。该指令在客户端和服务器端之间建立连接，发送 Modbus 请求，接收响应并控制 Modbus 客户端的连接。其梯形图格式如图 17-2 所示。

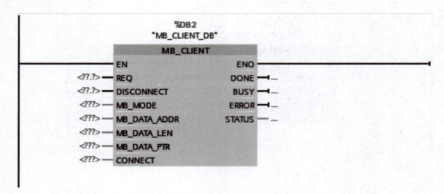

图 17-2　MB_CLIENT 指令的梯形图格式

MB_CLIENT 指令及引脚含义见表 17-2。

表 17-2　MB_CLIENT 指令及引脚含义

| 引脚 | 数据类型 | 含义 |
|---|---|---|
| REQ | Bool | 对 Modbus TCP 服务器的 Modbus 查询为 "1" 时就发送通信请求 |
| DISCONNECT | Bool | 为 "0" 时表示建立通信连接，为 "1" 时表示断开通信连接 |
| MB_MODE | USint | 选择 Modbus 的请求模式，"0" 表示读，"1" 表示写 |
| MB_DATA_ADDR | UDint | 对应的 Modbus 寄存器的地址 |
| MB_DATA_LEN | Uint | 数据长度 |
| MB_DATA_PTR | Variant | 指向数据缓冲区的指针 |
| CONNECT | Variant | 指向连接描述结构的指针 |
| DONE | Bool | "0" 表示任务未完成，"1" 表示任务完成 |
| BUSY | Bool | "0" 表示任务完成，"1" 表示任务未完成 |
| ERROR | Bool | "0" 表示无错误，"1" 表示有错误 |
| STATUS | Word | 包含错误信息的状态信息 |

MB_CLIENT 指令的使用注意事项如下。

（1）Modbus TCP 客户端对同一个 Modbus TCP 服务器端进行多次读写操作时，需要多次调用 MB_CLIENT 指令，每次调用 MB_CLIENT 指令时需要分配相同的背景数据块和相同的连接 ID，且同一时刻只能有一个 MB_CLIENT 指令被触发。

（2）如果 Modbus TCP 客户端需要连接多个 Modbus TCP 服务器端，则需要调用多个 MB_CUIENT 指令，每个 MB_CLIENT 指令需要分配不同的背景数据块和不同的连接 ID，连接 ID 通过参数 CONNECT 指定。

（3）Modbus 地址到 CPU 中过程映像的映射关系。

MB_SERVER 指令允许进入的 Modbus 功能代码（1，2，4，5 和 15）在输入/输出过程映象区中直接对位/字进行读/写。对于数据传输功能代码（3，6，16），MB_HOLD_REG 参数必须定义为大于一个字节的数据类型。Modbus 地址与 CPU 中过程映像区的映射见表 17-3。

表 17-3　Modbus 地址与 CPU 过程映像区的映射

| Modbus 功能 | | | | S7-1200 PLC | |
| 代码 | 功能 | 数据区 | 地址范围 | 数据区 | CPU 地址 |
|---|---|---|---|---|---|
| 01 | 读位 | 输出 | 1~8 192 | 输出过程映象 | Q0.0~Q1023.7 |
| 02 | 读位 | 输入 | 10 001~18 192 | 输入过程映象 | I0.0~I1023.7 |
| 04 | 读字 | 输入 | 30 001~30 512 | 输入过程映象 | IW0~IW1022 |
| 05 | 写位 | 输出 | 1~8 192 | 输出过程映象 | Q0.0~Q1023.7 |
| 15 | 写位 | 输出 | 1~8 192 | 输出过程映象 | Q0.0~Q1023.7 |

在 MB_SERVER 指令中，MB_HOLD_REG 参数用于指定保持型存储器的地址，引用的存储区必须大于 2 个字节，可以使用位存储器的存储区，也可以使用非优化访问的全局数据块。表 17-4 所示为 Modbus 地址与 MB_HOLD_REG 参数的对应关系。

表 17-4　Modbus 地址与 MB_HOLD_REG 参数的对应关系

| Modbus 地址 | MB_HOLD_REG 参数示例 | |
| | P#M10.0 WORD 5 | P#DB0.DBX0.0 |
|---|---|---|
| 40001 | MW10 | DB0.DBW0 |
| 40002 | MW12 | DB0.DBW2 |
| 40003 | MW14 | DB0.DBW4 |
| 40004 | MW16 | DB0.DBW6 |
| 40005 | MW18 | DB0.DBW8 |

## 任务实施

### 1. 新建项目及硬件组态

（1）新建一个项目，命名为"Modbus TCP 通信"。

（2）添加两台 S7-1200 PLC，分别命名为"服务器端"和"客户端"。"服务器端"选择 CPU 1214C AC/DC/RLY，IP 地址设置为 192.168.0.3；"客户端"选择 CPU 1214C DC/DC/DC，IP 地址设置为 192.168.0.4。

（3）在设备视图中选择网络视图，建立 PROFINET 连接，如图 17-3 所示。

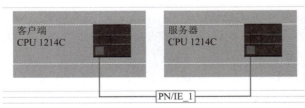

图 17-3　建立 PROFINET 连接

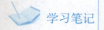

**2. 在服务器端建立连接参数及编写服务器端程序**

（1）在服务器端添加一个新的数据块"数据块_1"，在数据块中添加变量connect1，数据类型为TCON_IP_v4，如图17-4所示。

| **数据块_1** | | | |
|---|---|---|---|
| | 名称 | 数据类型 | 起始值 |
| 1 | ▼ Static | | |
| 2 | ▼ connect1 | TCON_IP_v4 | |
| 3 | ■ InterfaceId | HW_ANY | 64 |
| 4 | ■ ID | CONN_OUC | 16#0 |
| 5 | ■ ConnectionType | Byte | 16#0B |
| 6 | ■ ActiveEstablished | Bool | false |
| 7 | ▼ RemoteAddress | IP_V4 | |
| 8 | ▼ ADDR | Array[1..4] of Byte | |
| 9 | ■ ADDR[1] | Byte | 16#0 |
| 10 | ■ ADDR[2] | Byte | 16#0 |
| 11 | ■ ADDR[3] | Byte | 16#0 |
| 12 | ■ ADDR[4] | Byte | 16#0 |
| 13 | ■ RemotePort | UInt | 0 |
| 14 | ■ LocalPort | UInt | 502 |

图 17-4　添加变量 connect1

说明：在变量 connect1 中，参数的含义如下。

①InterfaceId：本机的以太网口的硬件标识（设备属性中），起始值选择 64。

②ID：每个通信实例的唯一标识。

③ConnectionType：连接类型，对于 TCP 要选择 11（十进制），十六进制则为 16#0B。

④ActiveEstablished：客户端为主动连接，要选择 1，服务器端为被动连接，要选择 0。

⑤RemoteAddress：要连接的远程 IP 地址。

⑥RemotePort：要连接伙伴的端口号，客户端填的是服务器端本地的端口（默认为 502）；服务器接收各客户端的连接请求，填 0。

⑦LocalPort：本地端口，客户端填 0（任何断开），服务器端填 1~49 151，默认为 502。

（2）编写服务器程序。

在主程序 OB1 中调用 MB_SERVER 指令，如图 17-5 所示。

说明如下。

DISCONNECT：0 表示无连接。

MB_HOLD_REG：设定保持性寄存器的起始地址和数量，可以为数据块或 M 存储区，本任务选用 M 存储区。

P # M200.0 WORD 100：从 M200.0 开始，设定 100 个字的保持性寄存器，Modbus 地址对应 PLC 的地址为 40 001~40 100 对应 MW200~MW398。

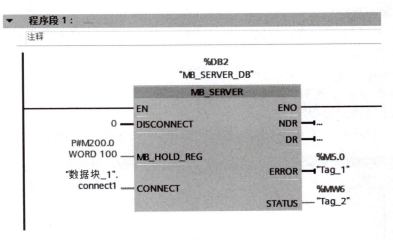

图 17-5　调用 MB_SERVER 指令

CONNECT：本服务器端的连接参数（在数据块中定义，类型为 TCON_IP_v4），在本任务中连接的是"数据块_1"的 connect1。

**3. 在客户端建立连接参数及编写客户端程序**

（1）在客户端添加一个新的数据块"DB"，在数据块中添加变量 connect1，数据类型为 TCON_IP_v4，如图 17-6 所示。

| DB | | 名称 | 数据类型 | 起始值 |
|---|---|---|---|---|
| 1 | | ▼ Static | | |
| 2 | | ■ ▼ connect1 | TCON_IP_v4 | |
| 3 | | ■ InterfaceId | HW_ANY | 64 |
| 4 | | ■ ID | CONN_OUC | 16#02 |
| 5 | | ■ ConnectionType | Byte | 16#0B |
| 6 | | ■ ActiveEstablished | Bool | 1 |
| 7 | | ■ ▼ RemoteAddress | IP_V4 | |
| 8 | | ■ ▼ ADDR | Array[1..4] of Byte | |
| 9 | | ■ ADDR[1] | Byte | 192 |
| 10 | | ■ ADDR[2] | Byte | 168 |
| 11 | | ■ ADDR[3] | Byte | 0 |
| 12 | | ■ ADDR[4] | Byte | 4 |
| 13 | | ■ RemotePort | UInt | 502 |
| 14 | | ■ LocalPort | UInt | 0 |

图 17-6　客户端的 CONNECT 连接参数

在图 17-6 所示的变量 connect1 中，参数的含义如下。

①Interfaced：客户端的硬件标识符，具体属性可在 PLC"属性"→"硬件标识符"中查看，这里选择 64。

②ID：标识符取值范围为 1~4 095，这里设为 2。

③ConnectionType：连接类型，对于 TCP 选择 11（十进制），十六进制为 16#0B。

④ActiveEstablished：是否为主动连接。客户端为主动连接，选择 1；服务器端

为被动连接，选择 0。

⑤RemoteAddress：要连接的远程 IP 地址，本任务中就是连接服务器端，服务器端 IP 地址为 192.168.0.4。

⑥RemotePort：要连接伙伴的端口号，客户端的端口号选择 502。

⑦LocalPort：本地端口，客户端填 0。

（2）编写客户端程序。

在客户端的 CPU 主程序 OB1 中调用 MB_CLIENT 指令，如图 17-7 所示。

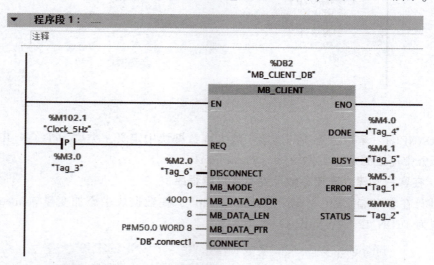

图 17-7　调用 MB_CLIENT 指令

说明如下。

REQ：接通系统时钟脉冲的上升沿，每 200 ms 接通一次，发送一次通信请求。系统时钟在 CPU 硬件设备组态中设置。

DISCONNECT：连接 M2.0，为"0"时接通连接，为"1"时断开连接。

MB_MODE：为"0"时表示读取远程 PLC，即服务器端的数据为"1"时表示把本机数据写入服务器端。

MB_DATA_ADDR：读取服务器端的保持性寄存器中的数据，从 MW200 开始的 8 个数据对应 Modbus 地址 40001~40008。

MB_DATA_LEN：数据长度，这里为 8。

MB_DATA_PTR：将从服务器端读取的从 MW200 开始的连续 8 个字的数据（MW200~MW214）放到客户端的从 MW50 开始的连续 8 个字中（MW50~MW64）。

CONNECT：本客户端的连接参数（在数据块中定义，类型为 TCON_IP_v4），在本任务中连接的是"DB"的 connect1。

#### 4. 调试程序

分别把程序下载到客户端和服务器端，在客户端添加监控表，监控 MW50~MW64 八个字的数据，在服务器端添加监控表，监控 MW200~MW214 八个字的数据，将 MW200~MW214 的数据修改，监控 MW50~MW64 八个字的数据是否跟着变化，跟着变化表示通信成功，服务器端从 MW200 开始的连续八个字的数据传到了客户端从 MW50 开始的八个字中。客户端和服务器端数据监控如图 17-8 所示。

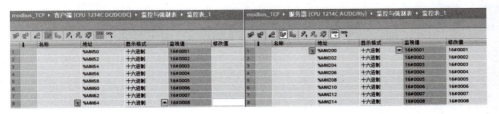

图 17-8　客户端和服务器端数据监控

## 任务拓展

利用本任务所学知识，完成以下任务拓展。

（1）填写任务工单，见表 17-5。

表 17-5　任务工单

| 任务名称 | S7-1200 PLC 与模拟量采集模块的 Modbus TCP 通信 | 实训教师 | |
|---|---|---|---|
| 学生姓名 | | 班级名称 | |
| 学号 | | 组别 | |
| 任务要求 | 有一台 S7-1200 PLC、一台模拟量采集模块，模拟量采集模块与 S7-1200 PLC 进行以太网连接，采用 Modbus TCP 协议进行通信。<br>　要求使用信号发生器给模拟量采集模块传输 4~20 mA 的电流信号，监视 S7-1200 PLC 的数据是否与传输的电流信号一致 | | |
| 材料、工具清单 | | | |
| 实施方案 | | | |
| 步骤记录 | | | |
| 实训过程记录 | | | |
| 问题及处理方法 | | | |
| 检查记录 | | 检查人 | |
| 运行结果 | | | |

（2）填写 I/O 地址分配表，见表 17-6。

表 17-6　I/O 地址分配表

| 输入 | | 输出 | |
|---|---|---|---|
| | | | |
| | | | |
| | | | |
| | | | |
| | | | |
| | | | |
| | | | |
| | | | |
| | | | |

（3）绘制 PLC 接线图。

（4）程序记录。

（5）程序调试。

按照正确的步骤调试程序，直到数据传送完全正确。

（6）任务评价。

可以参考下方职业素养与操作规范评分表、S7-1200 PLC 与模拟量采集模块的 Modbus TCP 通信任务考核评分表。

## 任务评价

### 职业素养与操作规范评分表
（学生自评和互评）

| 序号 | 主要内容 | 说明 | 自评 | 互评 | 得分 |
|---|---|---|---|---|---|
| 1 | 安全操作（10分） | 没有穿戴工作服、绝缘鞋等防护用品扣5分 | | | |
| | | 在实训过程中将工具或元件放置在危险的地方造成自身或他人人身伤害，取消成绩 | | | |
| | | 通电前没有进行设备检查引起设备损坏，取消成绩 | | | |
| | | 没经过实验教师允许而私自送电引起安全事故，取消成绩 | | | |
| 2 | 规范操作（10分） | 在安装过程中，乱摆放工具、仪表、耗材，乱丢杂物扣5分 | | | |
| | | 在操作过程中，恶意损坏元件和设备，取消成绩 | | | |
| | | 在操作完成后不清理现场扣5分 | | | |
| | | 在操作前和操作完成后未清点工具、仪表扣2分 | | | |
| 3 | 文明操作（10分） | 在实训过程中随意走动影响他人扣2分 | | | |
| | | 完成任务后不按规定处置废弃物扣5分 | | | |
| | | 在操作结束后将工具等物品遗留在设备或元件上扣3分 | | | |
| 职业素养总分 | | | | | |

### S7-1200 PLC 与模拟量采集模块的 Modbus TCP 通信任务考核评分表
（教师和工程人员评价）

| 序号 | 考核内容 | 说明 | 得分 | 合计 |
|---|---|---|---|---|
| 1 | 机械与电气安装（20分） | 冷压端子处不能看到明显外露的裸线，若未达到要求，则每处扣0.5分 | | |
| | | 接线端子连接牢固，不得拉出接线端子，若未达到要求，则每处扣0.5分 | | |
| | | 所有螺钉必须全部固定并不能松动，若未达到要求，则每处扣0.5分 | | |

| 序号 | 考核内容 | 说明 | 得分 | 合计 |
|------|----------|------|------|------|
| 1 | 机械与电气安装（20分） | 所有具有垫片的螺钉必须用垫片，若未达到要求，则每处扣0.5分 | | |
| | | 多股电线必须绑扎，若未达到要求，则每处扣0.5分 | | |
| | | 扎带切割后剩余长度≤1 mm，若未达到要求，则每处扣0.5分 | | |
| | | 相邻扎带的间距≤50 mm，若未达到要求，则每处扣0.5分 | | |
| | | 所有线缆必须使用绝缘冷压端子，若未达到要求，则每处扣0.5分 | | |
| | | 线槽到接线端子的接线不得有缠绕现象，若未达到要求，则每处扣0.5分 | | |
| | | 线槽必须完全盖住，不得有局部翘起现象，若未达到要求，则每处扣0.5分 | | |
| 2 | I/O 地址分配（15分） | 说明 | 分值 | |
| | | PLC_1 I/O 点数正确 | 5分（扣完为止） | |
| | | PLC_2 I/O 点数正确 | 5分（扣完为止） | |
| | | PLC_1 与 PLC_2 之间连接正确 | 5分 | |
| 3 | PLC 功能（25分） | 系统和时钟存储器设置正确 | 5分 | |
| | | 全局数据块设置正确 | 5分 | |
| | | 通信指令应用及数据正确 | 5分 | |
| | | PLC_1 程序编写正确 | 5分 | |
| | | PLC_2 程序编写正确 | 5分 | |
| 4 | 程序下载和调试（10分） | I/O 检查方法正确 | 2分 | |
| | | 能分辨硬件和软件故障 | 3分 | |
| | | 不带负载调试方法正确（只吸合接触器，电动机不运行） | 2分 | |
| | | 带负载调试方法正确 | 3分 | |
| | 任务评价总分 | | | |

## 项目小结

（1）TSEND_C 指令。

（2）TRCV_C 指令。

（3）MB_SERVER 指令。

（4）MB_CLIENT 指令。

**思考与练习**

**一、填空题**

S7－1200 PLC 的以太网通信连接分为＿＿＿＿连接和＿＿＿＿连接。

**二、判断题**

1. 开放式用户通信能传送的数据类型有 Bool、Byte、Word 等。　　　　（　　）

2. TSEND 指令的 REQ 端一直保持高电平才能正常发送数据。　　　　（　　）

3. TRCV 指令的数据接受区与 TSEND 指令的数据发送区的数据类型和数据长度必须一致。　　　　（　　）

4. RS232 和 RS485 接口是计算机和 PLC 通用的串行通信接口。　　　　（　　）

**三、简答题**

1. PLC_1 的 MB10 的初始数据为 16#3C，PLC_2 的 MB20 的初始数据为 16#C3，试利用 TCP 协议的以太网通信把 PLC_1 的 MB10 中的数据和 PLC_2 的 MB20 中的数据互换。

2. 使用以太网通信，实现一个 S7－1200 PLC 传送 10 个字给另一个 S7－1200 PLC。

# 参考文献

［1］张君霞，戴明宏. 电气控制与 PLC（S7-200）［M］. 北京：机械工业出版社，2004.

［2］吴繁红. 西门子 S7-1200 PLC 应用技术项目教程［M］. 北京：电子工业出版社，2017.

［3］高南，闫玉根. PLC 应用技术［M］. 北京：北京理工大学出版社，2022.

［4］廖常初. S7-1200 PLC 编程及应用［M］. 北京：机械工业出版社，2010.

［5］侍寿永. 西门子 S7-1200 PLC 编程及应用教程［M］. 北京：机械工业出版社，2020.

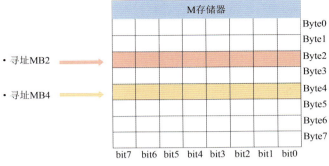

图 1-6　字节寻址

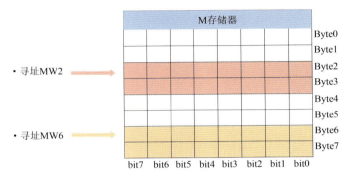

图 1-7　字寻址

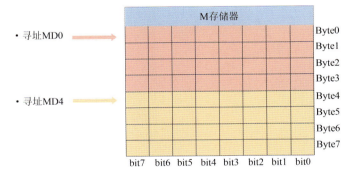

图 1-8　双字寻址

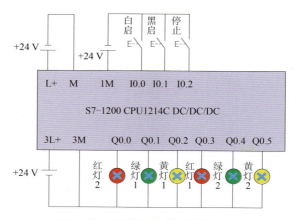

图 6-10　交通信号灯的 PLC 接线图

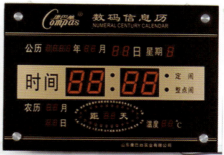

图 8-21　七段数码管的外形